国家职业技能鉴定培训教程

车工（初级　中级）

主　编　崔兆华　闫纂文

副主编　于　斌

参　编　官德瑞　张再成　钱　涛
　　　　　尹　旭　祝百春　季瑞光

机 械 工 业 出 版 社

本书是根据《国家职业技能标准　车工》（2009 年修订）初级、中级规定的知识要求和技能要求，按照"以职业标准为依据，以企业需求为导向，以职业能力为核心"的原则编写的。本书主要内容包括：车工（初级、中级）基本知识、轴类工件的车削、套类工件的车削、圆锥面加工、成形面和表面修饰加工、螺纹及蜗杆加工、偏心工件及曲轴加工、复杂工件的加工、大型回转表面的加工、车床主要部件结构及其调整。每章章首有理论知识要求和操作技能要求，章末有考核重点解析以及复习思考题，便于企业培训和读者自查自测。

　　本书既可作为企业培训部门、各级职业技能鉴定培训机构的考前培训教材，又可作为读者考前复习用书，还可作为职业技术院校、技工学校的专业课教材。

图书在版编目（CIP）数据

车工：初级、中级/崔兆华，闫纂文主编. —北京：机械工业出版社，2014.6（2023.9 重印）
国家职业技能鉴定培训教程
ISBN 978-7-111-46864-6

Ⅰ.①车…　Ⅱ.①崔…②闫…　Ⅲ.①车削-职业技能-鉴定-教材
Ⅳ.①TG51

中国版本图书馆 CIP 数据核字（2014）第 111133 号

机械工业出版社（北京市百万庄大街 22 号　邮政编码 100037）
策划编辑：赵磊磊　责任编辑：赵磊磊
版式设计：常天培　责任校对：张　征
封面设计：张　静　责任印制：单爱军
北京虎彩文化传播有限公司印刷
2023 年 9 月第 1 版第 5 次印刷
169mm×239mm·19 印张·419 千字
标准书号：ISBN 978-7-111-46864-6
定价：35.00 元

前　言

　　机械制造业是技术密集型的行业，历来高度重视技术工人的素质。在市场经济条件下，企业要想在激烈的市场竞争中立于不败之地，必须有一支高素质的技术工人队伍。车削加工技术不断发展，新的国家标准和行业技术标准也相继颁布和实施，因此培训与鉴定的要求也在不断变化。为了适应新形势，我们编写了本书，以满足广大车工学习的需要，帮助他们提高相关理论知识水平和技能操作水平。

　　本书是根据《国家职业技能标准　车工》（2009 年修订）初级、中级规定的知识要求和技能要求，按照"以职业标准为依据，以企业需求为导向，以职业能力为核心"的原则编写的。本书主要内容包括：车工（初级、中级）基本知识、轴类工件的车削、套类工件的车削、圆锥面加工、成形面和表面修饰加工、螺纹及蜗杆加工、偏心工件及曲轴加工、复杂工件的加工、大型回转表面的加工、车床主要部件结构及其调整。本书主要特色如下：

　　1. 在编写原则上，突出以职业能力为核心。本书内容结合企业实际，反映岗位需求，突出新知识、新技术、新工艺、新方法，注重职业能力培养。

　　2. 在使用功能上，注重服务于培训和鉴定。根据职业发展的实际情况和培训需求，本书力求体现职业培训的规律，反映职业技能鉴定考核的基本要求，满足培训对象参加鉴定考试的需要。

　　3. 在内容安排上，强调提高学习效率。为便于培训、鉴定部门在有限的时间内把最重要的知识和技能传授给培训对象，同时也便于培训对象迅速抓住重点，提高学习效率，在书中精心设置了"理论知识要求""操作技能要求""考核重点解析""复习思考题"和"特别注意"等栏目。

　　本书由崔兆华、闫纂文任主编，于斌任副主编，官德瑞、张再成、钱涛、尹旭、祝百春、季瑞光参加编写。本书在编写过程中，参考了部分著作，并邀请了一些技术精湛的高技能人才进行了示范操作，在此谨向有关作者和参与示范操作的人员表示最诚挚的谢意。

　　书中标有"＊"的内容为中级工需要掌握的，请读者在学习中予以注意。

　　由于编者水平有限，书中难免存在错误和不足之处，恳请广大读者批评指正。

编　者

目录

第1章 车工（初级、中级）基本知识

☺理论知识要求

1. 了解金属切削机床型号编制方法，掌握常用车床型号的含义。
2. 熟悉 CA6140 型卧式车床的组成、功用，了解 CA6140 型卧式车床传动路线。
3. 掌握车削运动及切削用量等基础知识。
4. 了解常用车刀材料种类，掌握常用车刀的种类及用途。
5. 掌握车刀切削部分的几何参数，了解切屑的形成与控制。

☺操作技能要求

1. 掌握 CA6140 卧式车床的基本操作方法。掌握车床的润滑和维护保养方法。
2. 学会选择车刀的主要角度，学会刃磨车刀及装夹车刀。
3. 学会安装和拆卸自定心卡盘。熟悉工件的安装与找正。
4. 掌握常用量具的应用方法。

1.1 车床

1.1.1 机床型号

1. 机床型号的构成

机床型号是机床的代号，用以表示机床的类别、主要技术参数、结构特性等。我国目前实行的机床型号，是根据 GB/T 15375—2008《金属切削机床　型号编制方法》编制而成的，它由大写汉语拼音字母及阿拉伯数字按一定规律组合而成。机床型号构成如下：

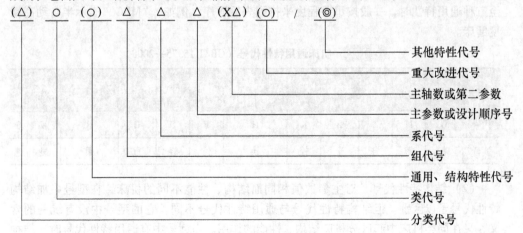

注：① 机床的型号由基本部分和辅助部分组成，中间用"/"隔开，读作"之"。基本部分需统一管理，辅助部分纳入型号与否由企业决定。

② 有"（　）"的代号或数字，当无内容时，则不表示，若有内容则不带括号。

③ 有"○"符号者，为大写的汉语拼音字母。

④ 有"△"符号者，为阿拉伯数字。

⑤ 有"◎"符号者，可为大写的汉语拼音字母或阿拉伯数字，也可以两者兼有之。

2. 机床类别代号

机床的类别代号包括类代号和分类代号。机床的类别代号用大写的汉语拼音字母表示，如车床用"C"表示，钻床用"Z"表示。必要时，每类可分为若干分类。分类代号用阿拉伯数字表示，位于类代号之前，作为型号的首位。第一分类代号前的"1"可省略，第"2"、"3"分类代号则应予以表示。例如，磨床类机床分为 M、2M、3M 三个分类。机床的类别代号及读音见表1-1。

表1-1　机床的类别代号（GB/T 15375—2008）

类别	车床	钻床	镗床	磨　　床			齿轮加工机床	螺纹加工机床	铣床	刨插床	拉床	切断机床	其他机床
代号	C	Z	T	M	2M	3M	Y	S	X	B	L	G	Q
读音	车	钻	镗	磨	2磨	3磨	牙	丝	铣	刨	拉	割	其

3. 特性代号

机床的特性代号，包括通用特性代号和结构特性代号，用大写的汉语拼音字母表示，位于类别代号之后。

（1）通用特性代号　当某类型机床，除有普通型外，还有某种通用特性时，则在类别代号之后加通用特性代号予以区分。通用特性代号有统一的固定含义，它在各类机床型号中，表示意义相同，通用特性代号及读音见表1-2。通用特性代号用大写的汉语拼音字母表示，按其相应的汉字字意读音。例如，"CK"表示数控车床。如同时具有两至三种通用特性时，一般按重要程度来排列先后顺序。例如，"MBG"表示半自动高精度磨床。

表1-2　机床通用特性代号（GB/T 15375—2008）

通用特性	高精度	精密	自动	半自动	数控	加工中心（自动换刀）	仿形	轻型	加重型	柔性加工单元	数显	高速
代号	G	M	Z	B	K	H	F	Q	C	R	X	S
读音	高	密	自	半	控	换	仿	轻	重	柔	显	速

（2）结构特性代号　对主参数值相同而结构、性能不同的机床，在型号中加结构特性代号予以区别。但结构特性代号与通用特性代号不同，它的型号中没有统一的含义，只在同类机床中起区分机床结构、性能的作用。当型号中有通用特性代号时，结构

特性代号应排在通用特性代号之后。结构特性代号用大写的汉语拼音字母（通用特性代号已用的字母和"I，O"两字母均不能用）A、B、C、D、E、L、N、P、T、Y表示，当单个字母不够用时，可将两个字母组合起来使用，如 AD、AE 或 DA、EA 等。如 CA6140 型卧式车床型号中的"A"为结构特性代号，表示这种型号车床在结构上有别于 C6140 型车床。

4. 机床的组、系代号

机床按其加工性质分为 11 类。每类机床划分为 10 个组，每个组又划分为 10 个系（系列）。组、系划分的原则：在同一类机床中，主要布局或使用范围基本相同的机床，即为同一组；在同一组机床中，其主参数相同、主要结构及布局形式相同的机床，即为同一系。机床的组代号用一位阿拉伯数字表示，位于类别代号或特性代号之后；机床的系代号用一位阿拉伯数字表示，位于组代号之后。例如，CA6140 型卧式车床型号中的"61"，表示它属于车床类 6 组、1 系列。各类车床的组、系划分见表 1-3。

表 1-3　各类车床的组、系划分（GB/T 15375—2008）

组		系		组		系	
代号	名称	代号	名　　称	代号	名称	代号	名　　称
0	仪表车床	0	仪表台式精整车床	2	多轴自动、半自动车床	0	多轴平行作业棒料自动车床
		1				1	多轴棒料自动车床
		2	小型排刀车床			2	多轴卡盘自动车床
		3	仪表转塔车床			3	
		4	仪表卡盘车床			4	多轴可调棒料自动车床
		5	仪表精整车床			5	多轴可调卡盘自动车床
		6	仪表卧式车床			6	立式多轴半自动车床
		7	仪表棒料车床			7	立式多轴平行作业半自动车床
		8	仪表轴车床			8	
		9	仪表卡盘精整车床			9	
1	单轴自动车床	0	主轴箱固定型自动车床	3	回轮、转塔车床	0	回轮车床
		1	单轴纵切自动车床			1	滑鞍转塔车床
		2	单轴横切自动车床			2	棒料滑枕转塔车床
		3	单轴转塔自动车床			3	滑枕转塔车床
		4	单轴卡盘自动车床			4	组合式转塔车床
		5				5	横移转塔机床
		6	正面操作自动车床			6	立式双轴转塔车床
		7				7	立式转塔机床
		8				8	立式卡盘车床
		9				9	

（续）

组		系		组		系	
代号	名称	代号	名　称	代号	名称	代号	名　　称
4	曲轴及凸轮轴车床	0	旋风切削曲轴车床	7	仿形及多刀车床	0	转塔仿形机床
		1	曲轴车床			1	仿形机床
		2	曲轴主轴颈车床			2	卡盘仿形机床
		3	曲轴连杆轴颈车床			3	立式仿形机床
		4				4	转塔卡盘多刀车床
		5	多刀凸轮轴车床			5	多刀车床
		6	凸轮轴车床			6	卡盘多刀车床
		7	凸轮轴中轴颈车床			7	立式多刀车床
		8	凸轮轴端轴颈车床			8	异性仿形车床
		9	凸轮轴凸轮车床			9	
5	立式车床	0		8	轮、轴、辊、锭及铲齿车床	0	车轮车床
		1	单柱立式车床			1	车轴车床
		2	双柱立式车床			2	动轮曲拐销车床
		3	单柱移动立式车床			3	轴颈车床
		4	双柱移动立式车床			4	轧辊车床
		5	工作台移动单柱立式车床			5	钢锭车床
		6				6	
		7	定梁单柱立式车床			7	立式车轮车床
		8	定梁单柱立式车床			8	
		9				9	铲齿车床
6	落地及卧式车床	0	落地车床	9	其他车床	0	落地镗车床
		1	卧式车床			1	
		2	马鞍车床			2	单能半自动车床
		3	轴车床			3	气缸套镗车床
		4	卡盘车床			4	
		5	球面车床			5	活塞车床
		6	主轴箱移动型卡盘车床			6	轴承车床
		7				7	活塞环车床
		8				8	钢锭模车床
		9				9	

5. 主参数

机床主参数表示机床规格大小并反映机床最大的工作能力。主参数代号是以机床最大加工尺寸或与此有关的机床部件尺寸的折算值表示，位于系代号之后。当折算值大于1时，则取整数，前面不加"0"，当折算值小于1时，则取小数点后第一位数，并在前面加"0"。常用车床主参数及其表示方法见表1-4。

表 1-4 常用车床主参数及其表示方法（GB/T 15375—2008）

机床名称	主参数	表示方法	第二主参数
单轴自动车床	最大棒料直径	1	轴数
多轴自动车床	最大棒料直径	1	
转塔车床	最大车削直径	1／10	
落地车床	最大工件回转直径	1／100	最大工件长度
卧式车床	床身上最大工件回转直径	1／10	最大工件长度

　　对于某些通用机床，当无法用一个主参数表示时，则在型号中用设计顺序号表示。设计顺序号由 1 起始，当设计顺序号小于 10 时，由 01 开始编号。例如，某厂设计试制的第五种仪表磨床为刀具磨床，因为该磨床无法用主参数表示，故用设计顺序号"05"表示，所以此磨床型号为 M0605。

　　对于多轴车床、多轴钻床、排式钻床等机床，其主轴数应以实际数值列入型号，置于主参数之后，用乘号"×"分开，读作"乘"。单轴可省略，不予表示。

6. 第二主参数

　　第二主参数主要是指主轴数、最大跨距、最大工件长度、工作台工作面长度等。第二主参数也用折算值表示，一般折算成两位数为宜，最多不超过三位数。以长度、深度值等表示的，其折算系数为 1/100；以直径、宽度值等表示的，其折算系数为 1/10；以厚度、最大模数等表示的，其折算系数为 1。当折算值大于 1 时，则取整数；当折算值小于 1 时，则取小数点后第一位数，并在前面加"0"。

7. 重大改进序号

　　当机床的结构、性能有更高的要求，并需按新产品重新设计、试制和鉴定时，为区别原机床型号，要在型号基本部分的尾部按改进的先后顺序选用 A、B、C…等汉语拼音字母（但"I、O"两个字母不得选用）表示。例如，型号 CG6125B 中的"B"表示 CG6125 型高精度卧式车床的第二次重大改进。

8. 示例

　　例 1 CA6140 型卧式车床

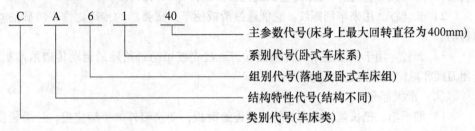

　　例 2 CK6140 型数控车床

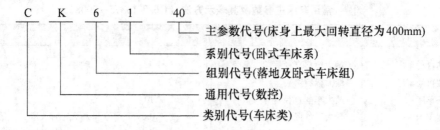

主参数代号(床身上最大回转直径为400mm)

系别代号(卧式车床系)

组别代号(落地及卧式车床组)

通用代号(数控)

类别代号(车床类)

*1.1.2 CA6140 型卧式车床○

卧式车床在金属切削加工中的应用极为广泛。在一般的机械制造厂中，卧式车床约占金属切削机床总台数的 20% ~ 35%，其中 CA6140 型卧式车床是我国自行设计、质量较好的卧式车床。

1. 卧式车床的功用

卧式车床在车床中的加工工艺范围最为广泛，它适用于加工各种轴类、套筒类和盘类工件上的各种回转表面，如车削内外圆柱面、内外圆锥面、环槽和成形回转表面，车削端面及各种螺纹，还可用钻头、扩孔钻和铰刀进行内孔加工，还能用丝锥、板牙加工内外螺纹以及进行滚花等工作。图 1-1 所示为卧式车床上所能完成的典型加工表面。

2. 卧式车床的组成

图 1-2 所示是 CA6140 型卧式车床的外形图。机床的主要组成部件如下。

（1）车头部分

1）主轴箱。用来带动车床主轴及卡盘转动。变换箱外的手柄位置，可以使主轴得到各种不同的转速。

2）卡盘。用来夹持工件，并带动工件一起转动。

（2）交换齿轮箱部分 用来把主轴的转动传给进给箱。调换箱内的齿轮，并与进给箱配合，可以车削各种不同螺距的螺纹。

（3）进给部分

1）进给箱。利用它的内部齿轮机构，可以把主轴的旋转运动传给丝杠或光杠。变换箱体外面的手柄位置，可以使丝杠或光杠得到各种不同的转速。

2）长丝杠。用来车削螺纹。它能通过滑板使车刀按要求的传动比作很精确的直线移动。

3）光杠。用于机动进给时传递运动。通过光杠可把进给箱的运动传递给溜板箱，使刀架作纵向或横向进给运动。

（4）滑板部分

1）溜板箱。把长丝杠或光杠的转动传给滑板，变换箱外的手柄位置，经滑板使车刀作纵向或横向进给。

2）滑板。滑板包括床鞍、中滑板等，如图 1-3 所示。小滑板手柄 5 跟小滑板内部

○ 本书中加 " * " 的章节为中级工考核内容。

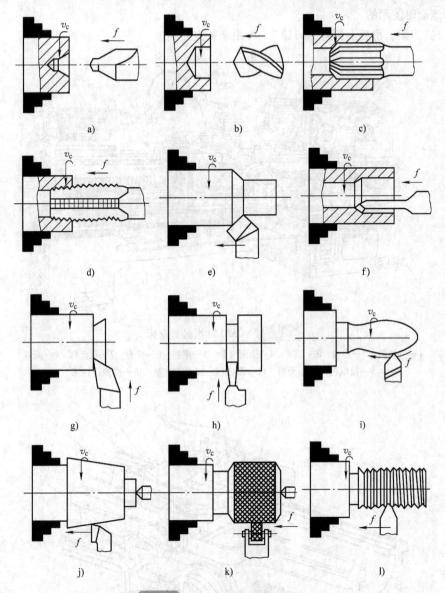

图 1-1 卧式车床典型加工表面

a）钻中心孔 b）钻孔 c）铰孔 d）攻螺纹 e）车外圆 f）车孔 g）车端面
h）车槽 i）车成形面 j）车锥面 k）滚花 l）车螺纹

的丝杠连接。摇动手柄 5 时，小滑板 4 就会纵向进刀或退刀。中滑板手柄 8 装在中滑板内部的丝杠上。摇动手柄 8，中滑板 1 就会横向进刀或退刀。床鞍 7 跟床面导轨配合，摇动手轮 9 可以使整个滑板部分左右移动作纵向进给。小滑板下部有转盘 3，它的周围有两只锁紧螺钉 6 可以使小滑板转动一定角度后锁紧。所以，床鞍是纵向车削工件时使用的，中滑板是横向车削工件和控制切削深度时使用的，小滑板是纵向车削较短的工件或圆锥面时使用的。

　3）刀架。滑板上部有方刀架2，可用来装夹刀具。

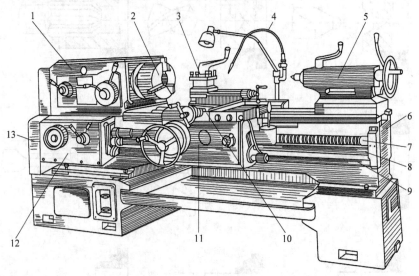

图 1-2　CA6140 型卧式车床

1—主轴箱　2—卡盘　3—刀架　4—切削液管　5—尾座　6—床身　7—长丝杠　8—光杠
9—操纵杆　10—滑板　11—溜板箱　12—进给箱　13—交换齿轮箱

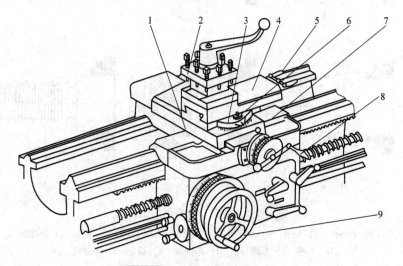

图 1-3　卧式车床的滑板部分

1—中滑板　2—方刀架　3—转盘　4—小滑板　5—小滑板手柄　6—锁紧螺钉　7—床鞍
8—中滑板手柄　9—手轮

　（5）尾座　尾座是由尾座体、底座、套筒等组成的。顶尖装在尾座套筒的锥孔里。该套筒用来支顶较长的工件，还可以装夹各种切削刀具，如钻头、中心钻、铰刀等。尾座连同尾座体可以沿着床身导轨移动，可根据工作的需要调整床头与尾座之间的距离。

（6）床身 床身用来支撑和安装车床的各个部件，如主轴箱、进给箱、溜板箱、滑板和尾座等。

（7）附件

1）中心架。车削较长工件时用来支承工件。

2）切削液管。切削时用来浇注切削液。

3. CA6140 型卧式车床主要技术性能

床身上最大工件回转直径 D		400mm（图1-4）
刀架上最大工件回转直径 D_1		210mm（图1-4）
最大工件长度（4种）		750mm，1000mm，1500mm，2000mm
中心高		205mm
主轴孔直径		48mm
主轴转速	正转（24级）	10～1400r/min
	反转（12级）	14～1580r/min
车螺纹范围	米制（44种）	1～192mm
	寸制（20种）	2～24牙/in（1in＝25.4mm）
车蜗杆范围	模数（39种）	0.25～48mm
	径节（37种）	1～96牙/in
进给量	纵向（64级）	0.028～6.33mm/r
	横向（64级）	0.014～3.16mm/r
纵向快移速度		4m/min
横向快移速度		2m/min
刀架行程	最大纵向行程（4种）	650mm，900mm，1400mm，1900mm
	最大横向行程	260mm，295mm
	小滑板最大行程	139mm，165mm
主电动机功率		7.5kW
机床工作精度	圆度	0.01mm
	圆柱度	0.01mm/100mm
	螺距精度	0.04mm/100mm，0.06mm/300mm
	精车平面平行度	0.02mm/400mm
	表面粗糙度	$Ra2.5～Ra1.25\mu m$

4. 车床传动系统简介

为了完成工件的车削，车床必须有主运动和进给运动的相互配合。车床的传动系统如图1-5所示。

如图1-5a所示，主运动是以电动机1驱动V带2，把运动输入到主轴箱4，通过变速机构5变速，使主轴得到不同的转速。再经卡盘6（或夹具）带动工件旋转。而进给运动则是由主轴箱把旋转运动输出到交换齿轮箱3，再通过进给箱13变速后由丝杠11

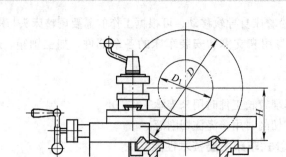

图 1-4 CA6140 型卧式车床中心高及最大加工直径

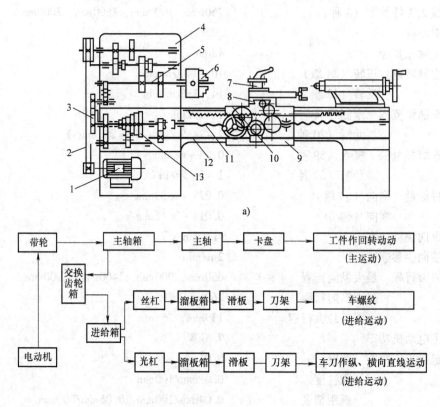

图 1-5 车床的传动系统

a）示意图 b）方框图

1—电动机 2—V 带 3—交换齿轮箱 4—主轴箱 5—变速机构 6—卡盘
7—刀架 8—中滑板 9—滑板箱 10—床鞍 11—丝杠 12—光杠 13—进给箱

或光杠 12 驱动溜板箱 9、床鞍 10、中滑板 8、刀架 7，从而控制车刀的运动轨迹，完成车削各种表面的工作。

从电动机到主轴或主轴到刀架的这种传动联系，称为传动链。由电动机到主轴的传动链，即实现主运动的传动链称为主传动链。由主轴到刀架的传动链，即实现进给运动的传动链称为进给传动链。机床各传动链的综合就组成了整台机床的传动系统，其传动框图如图1-5b所示。

5. 车床的基本操作

CA6140型车床的操作主要是通过变换各自相应的手柄位置进行的，调整手柄如图1-6所示。

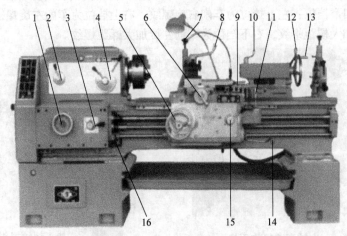

图1-6　CA6140型车床的调整手柄

1—进给箱变速手轮　2—加工螺纹操纵手柄　3—进给运动变速手柄　4—主运动变速手柄　5—溜板箱大手轮
6—中滑板转动手柄　7—中心架　8—方刀架锁紧手柄　9—小滑板手柄　10—尾座套筒锁紧手柄
11—手动快速进给手柄　12—尾座锁紧手柄　13—尾座套筒移动手轮
14、16—主轴正反转及停止手柄　15—开合螺母操纵手柄

（1）车床的起动操作　在起动车床之前必须检查车床各调整手柄是否处于空挡位置，离合器是否处于正确位置，操纵杆是否处于停止状态等，在确定无误后，方可合上车床电源总开关，开始操纵机床。

先按下床鞍上的起动按钮（绿色）使电动机起动，如图1-7所

图1-7　床鞍上的操作按钮

示。接着将溜板箱右侧的手柄14向上抬起，主轴便按逆时针方向旋转（即正转）。手柄14有向上、中间、向下三个挡位，可分别实现主轴的正转、停止和反转。若需较长时间停止转动，必须按下床鞍上的红色停止按钮，使电动机停止转动。若下班，则需关闭车床电源总开关。

（2）主轴箱的变速操作　不同型号、不同厂家生产的车床其主轴变速操作不尽相同，可参考车床的说明书。CA6140型车床的主轴变速是通过改变主轴箱正面右侧两个

叠套的主运动变速手柄4的位置来控制的。如图1-8所示，前面的手柄有六个挡位，每个挡位上有四级转速，若要选择其中某一转速，可通过后面的手柄来控制。后面的手柄除了两个空挡外，尚有四个挡位，只要将手柄位置拨到其所显示的颜色与前面手柄所处挡位上的转速数字所标示的颜色相同的挡位即可。当手柄拨动不顺利时，用手稍转动卡盘即可。

主轴箱正面左侧的手柄2是加大螺距及螺纹左、右旋向变换的操纵机构。如图1-9所示，它有四个挡位：左上挡位为车削右旋螺纹，右上挡位为车削左旋螺纹，左下挡位为车削右旋加大螺距螺纹，右下挡位为车削左旋加大螺距螺纹。

图1-8　主轴变速操作手柄

图1-9　加工螺纹操纵手柄

（3）进给箱操作　CA6140型车床进给箱正面左侧有一手轮1。右侧有前后叠装的两个手柄3，前面的手柄有A、B、C、D四个挡位，是丝杠、光杠变换手柄；后面的手柄有Ⅰ、Ⅱ、Ⅲ、Ⅳ四个挡位与有八个挡位的手轮1配合，用以调整螺距及进给量。实际操作时应根据加工要求，查找进给箱油池盖上的螺纹和进给量调配表来确定手柄和手轮的具体位置。当后手柄处于正上方时是第Ⅴ挡，此时交换齿轮箱的运动不经进给箱变速，而与丝杠直接相连。

（4）滑板部分的操作

1）床鞍的纵向移动由溜板箱正面左侧的大手轮5控制，当顺时针转动手轮时，床鞍向右运动；逆时针转动手轮时，床鞍向左运动。

2）中滑板转动手柄6控制中滑板的横向移动和横向进给量。当顺时针转动手柄6时，中滑板向远离操作者的方向移动（即横向进刀）；逆时针转动手柄6时，中滑板向靠近操作者的方向移动（即横向退刀）。

3）小滑板可作短距离的纵向移动。小滑板手柄9顺时针转动，小滑板向左移动；逆时针转动小滑板手柄9，小滑板向右移动。

（5）刻度盘及分度盘的操作

1）溜板箱正面的大手轮轴上的刻度盘分为300格，每转过1格，表示床鞍纵向移动1mm。

2）中滑板丝杠上的刻度盘分为100格，每转过1格，表示刀架横向移动0.05mm。

3）小滑板丝杠上的刻度盘分为100格，每转过1格，表示刀架纵向移动0.05mm。

4）小滑板上的分度盘在刀架需斜向进刀加工短锥体时，可顺时针或逆时针地在90°范围内转过某一角度。使用时，先松开锁紧螺母，转动小滑板至所需要的角度后，再拧紧锁紧螺母以固定小滑板。

（6）自动进给的操作　溜板箱右侧有一个带十字槽的手动快速进给手柄11，是刀架实现纵、横向机动进给和快速移动的集中操纵机构。该手柄的顶部有一个快进按钮，是控制接通快速电动机的按钮，当按下此钮时，快速电动机工作，松开按钮时，快速电动机停止转动。该手柄扳动方向与刀架运动的方向一致，操作方便。当手柄扳至纵向进给位置，且按下快速按钮时，则床鞍作快速纵向移动；当手柄扳至横向进给位置，且按下快速按钮时，则中滑板带动小滑板和刀架作横向快速进给。操作时应注意：

1）当床鞍快速行进到离主轴箱或尾座足够远时，应立即松开快进按钮，停止快进，以避免床鞍撞击主轴箱或尾座。

2）当中滑板前、后伸出床鞍足够远时，应立即松开快进按钮，停止快进，避免因中滑板悬伸太长而使燕尾导轨受损，影响运动精度。

（7）开合螺母操作手柄　在溜板箱正面右侧有一开合螺母操纵手柄15，专门控制丝杠与溜板箱之间的联系。一般情况下，车削非螺纹表面时，丝杠与溜板箱间无运动联系，开合螺母处于开启状态，该手柄位于上方。当需要车削螺纹时，扳下开合螺母操纵手柄，将丝杠运动通过开合螺母的闭合而传递给溜板箱，并使溜板箱按一定的螺距（或导程）作纵向进给。车完螺纹后，将该手柄扳回原位。

（8）刀架的操作　方刀架相对于小滑板的转位和锁紧，依靠刀架上的手柄8控制刀架定位、锁紧元件来实现。逆时针转动手柄8，刀架可以逆时针转动，以调换车刀；顺时针转动手柄8时，刀架则被锁紧。

（9）尾座的操作

1）尾座可在床身内侧的山形导轨和平导轨上沿纵向移动，并依靠尾座架上的两个锁紧螺母使尾座固定在床身上的任一位置。

2）尾座架上有左、右两个长把手柄。左边为尾座套筒锁紧手柄10，顺时针扳动此手柄，可使尾座套筒固定在某一位置。右边手柄为尾座锁紧手柄12，逆时针扳动此手柄可使尾座快速地固定于床身的某一位置。

3）松开尾座架左边的长把手柄10（即逆时针转动手柄），转动尾座右端的手轮13，可使尾座套筒作进、退移动。

6. CA6140 型卧式车床传动系统分析

表示机床传动系统的简图称为机床传动系统图。图1-10所示是CA6140型卧式车床的传动系统图，它用一些简单的符号代表各个传动零件，表示机床的传动关系。一般的机床传动系统图均绘成平面展开图，即把一个立体传动结构绘制在一个平面内，对于展开后失去联系的传动副，用括号（或虚线）连接起来，以表示它们的传动关系。

分析传动系统图时，第一步进行运动分析，找出首件和末件；第二步了解系统中典型机构的工作原理，研究传动件的传动关系，弄清传动路线；第三步对该系统进行速度分析，达到深入了解。

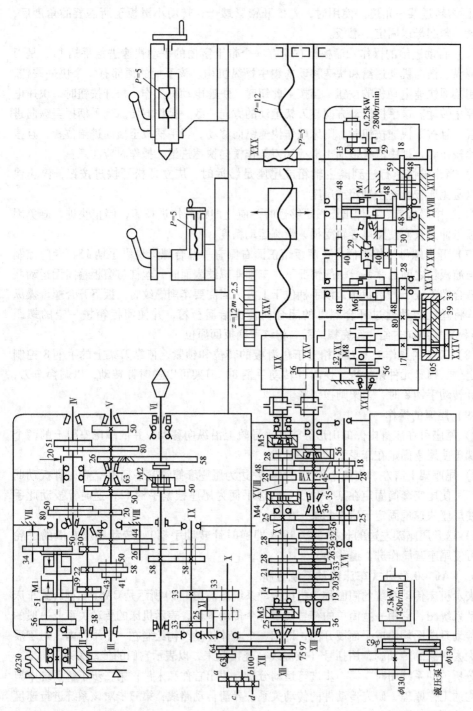

图1-10 CA6140型卧式车床传动系统

（1）主运动

1）运动分析。主运动是将电动机的转动传给主轴，该传动链使主轴获得24级正转转速和12级反转转速。同时，完成主轴的起动、停止、换向和调速。

2）传动路线。如图1-10所示，运动由电动机经V带传至Ⅰ轴。为控制主轴的起动、停止及旋转方向的变换，在轴Ⅰ上装有双向多片离合器 M_1。且轴Ⅰ上装有齿数为56、51的双联空套齿轮和齿数为50的空套齿轮，当离合器 M_1 左边的摩擦片被压紧工作时，运动由轴Ⅰ上的双联齿轮传出，实现主轴正转；当离合器 M_1 右边的摩擦片被压紧工作时，运动由轴Ⅰ上齿数为50的齿轮传出，实现主轴反转；两边摩擦片均不压紧时，轴Ⅰ空转，主轴停止转动。

轴Ⅰ的运动经 M_1 和双联滑移齿轮变速组传至轴Ⅱ，使轴Ⅱ获得两种正转转速；经 M_1 和 $\frac{50}{34} \times \frac{34}{30}$ 传至轴Ⅱ，使轴Ⅱ获得1种反转转速。由此可知，反转转速级数为正转转速级数的一半。轴Ⅱ的运动经三联滑移齿轮变速组，即齿轮副 $\frac{39}{41}$、$\frac{22}{58}$、$\frac{30}{50}$ 传到轴Ⅲ，使轴Ⅲ获得6种正转转速。运动传到轴Ⅲ后，经过两条不同的传动路线传递，一条是高速传动路线，即主轴上带内齿的 Z50 的滑移齿轮处于图示位置时，轴Ⅲ的运动经齿轮副 $\frac{63}{50}$ 直接传给主轴，使主轴获得6级高转速；当 Z50 的齿轮处于右边位置（右移）使 M_2 接合工作时，轴Ⅲ的运动经齿轮副 $\frac{20}{80}$ 或 $\frac{50}{50}$ 传到轴Ⅳ，再经齿轮副 $\frac{20}{80}$ 或 $\frac{51}{50}$ 传到轴Ⅴ，然后经齿轮副 $\frac{26}{58}$ 传给主轴Ⅵ，使主轴获得中、低转速。

为便于说明及明确了解机床的传动路线，通常用传动结构式（即传动路线用数字表示的表达式）来表示机床的传动路线。CA6140型卧式车床主运动传动结构式如下：

$$
电动机 - \frac{130}{230} - Ⅰ
\left\{
\begin{array}{c}
\overrightarrow{M_1}
\left\{
\begin{array}{c}
\frac{51}{43} \\
\frac{56}{38}
\end{array}
\right\} \\
\overrightarrow{M_1} \; \frac{50}{34} \times \frac{34}{30}
\end{array}
\right\}
- Ⅱ
\left\{
\begin{array}{c}
\frac{39}{41} \\
\frac{22}{58} \\
\frac{30}{50}
\end{array}
\right\}
- Ⅲ
\left\{
\begin{array}{c}
\frac{63}{50} - M_2 \\
\left\{
\begin{array}{c}
\frac{20}{80} \\
\frac{50}{50}
\end{array}
\right\} - Ⅳ -
\left\{
\begin{array}{c}
\frac{20}{80} \\
\frac{51}{50}
\end{array}
\right\} - Ⅴ - \frac{26}{58} \overrightarrow{M_2}
\end{array}
\right\}
- 主轴Ⅵ
$$

3）计算主轴转速级数及各级转速。主轴转速级数就是主轴能实现几种转速。由传动系统图可以看出，滑移齿轮每改变一次啮合位置，主轴即以不同的转速旋转。主轴正转时，利用各滑移齿轮轴向位置的不同组合，使主轴获得多种转速。例如Ⅰ轴与Ⅱ轴之间滑移齿轮有两个啮合位置，Ⅱ轴与Ⅲ轴之间有三个啮合位置，则Ⅰ轴有一种转速时，Ⅲ轴有 $2 \times 3 = 6$ 种转速。以此类推，主轴正转时应有 $2 \times 3 \times (1 + 2 \times 2) = 30$ 种转速，实际上主轴只能得到 $2 \times 3 \times (1 + 3) = 24$ 种正转转速。这是因为Ⅲ轴通过低速传动路线传动时，Ⅲ轴到Ⅴ轴之间滑移齿轮四种啮合位置的传动比是

$$u_1 = \frac{20}{80} \times \frac{20}{80} = \frac{1}{16}$$

$$u_2 = \frac{20}{80} \times \frac{51}{50} \approx \frac{1}{4}$$

$$u_3 = \frac{50}{50} \times \frac{20}{80} = \frac{1}{4}$$

$$u_4 = \frac{50}{50} \times \frac{51}{50} \approx 1$$

其中 u_2 和 u_3 基本相同，实际上只有三种不同的传动比。

同理，主轴反转的传动路线为 $3 \times (1 + 2 \times 2) = 15$ 条，但主轴反转实际上只有 $3 \times [1 + (2 \times 2 - 1)] = 12$ 种。

将传动结构式加以整理，可列出计算主轴转速的方程式，通常称为运动平衡方程式，如下所示：

$$n_{主轴} = n_{电} u_{带} u_{变} \varepsilon \tag{1-1}$$

式中 $n_{主轴}$——车床主轴的转速（r/min）；

$\quad\quad n_{电}$——主电动机的转速（r/min）；

$\quad\quad u_{带}$——V 带传动机构的传动比；

$\quad\quad u_{变}$——齿轮变速部分的总传动比；

$\quad\quad \varepsilon$——V 带传动的滑动系数，一般 $\varepsilon = 0.98$。

按以上运动方程式，CA6140 型卧式车床主轴最低转速为

$$n_{最低} = 1450 \times \frac{130}{230} \times 0.98 \times \frac{51}{43} \times \frac{22}{58} \times \frac{20}{80} \times \frac{20}{80} \times \frac{26}{58} \text{r/min} \approx 10 \text{r/min}$$

而主轴最高转速为

$$n_{最高} = 1450 \times \frac{130}{230} \times 0.98 \times \frac{56}{38} \times \frac{39}{41} \times \frac{63}{50} \text{r/min} \approx 1\,400 \text{r/min}$$

（2）进给运动传动链 进给运动传动链是使刀架实现纵向、横向运动或车削螺纹运动的传动链。

进给运动的动力来源也是主电动机，它的运动是经主运动传动链、主轴、进给传动链传至刀架，使刀架带着车刀实现纵向、横向进给或车削螺纹。由于刀架的进给量及加工螺纹的导程是以主轴每转过一转时刀架的移动量来表示的（mm/r），所以分析进给传动链时，应把主轴作为传动链的起点（首件），而把刀架作为传动链的终点（末件）。CA6140 型卧式车床的进给传动链的传动路线参考图 1-5。

1）车削螺纹。CA6140 型卧式车床能车削米制、寸制、模数、径节制四种标准螺纹，还可以车削加大螺距、非标准螺距及精密螺纹。无论车削哪一种螺纹，主轴与刀具之间必须保持严格的运动关系，即主轴每转一转，刀具应均匀地移动一个导程 s 的距离。

$$s = 1_{(主轴)} \times u P_{丝杠} \tag{1-2}$$

式中 u——从主轴到丝杠之间的全部传动副的总传动比；

$\quad\quad P_{丝杠}$——车床丝杠螺距（$P_{丝杠} = 12\text{mm}$）。

① 车米制螺纹。CA6140 型卧式车床车削米制螺纹时，进给箱中的离合器 M_3、M_4 脱开，离合器 M_5 接合（接通丝杠）。运动由主轴 VI 经齿轮副 $\frac{58}{58}$，轴 IX—XI 间的换向机构、交换齿轮组 $\frac{63}{100} \times \frac{100}{75}$ 传至轴 XII，进入进给箱后，经齿轮副 $\frac{25}{36}$ 传至轴 XIII；再经轴 XIII—XIV 间的滑移齿轮变速机构传至轴 XIV；再由齿轮副 $\frac{25}{36} \times \frac{36}{25}$ 传至轴 XV，经轴 XV—XVII 间两组双联滑移齿轮变速传至轴 XVII，通过离合器 M_5，传给丝杠 XVIII，使丝杠旋转。合上溜板箱上的开合螺母，便带动刀架做纵向进给运动。其传动路线表达式为

$$
主轴 VI - \frac{58}{58} - IX - \begin{cases} \dfrac{33}{33} \text{（右旋螺纹）} \\[2mm] \dfrac{33}{25} \times \dfrac{25}{33} \text{（左旋螺纹）} \end{cases} - XI - \frac{63}{100} \times \frac{100}{75} - XII - \frac{25}{36}
$$

$$
XIII - u_{XIII-XIV} - XIV - \frac{25}{36} \times \frac{36}{25} - XV - u_{XV-XVII} - XVII - M_5 - XVIII \text{（丝杠）} - 刀架
$$

运动平衡式为

$$
s = kP = 1_{主轴} \times \frac{58}{58} \times \frac{33}{33} \times \frac{63}{100} \times \frac{100}{75} \times \frac{25}{36} \times u_{XIII-XIV} \times \frac{25}{36} \times \frac{36}{25} \times u_{XV-XVII} \times 12
$$

式中　s——螺纹导程（mm）；

　　　　P——螺纹螺距（mm）；

　　　　k——螺纹线数；

$u_{XIII-XIV}$——轴 XIII—XIV 间的可换传动比；

$u_{XV-XVII}$——轴 XV—XVII 间的可换传动比。

整理后可得

$$
s = 7u_{XIII-XIV}u_{XV-XVII} \tag{1-3}
$$

传动链中轴 IX—XI 间的换向机构，可在主轴换向不变的情况下改变丝杠的旋转方向，车削右旋螺纹或左旋螺纹。

轴 XIII—XIV 间的变速机构是获得各种螺纹导程的基本变速机构，称为基本螺距机构，简称基本组。可获得 8 种不同的传动比，它们成近似的等差数列，其传动比用 $u_基$ 表示：

$$
u_{基1} = \frac{26}{28} = \frac{6.5}{7} \qquad u_{基2} = \frac{28}{28} = \frac{7}{7} \qquad u_{基3} = \frac{32}{28} = \frac{8}{7} \qquad u_{基4} = \frac{36}{28} = \frac{9}{7}
$$

$$
u_{基5} = \frac{19}{14} = \frac{9.5}{7} \qquad u_{基6} = \frac{20}{14} = \frac{10}{7} \qquad u_{基7} = \frac{33}{21} = \frac{11}{7} \qquad u_{基8} = \frac{36}{21} = \frac{12}{7}
$$

轴 XV—XVII 间的两个双联滑移齿轮组成的变速机构用于把由基本组得到的导程值成倍地增大或缩小，故通常称为增倍机构，或简称增倍组。可变换四种传动比，其值按倍数排列，其传动比用 $u_倍$ 表示：

$$u_{倍1} = \frac{18}{45} \times \frac{15}{48} = \frac{1}{8} \qquad u_{倍2} = \frac{28}{35} \times \frac{15}{48} = \frac{1}{4}$$

$$u_{倍3} = \frac{18}{45} \times \frac{35}{28} = \frac{1}{2} \qquad u_{倍4} = \frac{28}{35} \times \frac{35}{28} = 1$$

通过不同组合，就可以得到表 1-5 所列的全部米制螺纹的导程值。

表 1-5　CA6140 型卧式车床车削米制螺纹导程表　（单位：mm）

$u_{倍}$ ＼ $u_{基}$	$\frac{26}{28}$	$\frac{28}{28}$	$\frac{32}{28}$	$\frac{36}{28}$	$\frac{19}{14}$	$\frac{20}{14}$	$\frac{33}{21}$	$\frac{36}{21}$
$\frac{18}{45} \times \frac{15}{48} = \frac{1}{8}$	—	—	1	—	—	1.25	—	1.5
$\frac{28}{35} \times \frac{15}{48} = \frac{1}{4}$	—	1.75	2	2.25	—	2.5	—	3
$\frac{18}{45} \times \frac{35}{28} = \frac{1}{2}$	—	3.5	4	4.5	—	5	5.5	6
$\frac{28}{35} \times \frac{35}{28} = 1$	—	7	8	9	—	10	11	12

于是式（1-3）又可写成

$$s = 7u_{基}u_{倍} \qquad\qquad (1-4)$$

② 车其他螺纹。车模数螺纹时，传动路线与车削米制螺纹时基本相同，只是将交换齿轮换成 $\frac{64}{100} \times \frac{100}{97}$（图 1-10）。车削寸制螺纹时，选择交换齿轮 $\frac{63}{100} \times \frac{100}{75}$，进给箱中 M_3 及 M_5 处于啮合状态，M_4 脱开，XV 轴 Z25 滑移齿轮与 XIII 轴 Z36 齿轮啮合。运动由 XII 轴经离合器 M_3 传到 XIV 轴，再经双轴滑移变速机构传至 XIII 轴，经 $\frac{36}{25}$ 传至 XV 轴。以后的传动路线与车削米制螺纹时重合（图 1-10）。车径节螺纹（寸制蜗杆）时，传动路线与车削寸制螺纹时基本一样，只是交换齿轮应为 $\frac{64}{100} \times \frac{100}{97}$（图 1-10）。

2）机动进给。有纵向进给和横向进给两种。

由图 1-10 可知，机动进给运动是由光杠经溜板箱中齿轮 $\frac{36}{32}$、$\frac{32}{56}$、超越离合器 M_6 及安全离合器 M_7 传至 XX 轴，经蜗轮蜗杆 $\frac{4}{29}$ 传至 XXI 轴。当运动由轴 XXI 经齿轮副 $\frac{40}{48}$ 或 $\frac{40}{30} \times \frac{30}{48}$、双向离合器 M_8、轴 XXII、齿轮副 $\frac{28}{80}$ 传至小齿轮 Z_{12}，小齿轮在齿条上转动时，滑板作纵向机动进给。当运动由轴 XXI 经齿轮副 $\frac{40}{48}$ 或 $\frac{40}{30} \times \frac{30}{48}$、双向离合器 M_9、轴 XXV 及齿轮副 $\frac{48}{48} \times \frac{59}{18}$ 传至中滑板丝杠 XXVII 后，中滑板作横向机动进给。纵、横向机动进给

的传动路线表达式为

$$主轴 VI - \begin{Bmatrix} 米制螺纹传动路线 \\ 寸制螺纹传动路线 \end{Bmatrix} - XVII - \frac{28}{52} - XIX （光杠）- \frac{36}{32} \times \frac{32}{56} -$$

$$M_6 （超越离合器）- M_7 （安全离合器）- XX - \frac{4}{29} - XXI -$$

$$\begin{Bmatrix} \frac{40}{48} M_9 \uparrow \\ \frac{40}{30} \times \frac{30}{48} M_9 \downarrow \end{Bmatrix} - XXV - \frac{48}{48} \times \frac{59}{18} - XXVII （丝杠）- 刀架（横向进给）$$

$$\begin{Bmatrix} \frac{40}{48} M_8 \uparrow \\ \frac{40}{30} \times \frac{30}{48} M_8 \downarrow \end{Bmatrix} - XXII - \frac{28}{80} - XXIII - Z_{12} （齿轮）- 齿条 - 刀架（纵向进给）$$

3）刀架的快速移动。为了减轻工人劳动强度，缩短辅助时间，本机床的光杠右端装有快速电动机，使刀架快速移动，如图1-5所示。按下纵横向进给运动操纵手柄顶部的按钮后，快速电动机起动，运动经齿轮副$\frac{13}{29}$传至轴XX，然后沿机动进给传动路线，传至纵向进给齿轮齿条副或横向进给丝杠，使刀架作纵向或横向快速移动。单向超越离合器M_6自动脱开与光杠传来的进给运动联系。

1.1.3 车床的润滑和维护保养

1. 车床润滑的作用

为了保证车床的正常运转，减少磨损，延长使用寿命，应对车床的所有摩擦部位进行润滑，并注意日常的维护保养。

2. 常用车床的润滑方式

车床的润滑采取了多种形式，常用的有以下几种。

（1）浇油润滑 常用于外露的滑动表面，如床身导轨面和滑动导轨面等。

（2）溅油润滑 常用于密闭的箱体中。如车床主轴箱中的转动齿轮将箱底的润滑油溅射到箱体上部的油槽中，然后经槽内油孔流到各润滑点进行润滑。

（3）油绳导油润滑 常用于进给箱和溜板箱的油池中。利用毛线既易吸油又易渗油的特性，通过毛线把油引入润滑点，间断地滴油润滑（图1-11a）。

（4）弹子油杯注油润滑 常用于尾座、中滑板手柄及三杠（丝杠、光杠、开关杠）支架的轴承处。定期用油枪端头油嘴压下油杯上的弹子，将油注入。油嘴撤去，弹子又回至原位，封住注油口，以防尘屑入内（图1-11b）。

（5）黄油杯润滑 常用于交换齿轮箱齿轮架的中间轴或不便经常润滑处。事先在黄油杯中加满钙基润滑脂，需要润滑时，拧进油杯盖，则杯中的油脂就被挤压到润滑点中去（图1-11c）。

（6）油泵输油润滑 常用于转速高、需要大量润滑油连续强制润滑的机构。如主轴箱内许多润滑点就是采用这种方式，如图1-12所示。

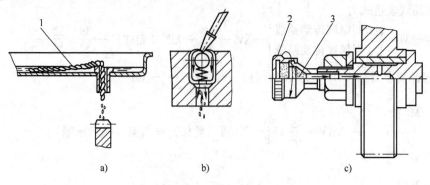

图 1-11 润滑的几种方式

1—毛线 2—黄油杯 3—黄油

3. 常用车床的润滑要求

图 1-12 所示为 CA6140 型车床润滑系统润滑点的位置示意图。润滑部位用数字标出。图中除所注②处的润滑部位是用 2 号钙基润滑脂进行润滑外，其余各部位都用全损耗系统用油 L – AN 30 润滑。换油时，应先将废油放尽，然后用煤油把箱体内部冲洗干净，再注入新的全损耗系统用油，注油时应用网过滤，油面不得低于油标中心线。

1）如图 1-13 所示，$\overset{30}{-}$ 表示全损耗系统用油 L – AN 30。$-$ 符号中的分子数字表示润滑油类别，分母数字表示两班制工作时换（添）油间隔的天数，如 $\overset{30}{7}$ 表示油类号为全损耗系统用油 L – AN 30，两班制换（添）油间隔天数为 7 天。

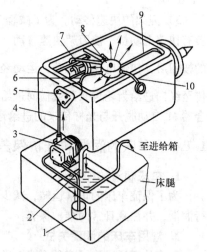

图 1-12 主轴箱油泵循环润滑

1—网式过滤器 2—回油管 3—油泵
4、6、7、9、10—油管
5—过滤器 8—分油器

2）主轴箱内的零件用油泵循环润滑或飞溅润滑。箱内润滑油一般三个月更换一次，主轴箱体上有一个油标，若发现油标内无油输出，说明油泵输油系统有故障，应立即停机检查断油的原因，待修复后才能开动车床。

3）进给箱内的齿轮和轴承，除了用齿轮飞溅润滑外，在进给箱上部还有用于油绳导油润滑的储油槽，每班应给该储油槽加油一次。

4）交换齿轮箱中间齿轮轴轴承是黄油杯润滑，每班一次，7 天加一次钙基润滑脂。

5）尾座和中、小滑板手柄及光杠、丝杠、刀架转动部位靠弹子油杯润滑，每班润滑一次。

6）此外，床身导轨、滑板导轨在工作前后都要擦净，并用油枪加油润滑。

4. 车床日常保养的要求

为了保证车床的加工精度，延长其使用寿命，保证加工质量，提高生产效率，车工

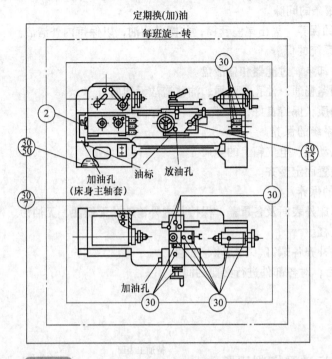

图1-13 CA6140型车床润滑系统润滑点的位置示意图

除了能熟练地操作机床外，还必须学会对车床进行合理的维护和保养。

车床的日常维护、保养要求如下：

1）每天工作结束后，切断电源，对车床各表面、各罩壳、导轨面、丝杠、光杠、各操纵手柄和操纵杆进行擦拭，做到无油污、无切屑，车床外表清洁。

2）每周要求保养床身导轨面和中、小滑板导轨面及转动部位的清洁、润滑。要求油眼畅通、油标清晰，清洗油绳和油毛毡，保持车床外表清洁和工作场地清洁。

5. 车床一级保养的要求

通常当车床运行500h后，需进行一级保养。其保养工作以操作工人为主，在维修工人的配合下进行。保养时，必须先切断电源，然后按下述顺序和要求进行。

（1）主轴箱的保养

1）清洗过滤器，使其无杂物。

2）检查主轴锁紧螺母有无松动，紧定螺钉是否拧紧。

3）调整制动器及离合器摩擦片间隙。

（2）交换齿轮箱的保养

1）清洗齿轮、轴套，并在油杯中注入新油脂。

2）调整齿轮啮合间隙。

3）检查轴套有无晃动现象。

（3）滑板和刀架的保养 拆洗刀架和中、小滑板，洗净擦干后重新组装，并调整中、小滑板与镶条的间隙。

（4）尾座的保养　摇出尾座套筒，并擦净涂油，以保持内外清洁。

（5）润滑系统的保养

1）清洗冷却泵、过滤器和盛液盘。

2）保证油路畅通，油孔、油绳、油毡清洁无切屑。

3）检查油质，保持良好，油杯齐全，油标清晰。

（6）电气系统的保养

1）清扫电动机、电气箱上的尘屑。

2）电气装置固定整齐。

（7）外表的保养

1）清洗车床外表面及各罩盖，保持其内外清洁，无锈蚀、无油污。

2）清洗三杠。

3）检查并补齐各螺钉、手柄球、手柄。

清洗擦净后，对各部件进行必要的润滑。

1.2　车刀

1.2.1　车削运动及切削用量

1. 车削运动

车床的运动按功用来分，可分为表面成形运动和辅助运动。

（1）表面成形运动　表面成形运动是为了形成工件表面，刀具和工件所做的相对运动。它可以由刀具或工件单独完成，也可由刀具和工件共同完成。车床的表面成形运动分为主运动和进给运动，如图 1-14 所示。

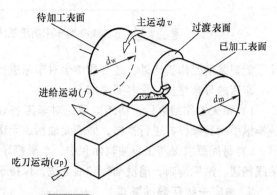

图 1-14　车削运动和工件上的表面

1）主运动。车床的主运动就是工件的旋转运动，其转速以 n（r/min）表示。主运动是实现切削最基本的运动，它的运动速度较高，消耗功率较大。

2）进给运动。车床的进给运动就是刀具的移动。刀具做平行于工件旋转轴线的纵向进给运动（车圆柱表面）或做垂直于工件旋转轴线的横向进给运动（车端面），刀具也可做与工件旋转轴线成一定角度的斜向运动（车圆锥表面）或做曲线运动（车成形回转表面）。进给量常以 f（mm/r）表示。进给运动的速度较低，所消耗的功率也较少。

（2）辅助运动　为实现机床的辅助工作而必须做的运动称为辅助运动。辅助运动包括刀具的移近、退回、工件的夹紧等。在卧式车床上这些运动通常由操作者用手工操作来完成。

为了减轻操作者的劳动强度和节省移动刀架所耗费的时间，CA6140 型车床还具有独立电动机驱动的刀架，以便实现纵向及横向的快速移动。

2. 切削加工时工件上形成的表面

工件在切削过程中形成了三个不断变化着的表面，如图 1-14 所示。

（1）待加工表面 即将被切去金属层的表面。

（2）过渡表面 切削刃正在切削的表面。

（3）已加工表面 工件上经切削后产生的新表面。

3. 切削用量

切削用量是度量主运动和进给运动的参数，它包括背吃刀量、进给量和切削速度。

（1）背吃刀量 a_p 车削工件上已加工表面和待加工表面之间的垂直距离称为背吃刀量 a_p，单位为 mm，如图 1-15 所示。切断、车槽时，背吃刀量 a_p 等于车刀主切削刃的宽度，如图 1-15c 所示。车削外圆时的计算公式为

$$a_p = \frac{d_w - d_m}{2} \tag{1-5}$$

式中　a_p——背吃刀量（mm）；

　　　d_w——待加工表面直径（mm）；

　　　d_m——已加工表面直径（mm）。

（2）进给量 f 工件或刀具每转一转，工件与刀具在进给方向上的相对位移称为进给量。车削时，进给量 f 为工件每转一转，车刀沿进给方向移动的距离，其单位为 mm/r，如图 1-15 所示。车削时的进给速度 v_f（mm/s）为

$$v_f = nf \tag{1-6}$$

式中　n——工件转速（r/min）。

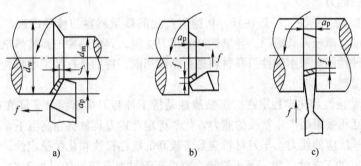

图 1-15　背吃刀量和进给量

a）车外圆　b）车端面　c）切断

（3）切削速度 v_c 是指切削刃上的选定点相对于工件主运动的瞬时速度，它是衡量主运动的参数，单位为 m/s 或 m/min。当主运动为旋转运动时（如车削加工），切削速度的计算公式为

$$v_c = \frac{\pi dn}{1000} \tag{1-7}$$

式中　v_c——切削速度（m/min）；

n——工件转速（r/min）；

d——工件待加工表面直径（mm）。

1.2.2　车刀材料

任何车刀都是由刀头（或刀片）和刀杆两部分组成，刀头担负切削工作，刀杆用来将刀具装夹在刀架上，起支承和传力作用。车刀材料是指车刀切削部分的材料。

1. 车刀材料的性能要求

在切削过程中，车刀切削部分直接和工件及切屑相接触，承受着很大的切削压力和冲击，并受到工件及切屑的剧烈摩擦，产生很高的切削温度，这也就是说车刀切削部分是在高温、高压及剧烈摩擦的恶劣条件下工作的。因此，车刀材料应具备以下基本性能。

（1）高硬度　车刀材料的硬度必须高于被加工工件材料的硬度。否则在高温高压下，就不能保持车刀锋利的几何形状。

（2）足够的强度和韧性　车刀在切削时要承受很大的切削力和冲击力，因此，车刀材料必须要有足够的强度和韧性。

（3）高的耐磨性和耐热性　车刀材料的耐磨性是指抵抗磨损的能力。一般来说，车刀材料硬度越高，耐磨性也越好。车刀材料的耐磨性和耐热性也有着密切的关系。耐热性通常用它在高温下保持较高硬度的性能来衡量，即高温硬度，或称为"热硬性"。高温硬度越高，表示耐热性越好，车刀材料在高温时抗塑变的能力和耐磨损的能力也就越强。耐热性差的车刀材料，由于高温下硬度显著下降而会很快磨损乃至发生塑性变形，丧失切削能力。

（4）良好的导热性　导热性好，切削时产生的热量就容易传导出去，从而降低切削部分的温度，减轻刀具磨损。导热性好的车刀材料，其耐热冲击和抗热龟裂的性能也都较强，这种性能对采用脆性刀具材料进行断续切削，特别是在加工导热性能差的工件时显得非常重要。

（5）抗粘接性和化学稳定性　抗粘接性是指工件与刀具材料分子间在高温高压作用下，抵抗互相吸附而产生粘接的能力。化学稳定性指刀具材料在高温下，不易与周围介质发生化学反应的能力。车刀材料应具备较高的抗粘接性和化学稳定性。

（6）良好的工艺性　为了便于制造，要求车刀材料有较好的可加工性，包括锻压、焊接、切削加工、热处理和可磨性等。

（7）较好的经济性　经济性是评价新型车刀材料的重要指标之一，也是正确选用车刀材料、降低产品成本的主要依据之一。车刀材料的选用应结合我国资源状况，以降低刀具的制造成本。

2. 常用车刀材料

目前，常用车刀材料有高速钢和硬质合金两大类。

（1）高速钢　高速钢是一种含有 W（钨）、Mo（钼）、Cr（铬）、V（钒）等合金元素较多的合金工具钢。它是综合性能比较好的一种刀具材料，可以承受较大的切削力和冲击力。并且具有热处理变形小、能锻造、易磨出较锋利的刃口等优点，特别适合于制造各种小型及形状复杂的刀具，如成形车刀、各种钻头等。但高速钢的耐热性较差，不能用于高速切削。

高速钢的品种繁多，品种不同，其性质及应用场合也不相同。表1-6列举了常用高速钢的牌号、性质及其应用等内容。

表1-6　常用高速钢的牌号、性质及其应用

类别	常用牌号	性质	应用
钨系	W18Cr4V 18 – 4 – 1	优点是性能稳定，刃磨及热处理工艺控制较方便；缺点是碳化物分布不均匀，热塑性较差，不宜制作大截面的刀具	因金属钨的价格较高，国内使用逐渐减少，国外也已很少采用
钨钼系	W6Mo5Cr4V2 6 – 5 – 4 – 2	由于用1%的钼代替2%的钨，使钢中的合金元素减少，从而降低了碳化物的数量及其分布的不均匀性，提高了热塑性、抗弯强度与韧性，其高温塑性及韧性胜过W18Cr4V。其主要缺点是淬火温度范围窄，脱碳和过热敏感性大	主要用于制造热轧刀具，如扭槽麻花钻等

（2）硬质合金　硬质合金是用高硬度、难熔的金属化合物（WC、TiC、TaC、NbC等）微米数量级的粉末与Co（钴）、Mo、Ni等金属粘结剂烧结而成的粉末冶金制品。常用的粘结剂是Co，碳化钛基硬质合金的粘结剂则是Mo、Ni。硬质合金高温碳化物的含量超过高速钢，具有硬度高、熔点高、化学稳定性好和热稳定性好等特点，切削效率是高速钢刀具的5~10倍。但硬质合金韧性差、脆性大，承受冲击和振动的能力低，但可以通过刃磨合理的角度来弥补这一不足。因此，硬质合金是目前应用最为广泛的车刀材料。

切削用硬质合金按其切屑排出形式和加工对象的范围可分为三个主要类别，分别以字母K、P、M表示。表1-7列举了这三类硬质合金的成分、用途、性能等内容。

表1-7　K、P、M三类硬质合金

类别	成分	用途	常用代号	相当于旧代号	性能 耐磨性	性能 韧性	适用加工阶段
K类（钨钴类）	WC + Co	主要用于加工铸铁、有色金属等脆性材料或冲击性较大的场合。但在切削难加工材料或振动较大（如断续切削塑性金属）的特殊情况时也比较适合	K01	YG3	↑	↓	精加工
			K10	YG6			半精加工
			K20	YG8			粗加工

（续）

类别	成分	用途	常用代号	相当于旧代号	性能		适用加工阶段
					耐磨性	韧性	
P类（钨钛钴类）	WC + Co + TiC	此类硬质合金硬度、耐磨性、耐热性都明显提高。但其韧性、抗冲击振动性能差，适用于加工钢或其他韧性较大的塑性金属，不适宜于加工脆性金属	P01	YT30	↑	↓	精加工
			P10	YT15			半精加工
			P30	YT5			粗加工
M类［钨钛钽（铌）钴类］	WC + Co + TiC + TaC (NbC)	既可以加工铸铁、有色金属，又可以加工碳素钢、合金钢，故又称通用合金。主要用于加工高温合金、高锰钢、不锈钢以及可锻铸铁、球墨铸铁、合金铸铁等难加工材料	M10	YW1	↑	↓	精加工、半精加工
			M20	YW2			粗加工、半精加工

1.2.3 车刀的结构形式

车刀在结构上可分为整体式、焊接式、机夹式、可转位式车刀四种形式，如图1-16所示。其结构特点及适用场合见表1-8。

表1-8 车刀结构特点及适用场合

名称	特点	适用场合
整体式	用整体高速钢制造，刃口可磨得较锋利	小型车床或加工非铁金属
焊接式	焊接硬质合金或高速钢刀片，结构紧凑，使用灵活	各类车刀
机夹式	避免了焊接产生的应力、裂纹等缺陷，刀杆利用率高。刀片可集中刃磨获得所需参数；使用灵活方便	外圆、端面、镗孔、切断、螺纹车刀等
可转位式	避免了焊接刀的缺点，刀片可快换转位；生产率高；断屑稳定；可使用涂层刀片	大、中型车床加工外圆、端面、镗孔，特别适用于自动生产线、数控机床

1.2.4 常用车刀的种类及用途

根据车刀的形状及车削加工内容，常用车刀可分为外圆车刀、端面车刀、切断刀、内孔车刀、圆头车刀和螺纹刀等，其形状和用途见表1-9。

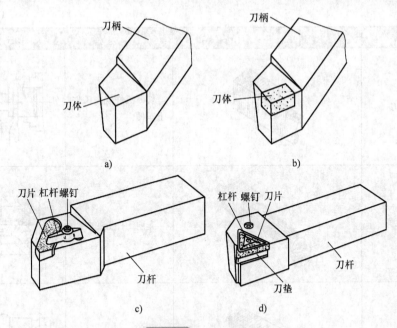

图 1-16 车刀的结构

a）整体式 b）焊接式 c）机夹式 d）可转位式

表 1-9 常用车刀的种类及其用途

车刀种类	车刀的外形图	用途	车削示意图
90°车刀（偏刀）		车削工件的外圆、台阶和端面	
75°车刀		车削工件的外圆和端面	
45°车刀（弯头车刀）		车削工件的外圆、端面和倒角	

（续）

车刀种类	车刀的外形图	用途	车削示意图
切断刀	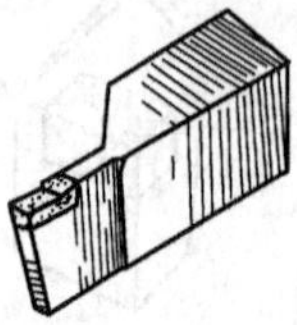	切断工件或在工件上车槽	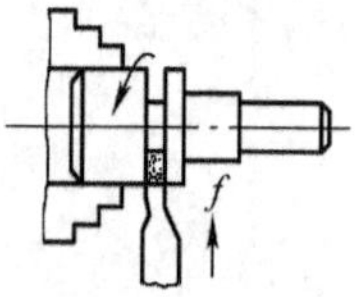
内孔车刀		车削工件上的内孔	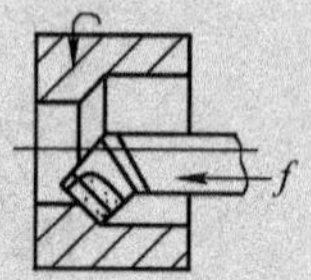
圆头车刀	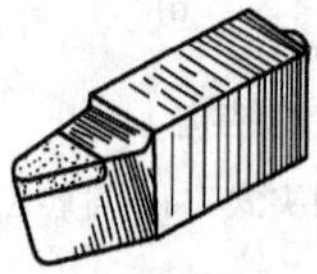	车削工件的圆弧面或成形面	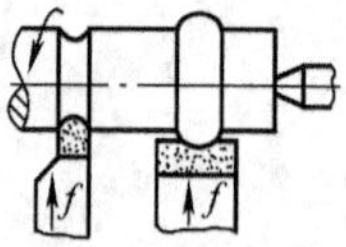
螺纹车刀		车削螺纹	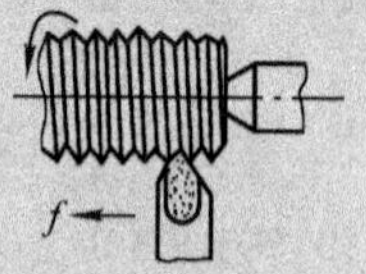

1.2.5　车刀切削部分的几何参数

1. 刀具切削部分的表面与切削刃

如图 1-17 所示，车刀的切削部位由"三面两刃一尖"（即前刀面、主后刀面、副后刀面、主切削刃、副切削刃、刀尖）组成。

（1）前刀面　切屑流出时所流经的面。

（2）主后刀面　与工件上过渡表面相对的刀面。

（3）副后刀面　与工件上已加工表面相对的刀面。

（4）主切削刃　前刀面与主后刀面相交的部位，担负主要切削工作。

（5）副切削刃　前刀面与副后刀面相交的部位，它协同主切削刃完成金属的切除工作，以最终形成工件的已加工表面。

（6）刀尖 主、副切削刃连接处的那一小部分切削刃。为了提高刀尖的强度，延长车刀寿命，通常将刀尖磨成圆弧形或直线形的过渡刃，如图 1-17b 所示。

（7）修光刃 通常称副切削刃前段接近刀尖处的一段平直切削刃为修光刃，如图1-17b 所示。装刀时必须使修光刃与进给方向平行，且修光刃长度要大于进给量，才能起到修光的作用。

所有车刀都有上述组成部分，但数量并不一样。如典型的外圆车刀是由三个刀面、两条刃和一个刀尖组成，如图 1-17a 所示；45°车刀则由四个刀面（两个副后刀面）、三条刃和两个刀尖组成，如图 1-17c 所示。

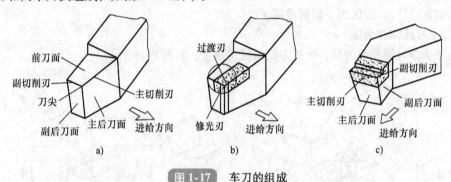

图 1-17 车刀的组成

a）高速钢75°车刀 b）硬质合金75°车刀 c）硬质合金45°车刀

2. 确定刀具角度的参考系

用来确定刀具几何角度的参考坐标系有如下两大类：

一类称为标注参考系（静态参考系），它是刀具设计计算、绘图标注、制造与刃磨及测量时用来确定切削刃、刀面空间几何角度的定位基准，用它定义的角度称为刀具的标注角度（静态角度）；另一类称为工作参考系（动态参考系），它是确定刀具切削刃、刀面在切削过程中相对于工件的几何位置的基准，用它来定义的角度称为刀具的工作角度。

下面以外圆车刀为例来说明标注参考系。

（1）标注参考系的假定条件

1）假定没有进给运动，只考虑主运动，并且限定主运动垂直于水平面，方向向上。

2）假定刀具的刃磨和安装基准面垂直于切削速度方向（或平行于基面），对车刀来说，规定其刀尖安装在工件中心高度上，刀杆中心线垂直于工件的回转轴线。

（2）刀具标注参考系 刀具的标注参考系有三个坐标平面：基面、切削平面、正交平面（当讨论主切削刃时称为主切削刃截面，简称主截面。同理，在讨论副切削刃时，称为副切削刃截面，简称副截面）。

1）基面 p_r。是垂直主运动方向并通过切削刃上选定点（即要研究的点，如果切削刃是直线，并平行于水平面，切削刃上的各点均符合这个条件）的平面。根据假设条件，只考虑主运动方向和刀尖恰在工件中心线上的假设，可以认为基面就是由工件中心线和刀尖规定的一个平面。如果刀尖安装得过高或过低，根据主运动垂直向上的假设，该点不在刀尖上，而是在切削刃上的某一点，此时并不会改变基面的位置，如果切削刃是直线，也不会影响其测量的角度，如图 1-18 所示。

2）切削平面 p_s。是指切削刃上选定点与主切削刃相切并垂直于基面的平面，如图 1-18 所示。一般情况下切削平面就是指主切削平面。

3）正交平面 p_o。是指通过切削刃上某选定点同时垂直于基面和切削平面的平面。

必须指出，以上刀具各标注角度参考系均适用于选定点选在主切削刃上，如果选定点选在副切削刃上，则所定义的是副切削刃标注参考系的坐标平面，应在相应的符号右上角加标"'"以示区别，如副截面 p_o'。

3. 刀具标注角度

下面以外圆车刀为例，介绍刀具的标注角度，如图 1-19 所示。

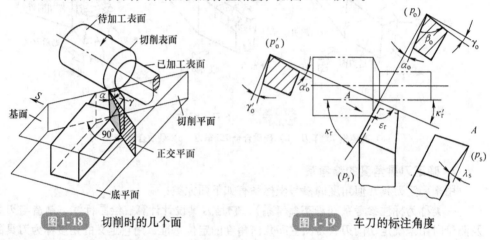

图 1-18 切削时的几个面　　　图 1-19 车刀的标注角度

（1）在正交平面内测量的角度

1）前角 γ_o。前角是前刀面与基面之间的夹角。当前刀面与切削平面的夹角小于 90° 时，前角为正值，大于 90° 时，前角为负值。

2）后角 α_o。后角是主后刀面与切削平面间的夹角。当主后刀面与基面的夹角小于 90° 时，后角为正值；当主后刀面与基面的夹角大于 90° 时，后角为负值。

在副截面 p_o' 内测量的角度是副后角（α_o'）及副前角（γ_o'）。

3）楔角 β_o。楔角是前刀面与主后刀面之间的夹角。它是由前角和后角得到的派生角度计算公式为

$$\beta_o = 90° - (\gamma_o + \alpha_o) \tag{1-8}$$

（2）在基面中测量的角度

1）主偏角 κ_r。主切削刃在基面上的投影与进给方向之间的夹角。

2）副偏角 κ_r'。副切削刃在基面上的投影与背离进给方向之间的夹角。

3）刀尖角 ε_r。主切削刃与副切削刃在基面上的投影之间的夹角，其值按式（1-9）来计算：

$$\varepsilon_r = 180° - (\kappa_r - \kappa_r') \tag{1-9}$$

（3）在切削平面中测量的角度 刃倾角 λ_s 为主切削刃与基面之间的夹角。当刀尖位于主切削刃的最高点时，刃倾角为正值；反之，刃倾角为负值。当切削刃与基面平行时，刃倾角为零度。

4. 车刀主要角度的初步选择

（1）前角 γ_o。 前角的主要作用是影响切削刃口锋利程度、切削力的大小与切削变形的大小。前角增大，可使切削刃口锋利、切削力减小，降低加工表面粗糙度值，同时还会使切屑变形小、排屑容易。

前角还会影响刀具的强度、受力情况和散热条件。若增大前角，会使楔角减小，从而削弱了刀体强度。前角增大还会使散热体积缩小，而散热条件变差，导致切屑区温度升高。

只要刀体强度允许，尽量选较大的前角。具体选择时尚需综合考虑工件材料、刀具材料、加工性质等因素。

1）在刀具强度许可的条件下，尽量选用大的前角，一般情况下高速钢刀具可比硬质合金刀具的前角大 $5° \sim 10°$。

2）对于成形刀具来说，为减少刀具形状误差，常用较小的前角，甚至取前角为 $0°$。

3）加工塑性材料时，应选用较大的前角，加工脆性材料时用较小的前角。

4）粗加工，尤其是断续切削，为保证切削刃有足够的强度，应选用较小的前角，但在采取某些强化切削刃和刀尖的措施后，仍可增大前角至合理的数值。精加工时，应选用较大的前角。

5）工艺系统刚性差和机床功率不足时，应选用较大的前角。

6）数控车床、自动生产线等所用刀具，考虑到要有较长的刀具寿命及工作的稳定性，常取较小的前角。表 1-10 为硬质合金刀具前角选用参考值。

表1-10 硬质合金刀具前角选用参考值

工件材料	碳钢 σ_b/GPa				40Cr	调质 40Cr	不锈钢	高锰钢	钛和钛合金
	≤ 0.445	≤ 0.558	≤ 0.784	≤ 0.98					
前角	$25° \sim 30°$	$15° \sim 20°$	$12° \sim 15°$	$10°$	$13° \sim 18°$	$10° \sim 15°$	$15° \sim 30°$	$3° \sim -3°$	$5° \sim 10°$

工件材料	淬硬钢					灰铸铁		铜			铝及铝合金
	38~41 HRC	44~47 HRC	50~52 HRC	54~58 HRC	60~65 HRC	≤ 220 HBW	>220 HBW	纯铜	黄铜	青铜	
前角	$0°$	$-3°$	$-5°$	$-7°$	$-10°$	$12°$	$8°$	$25° \sim 30°$	$5° \sim 25°$	$5° \sim 15°$	$25° \sim 30°$

（2）后角 α_o。

1）主后角 α_o。主后角的作用是减少后刀面与工件上过渡表面之间的摩擦，以提高工件的表面质量，延长刀具的使用寿命。增大主后角可减小主后刀面与过渡表面之间的摩擦；主后角影响楔角 β_o 的大小，从而它可配合前角来调整切削刃的锋利程度和刀具的强度。主后角 α_o 过小会引起刀具和过渡表面之间的剧烈摩擦，使切削区的温度急剧升高，其现象是切屑颜色加深，工件因热膨胀使尺寸加大，甚至产生严重的加工硬化。反之，增大后角能明显改善上述情况，但后角 α_o 过大时，将使楔角 β_o 过小，切削刃强度削弱，散热条件变差，反而降低了刀具寿命。

在保证刀具有足够的强度和散热体积的基础上，保证刀具锋利和减少后刀面与工件的摩擦，所以后角的选择应根据刀具、工件材料和加工条件而定。在粗加工时以确保刀具强度为主，应取较小的后角（$\alpha_o = 4° \sim 6°$）；在精加工时以保证加工表面质量为主，一般取 $\alpha_o = 8° \sim 12°$。工件材料硬度高、强度大或者加工脆性材料时取较小后角；反之，后角可取大值。高速钢刀具的后角比同类型的硬质合金刀具稍大一些。当工艺系统刚性差时，为防止振动，取较小后角。

2）副后角 α_o'。一般刀具的副后角取和主后角相同的数值。只有切断刀，因受结构强度的限制，只许取较小的副后角（$\alpha_o' = 1° \sim 2°$）。

（3）主偏角及副偏角的选择

1）主偏角的作用。主偏角对切削过程主要有两方面的影响：首先是影响主切削刃单位长度上的负荷、刀尖强度和散热条件。当进给量为定值时，主偏角的变化将改变切削层形状，使切削层参数发生变化，从而影响切削刃上的负荷。当主偏角 κ_r 减小时，由于切削层公称宽度增加，切削层公称厚度减小，使作用在主切削刃上单位长度的负荷减轻；且刀尖角增大，刀尖强度提高，散热条件改善；这两个变化都有利于提高刀具寿命。另一方面，会影响切削分力的比值。当进给量为定值，主偏角 κ_r 减小时，使径向切削力增加，轴向切削力减小，容易引起工艺系统振动。

此外，主偏角还影响断屑效果和排屑方向，以及残留面积高度等。增大主偏角 κ_r 有利于切屑折断，有利于孔加工刀具使切屑沿轴向流出。减小主偏角 κ_r 可减小表面粗糙度值。

2）副偏角的作用。工件已加工表面靠副切削刃最终形成，副偏角 κ_r' 值影响刀尖强度、散热条件、刀具寿命、振动情况等，减小副偏角 κ_r' 可提高刀尖强度，增大散热体积，减小表面粗糙度值，有利于提高刀具寿命。

3）主偏角 κ_r 及副偏角 κ_r' 的选择。主偏角选择原则如下：

① 在加工强度高、硬度高的材料时，为提高刀具寿命，应选取较小主偏角。

② 在工艺系统刚性不足的情况下，为减小背向力，应选取较大主偏角。

③ 根据加工表面形状要求：如加工台阶轴时取 $\kappa_r \geqslant 90°$；如需要中间切入工件时，应取 $\kappa_r = 45° \sim 60°$；车外圆又车端面时取 $\kappa_r = 45°$ 等。

副偏角的选择原则如下：

① 一般刀具的副偏角，在不引起振动的情况下可选取较小的数值。

② 精加工刀具的副偏角应取得更小些，必要时，可磨出一段 $\kappa_r' = 0°$ 的修光刃。

③ 加工高强度、高硬度材料或断续切削时，应取较小的副偏角，以提高刀尖强度。

④ 切断刀为了使刀头强度和重磨后刀头宽度变化较小，只能取较小的副偏角。

表 1-11 为不同加工条件下主、副偏角参考值。

表 1-11 主偏角、副偏角参考值

加工条件	加工系统刚性足够，加工淬硬钢、冷硬铸铁	加工系统刚性较好。可中间切入，加工外圆端面、倒角	加工系统刚性较差，粗车、强力车削	加工系统刚性差，加工台阶轴、细长轴，多刀车削、仿形车削	切断、车槽
主偏角 κ_r	10°～30°	45°	60°～70°	75°～93°	≥90°
副偏角 κ_r'	5°～10°	45°	10°～15°	6°～10°	1°～2°

（4）过渡刃的选择 刀尖是刀具工作条件最恶劣的部位。刀尖处磨有过渡刃后，则能显著地改善刀尖的切削性能，延长刀具寿命。

过渡刃有圆弧形和直线形两种，如图 1-20 所示。

1）圆弧形过渡刃。圆弧形过渡刃的特点：选用合理的刀尖圆弧半径 γ_ε 可提高刀具寿命，并对工件表面有较好的修光作用，但刃磨较困难；刀尖圆弧半径过大时，会使径向切削力增大，易引起振动。圆弧形过渡刃的参考值：

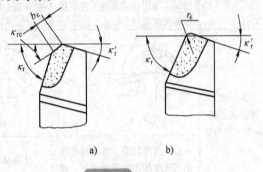

图 1-20 过渡刃
a）直线形过渡刃 b）圆弧形过渡刃

高速钢车刀：$\gamma_\varepsilon = 1～3\,mm$。

硬质合金车刀：$\gamma_\varepsilon = 0.5～1.5\,mm$。

2）直线形过渡刃。直线形过渡刃的特点：可提高刀具寿命和改善工件的表面质量。偏角 $\kappa_{r\varepsilon}$ 越小，对工件表面的修光作用越好。直线过渡刃刃磨方便，适用于各类刀具。直线形过渡刃的参考值：

粗加工及强力切削车刀：$\kappa_{r\varepsilon} = 1/2\kappa_r$，$b_\varepsilon = 0.5～2\,mm$（一般为 a_p 的 $1/5～1/4$）。

精加工车刀：$\kappa_{r\varepsilon} = 1°～2°$，$b_\varepsilon = 0.5～1\,mm$。

切断车刀：$\kappa_{r\varepsilon} = 45°$，$b_\varepsilon = 0.5～1\,mm$（约主切削刃宽度的 $1/5$）。

在刃磨过渡刃时勿将其磨得过大，否则会使径向切削力增大，易引起振动。

（5）刃倾角的功用及其选择 刃倾角的主要作用是控制排屑方向，其排出切屑情况、刀尖强度和冲击点先接触车刀的位置见表 1-12。

表 1-12 车刀刃倾角正负值的规定及使用情况一览表

刃倾角角度值	$\lambda_s > 0°$	$\lambda_s = 0°$	$\lambda_s < 0°$
正负值的规定			
	刀尖位于主切削刃的最高点	主切削刃和基面平行	刀尖位于主切削面的最低点

（续）

刃倾角角度值	$\lambda_s > 0°$	$\lambda_s = 0°$	$\lambda_s < 0°$
排出切屑情况			
	车削时，切屑排向工件的待加工表面方向，切屑不易拉毛已加工表面，车出的工件表面粗糙度值小	车削时，切屑基本上沿垂直与主切削刃方向排出	车削时，切屑排向工件的已加工表面方向，容易使已加工表面出现毛刺
刀尖强度和冲击点先接触车刀的位置			
	刀尖强度较差，尤其是在车削不圆整的工件受冲击时，冲击点先接触刀尖，刀尖易损坏	刀尖强度一般，冲击点同时接触刀尖和切削刃	刀尖强度高，在车削有冲击的工件时，冲击点先接触远离刀尖的切削刃处，从而保护了刀尖
使用场合	精车时，为了避免切屑将已加工表面拉毛，应取正值 λ_s $=0° \sim 8°$	工件圆整、余量均匀的一般车削时，应取 $\lambda_s = 0°$	粗加工或断续切削时，为了增加刀头强度，取负值，$\lambda_s = -5° \sim -15°$

1.2.6 车刀的刃磨

在车床上主要依靠工件的旋转主运动和刀具的进给运动来完成切削工作。因此车刀角度选择得是否合理，车刀刃磨的角度是否正确，都会直接影响工件的加工质量和切削效率。

在切削过程中，由于车刀的前刀面和后刀面处于剧烈的摩擦和切削热的作用之中，会使车刀切削刃口变钝而失去切削能力，只有通过刃磨才能恢复切削刃口的锋利和正确的车刀角度。车刀的刃磨分机械刃磨和手工刃磨两种。机械刃磨效率高、质量好，操作方便。但目前中小型工厂仍普遍采用手工刃磨。下面以硬质合金（P10）90°外圆车刀为例，介绍手工刃磨刀具的方法。

1. 砂轮的选用

目前常用的砂轮有氧化铝和碳化硅两类，刃磨时必须根据刀具材料来选定。氧化铝砂轮多呈白色，其砂粒韧性好，比较锋利，但硬度稍低（指磨粒容易从砂轮上脱落），适用于刃磨高速钢车刀和硬质合金车刀的刀柄部分。碳化硅砂轮多呈绿色，其砂粒硬度高，切削性能好，但较脆，适用于刃磨硬质合金。

2. 车刀的刃磨方法和步骤

（1）修磨前刀面、后刀面 先磨去车刀前刀面、后刀面上的焊渣，并将车刀底面磨平。

（2）粗磨主后刀面和副后刀面的刀柄部分（以形成后空隙） 刃磨时，在略高于砂轮中心的水平位置将车刀底平面向砂轮方向倾斜一个比刀体上的后角大2°~3°的角度，粗磨刀柄部分的主后刀面，用同样的方法粗磨刀柄部分的副后刀面，磨出一个比刀体上的后角大2°~3°的角度，为下一步刃磨刀体上的主后刀面和副后刀面作准备，如图1-21所示。

 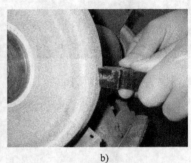

a) b)

图 1-21 粗磨刀柄上的主后刀面、副后刀面

a）磨刀柄上的主后刀面 b）磨刀柄上的副后刀面

（3）粗磨刀体上的主后刀面 磨主后刀面时，刀柄应与砂轮轴线保持平行，同时刀体底平面向砂轮方向倾斜一个比主后角大2°的角度。刃磨时，先把车刀已磨好的刀柄上的主后刀面靠在砂轮的外圆上，以接近砂轮中心的水平位置为刃磨的起始位置，然后使刃磨位置继续向砂轮靠近，并作左右缓慢移动。当砂轮磨至切削刃处即可结束。如图1-22a

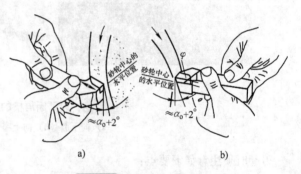

a) b)

图 1-22 粗磨后角、副后角

a）粗磨后角 b）粗磨副后角

所示，保证同时磨出主后角 $\alpha_o + 2°$ 和 $\kappa_r = 90°$ 的主偏角。

（4）粗磨刀体上的副后刀面 磨副后刀面时，刀柄尾部应向右转过一个副偏角κ_r'的角度，同时车刀底平面向砂轮方向倾斜一个比副后角大2°的角度，如图1-22b所示，保证同时磨出副后角 $\alpha_o' + 2°$ 和副偏角 κ_r'。具体的刃磨方法与粗磨刀体上主后刀面的方法大体相同。

（5）粗精磨前刀面 以砂轮的外圆磨出车刀的前刀面，并在磨前刀面的同时磨出前角 γ_o。如图1-23所示。注意，一般不用砂轮端面磨削前刀面。

（6）磨断屑槽　断屑槽常见的有圆弧形和直线形两种，如图1-24所示。当需要刃磨圆弧形断屑槽时，一般在上述粗、精磨前刀面的基础上（前角γ_o一般为0°），将砂轮的外圆和端面的交角处用修砂轮的金刚石笔修磨成相应的圆弧。刃磨时刀尖向下磨或向上磨，如图1-25所示。但选择刃磨断屑槽的部位时，应考虑留出车刀倒棱的宽度。

图 1-23　粗精磨前刀面

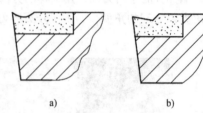

图 1-24　断屑槽的两种形式

a）圆弧形　b）直线形

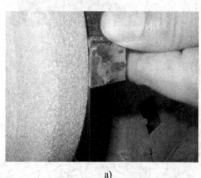

a)

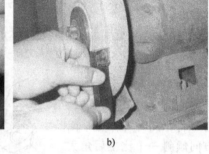

b)

图 1-25　刃磨断屑槽的方法

a）向下磨　b）向上磨

刃磨时须注意如下要点：

1）砂轮的交角处应经常保持尖锐或具有一定的圆弧状。

2）刃磨时的起点位置应该与刀尖、主切削刃离开一定的距离，不能一开始就直接刃磨到主切削刃和刀尖上，一般起始位置与刀尖的距离等于断屑槽长度的1/2左右；与主切削刃的距离等于断屑槽宽度的1/2再加上倒棱的宽度。

3）刃磨时，不能用力过大，车刀应沿刀柄方向作上下缓慢移动。要特别注意刀尖，切莫把断屑槽的前端口磨坍。

4）刃磨过程中应反复检查断屑槽的形状、位置以及前角γ_o的数值。

刃磨直线形断屑槽的方法与刃磨圆弧形断屑槽的方法相似。

（7）磨负倒棱　为了提高主切削刃的强度，改善其受力和散热条件，通常在车刀的主切削刃上磨出负倒棱（图1-26）。刃磨负倒棱的方法如图1-27所示。刃磨时，用力要轻微，要使主切削刃的后端向刀尖方向摆动。刃磨时可采用直磨法和横磨法。为了保证切削刃的质量，最好采用直磨法。

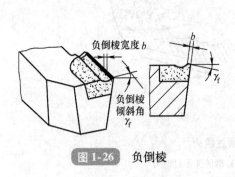

图 1-26　负倒棱

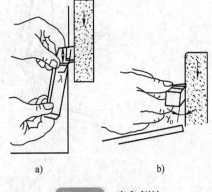

图 1-27　磨负倒棱

a）直磨法　b）横磨法

（8）精磨主后刀面和副后刀面　精磨前要修整好砂轮，保持砂轮平稳旋转。如图 1-28 所示，将车刀底平面靠在调整好角度的托架上，并使切削刃轻轻地靠在砂轮的端面上，并沿砂轮端面缓慢地左右移动，使车刀刃口平直光洁，同时保证主后角 α_o 和副后角 α_o' 的角度要求。

（9）磨过渡刃　刃磨方法如图 1-29 所示，将角度导板翘起一个等于后角的角度，再把车刀放在上面，按过渡刃的形状进行刃磨。当需要刃磨直线形过渡刃时，如图 1-29a 所示，应使车刀主切削刃与砂轮端面

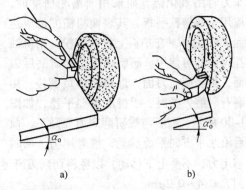

图 1-28　精磨主后刀面和副后刀面

a）精磨主后刀面　b）精磨副后刀面

成一个大致等于主偏角一半值的角度，再用很小的力，缓慢地把刀尖向砂轮推进。当磨出的过渡刃长度符合要求时，即可结束刃磨。当需要刃磨圆弧型过渡刃时，如图 1-29b 所示，则应在车刀刀尖与砂轮端面轻微接触后，刀杆基本上以刀尖为圆心，在主、副切削刃与砂轮端面的夹角大致等于 15° 的范围内，缓慢均匀地转动，此时，用力要轻微，推进要慢。当磨出的刀尖圆角符合刀尖圆弧半径的要求时，即可结束刃磨。当刃磨车削较硬材料的车刀时，也可以在过渡刃上磨出负倒棱。

（10）车刀的手工研磨　用手工刃磨的车刀，通常切削刃不够平滑、光洁，如果用放大镜观察，可以发现刃口处凸凹不平。使用这样的车刀车削，不仅会直接影响工件的表面粗糙度值，而且也会降低车刀的使用寿命。对于硬质合金车刀，在切削过程中还会产生崩刃现象，所以必须进行研磨。

研磨车刀时，可用磨石或研磨粉进行。研磨硬质合金车刀时用碳化硼；研磨高速钢

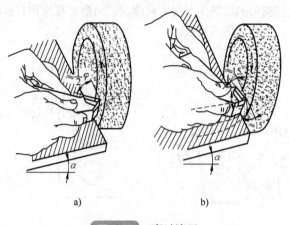

a)   b)

图 1-29 磨过渡刃

a) 磨直线形过渡刃 b) 磨圆弧形过渡刃

车刀时用氧化铝。如果用研磨粉研磨时，应用一块铸铁平板，其表面粗糙度值应达到 $Ra0.3\mu m$，在平板上放研磨粉，用机油拌匀后即可使用。研磨顺序是先研磨后刀面，再研磨前刀面，最后研磨负倒棱。用磨石研磨刀具时，手持磨石要平稳，如图 1-30 所示。磨石与被研磨表面要贴平，前后沿水平方向平稳移动，推时用力，回时

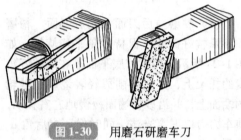

图 1-30 用磨石研磨车刀

不用力，不要上下移动，以免将切削刃研钝。研磨后的车刀，刀面的表面粗糙度值应达到 $Ra0.4\sim0.2\mu m$。

3. 刃磨车刀的姿势及方法

1）人站立在砂轮机的侧面，以防砂轮碎裂时，碎片飞出伤人。

2）两手握刀的距离稍放大，两肘夹紧腰部，以减小磨刀时的抖动。

3）磨刀时，车刀要放在砂轮的水平中心，刀尖略向上翘3°～8°，车刀接触砂轮后应作左右方向水平移动。当车刀离开砂轮时，车刀需向上抬起，以防磨好的切削刃被砂轮碰伤。

4）磨后刀面时，刀杆尾部向左偏过一个主偏角的角度；磨副后刀面时，刀杆尾部向右偏过一个副偏角的角度。

5）修磨刀尖圆弧时，通常以左手握车刀前端为支点，用右手转动车刀的尾部。

4. 磨刀的安全知识

1）刃磨刀具前，应首先检查砂轮有无裂纹，砂轮轴螺母是否拧紧，并经试转后使用，以免砂轮碎裂或飞出伤人。

2）刃磨刀具时不能用力过大，否则会使手打滑而触及砂轮面，造成工伤事故。

3）磨刀时应戴防护眼镜，以免砂砾和切屑飞入眼中。

4）磨刀时不要正对砂轮的旋转方向站立，以防意外发生。

5）磨小刀头时，必须把小刀头装在刀杆上。

6）砂轮支架与砂轮的间隙不得大于3mm，若发现过大，应调整适当。

7）刃磨高速钢车刀时，应及时冷却，以防切削刃退火，致使硬度降低。而刃磨硬质合金刀头车刀时，则不能把刀体部位置于水中冷却，以防刀片因聚冷而崩裂。

8）刃磨结束，应随手关闭砂轮机电源。

1.2.7 车刀的装夹

将刃磨好的车刀装夹在方刀架上，这一操作过程称为车刀的装夹。车刀安装正确与否，直接影响车削顺利进行和工件的质量。所以，在装夹车刀时，必须注意下列事项：

1）车刀装夹在刀架上的伸出部分应尽量短，以增强其刚性。伸出长度约为刀柄厚度的 1～1.5 倍。车刀下面垫片的数量要尽量少（一般为 1～2 片），并与刀架边缘对齐，且至少用两个螺钉平整压紧，防止振动（图1-31）。

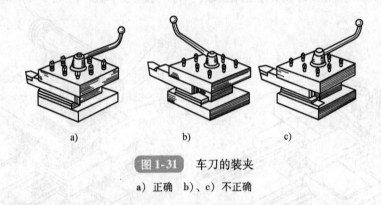

a)   b)   c)

图 1-31 车刀的装夹

a）正确 b）、c）不正确

2）车刀刀尖应与工件中心等高（图1-32b）。车刀刀尖高于工件轴线（图1-32a），会使车刀的实际后角减小，车刀后面与工件之间的摩擦增大。车刀刀尖低于工件轴线（图1-32c），会使车刀的实际前角减小，切削阻力增大。刀尖不对中心，在车至端面中心时会留有凸头（图1-32d）。使用硬质合金车刀时，若忽视此点，车到中心处会使刀尖崩碎（图1-32e）。

为使车刀刀尖对准工件中心，通常采用下列几种方法：

1）根据车床的主轴中心高，用钢直尺测量装刀（图1-33）。

2）根据机床尾座顶尖的高低装刀（图1-34）。

3）将车刀靠近工件端面，用目测估计车刀的高低，然后夹紧车刀，试车端面，再根据端面的中心来调整车刀（图1-35）。

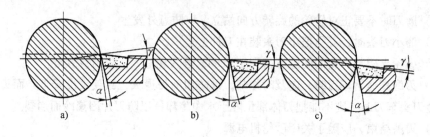

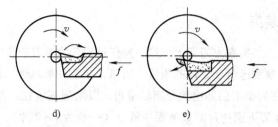

图 1-32 车刀刀尖不对准工件中心的后果

a）刀尖高于工件轴线 b）刀尖与工件轴线等高 c）刀尖低于工作轴线 d）凸头 e）刀尖崩碎

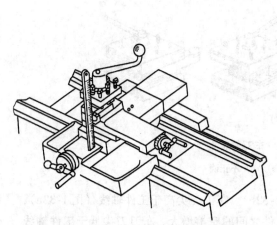

图 1-33 用钢直尺检查车刀中心高

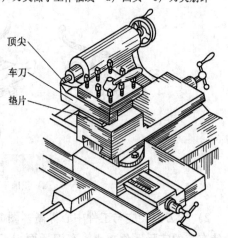

图 1-34 用尾座顶尖检查车刀中心高

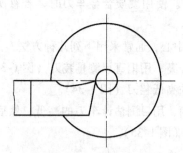

图 1-35 按工件中心装刀

*1.3 切削过程与控制

切削过程是指通过切削运动，刀具从工件表面上切下多余的金属层，从而形成切屑和已加工面的过程。在各种切削过程中，一般都伴随有切屑的形成，产生切削力、切削热及刀具磨损等物理现象，它们对加工质量、生产率和生产成本等都有直接影响。

1.3.1 切屑的形成及控制

在切削过程中，刀具推挤工件，首先使工件上的一层金属产生弹性变形，刀具继续进给时，在切削力的作用下，金属产生不能恢复原状的滑移（即塑性变形）。当塑性变形超过金属的强度极限时，金属就从工件上断裂下来成为切屑。随着切削继续进行，切屑不断地产生，逐步形成已加工表面。由于工件材料和切削条件不同，切削过程中材料变形程度也不同，因而产生了各种不同的切屑，其类型见表 1-13。其中比较理想的是短弧形切屑、短环形螺旋切屑和短锥形螺旋切屑。

表 1-13　切屑的形状

切削形状	长	短	缠乱
带状切屑			
管状切屑			
盘旋状切屑			
环形螺旋切屑			
锥形螺旋切屑			

（续）

切削形状	长	短	缠乱
弧形切屑			
单元切屑			
针形切屑			

在生产中最常见的是带状切屑，产生带状切屑时，切削过程比较平稳，因而工件表面较光滑，刀具磨损也较慢。但带状切屑过长时会妨碍工作，并容易发生人身事故，所以应采取断屑措施。车削加工过程中可通过合理开设断屑槽、正确选择刀具的角度和切削用量等措施来控制切屑的形状。

1. 断屑槽

断屑槽开在刀具近切削刃的前刀面上，使已经变形的切屑进一步弯曲变形，导致其断裂或改变其流向。影响断屑槽的断屑效果的因素有断屑槽的形状、宽度以及断屑槽的斜角。

断屑槽形状有直线圆弧形、直线形和圆弧形三种，如图 1-36 所示。切削碳素钢、合金钢、工具钢时，可选用直线圆弧形、直线形断屑槽；切削纯铜、不锈钢等高塑性材料时，选用圆弧形断屑槽。

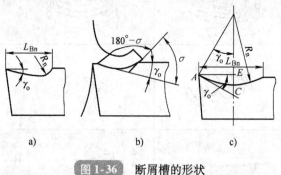

图 1-36 断屑槽的形状

a）直线圆弧形 b）直线形 c）圆弧形

断屑槽的宽度 L_{Bn} 对断屑效果影响很大。槽宽越小，切屑的弯曲半径越小，承受的弯曲变形越大，越容易折断。断屑槽宽度必须与进给量 f 和背吃刀量 a_p 联系起来考虑。进给量和背吃刀量小时，槽宽 L_{Bn} 应适当减小。

断屑槽侧边与主切削刃之间的夹角称为断屑槽斜角 τ。按断屑槽斜角，断屑槽又分为外斜式、平行式和内斜式三种，如图 1-37 所示。外斜式断屑槽的切屑变形大，切屑容易翻转到车刀后刀面上碰断而成 "C" 字形。中等切削深度时用外斜式断屑槽效果比较好。一般切削中碳钢取断屑槽与主切削刃的倾斜角 $\tau = 8° \sim 10°$；切削合金钢取倾斜角 $\tau = 10° \sim 15°$。

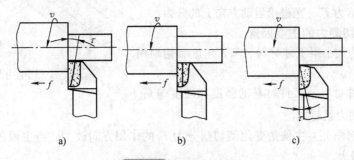

图 1-37　断屑槽斜角

a）外斜式　b）平行式　c）内斜式

在大的背吃刀量切削时，一般采用平行式断屑槽。平行式断屑槽的切屑变形不如外斜式大，切屑大多是碰在工件加工表面上折断。

在刃倾角 λ_s 为 3° ~ 5°时，内斜式断屑槽容易使切屑成为连续的长紧卷屑。内斜式断屑槽一般取 $\tau = 8° \sim 10°$。但断屑槽形成长紧卷屑的切削用量范围相当窄，所以它在生产中的应用不如外斜式和平行式普遍。

2. 车刀的几何角度

车刀的角度中主偏角 κ_r 和刃倾角 λ_s 对断屑影响较为明显。

在背吃刀量 a_p 和进给量 f 选定以后，主偏角 κ_r 增大，切削厚度增加，切屑弯曲的半径相对减小，切屑易折断。主偏角 $\kappa_r = 75° \sim 93°$ 时，断屑效果最好。

刃倾角 λ_s 控制切屑的流向。刃倾角 λ_s 为负值时，切屑流向已加工表面或过渡表面，易形成 "C" 字形或 "6" 字形切屑；刃倾角 λ_s 为正值时，切屑流向待加工表面或后刀面相碰，形成管状或 "C" 字形切屑。

3. 切削用量

切削用量中对断屑影响最大的是进给量 f，其次是背吃刀量 a_p 和切削速度 v_c。进给量 f 增大，切削厚度增大，切屑变形增加，切屑易折断。背吃刀量 a_p 影响主切削刃和副切削刃、过渡刃参加切屑的比例。若增大背吃刀量，减小进给量，切屑变薄而不易折断。切削速度 v_c 增大，切削温度升高，切屑塑性提高，不易折断。

1.3.2　切削力

切削加工时，工件材料抵抗刀具切削所产生的阻力称为切削力。切削力是在车刀车削工件过程中产生的，大小相等、方向相反地作用在车刀工件上的力。

1. 切削力的分解

为了测量方便，可以把总切削力 F 分解为切削力 F_c、背向力 F_p 和进给力 F_f 三个分力，如图 1-38 所示。

（1）切削力 F_c　在主运动方向上的分力。

（2）背向力 F_p　在垂直于进给运动方向上的分力。

（3）进给力 F_f　在进给运动方向上的分力。

2. 影响切削力的主要因素

切削力的大小跟工件材料、车刀角度和切削用量等因素有关。

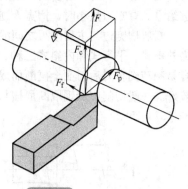

图 1-38　切削力的分解

（1）工件材料　工件材料的强度和硬度越高，车削时的切削力就越大。

（2）主偏角 κ_r　主偏角变化使切削分力 F_p 的作用方向改变，当主偏角 κ_r 增大时，F_p 减少，F_f 增大。

（3）前角　增大车刀的前角，车削时的切削力就降低。

（4）背吃刀量 a_p 和进给量 f　一般车削时，当 f 不变，a_p 增大一倍时，切削力 F_c 也成倍地增大；而当 a_p 不变，f 增大一倍时，F_c 增大 70% ~ 80%。

1.4　工件的安装

车削时，必须将工件安装在车床的夹具上，经过定位、夹紧，使它在整个加工过程中始终保持正确的位置。工件安装是否正确可靠，直接影响生产效率和加工质量，应该十分重视。

1.4.1　在自定心卡盘上安装工件

1. 自定心卡盘的结构

自定心卡盘是车床上常用工具，它夹持工件时一般不需要找正，装夹速度较快。常用的米制自定心卡盘规格有 150mm、200mm 和 250mm。自定心卡盘的结构和形状如图 1-39 所示，主要由外壳体、三个卡爪、三个小锥齿轮、一个大锥齿轮等零件组成。当用卡盘扳手插入小锥齿轮的方孔中转动时，大锥齿轮也随之转动，在大锥齿轮背面平面螺纹的作用下，使三个卡爪同时向心移动或退出，以夹紧或松开工件。

2. 自定心卡盘的用途

自定心卡盘用以装夹工件，并带动工件随主轴一起旋转，实现主运动。它能自动定心，安装工件快捷、方便，但夹紧力不大，所以一般用于精度要求不是很高、形状规则的中、小型工件的安装。

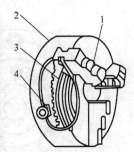
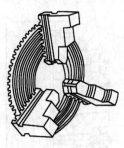

图1-39　自定心卡盘的结构

1—卡爪　2—卡盘体　3—锥齿端面螺纹圆盘　4—小锥齿轮

3. 自定心卡盘卡爪的装配

卡爪有正、反两副。正卡爪用于装夹外圆直径较小和内孔直径较大的工件；反卡爪用于装夹外圆直径较大的工件。卡爪的安装如图1-40所示。

安装卡爪时，要按卡爪上的号码1、2、3的顺序装配。若号码看不清，则可把三个卡爪并排放在一起，比较卡爪端面螺纹牙数的多少，多的为1号爪，最少的为3号爪，如图1-40所示。将卡盘扳手的方榫插入卡盘外壳圆柱面上的方孔中，按顺时针方向旋转，以驱动大锥齿轮背面的平面螺纹，当平面螺纹的螺扣转到将要接近壳体上的1槽时，将1号卡爪插入壳体槽内，继续顺时针转动卡盘扳手，在卡盘壳体上的2槽、槽处依次装入2号、3号卡爪。拆卸卡爪的操作方法与之相反。

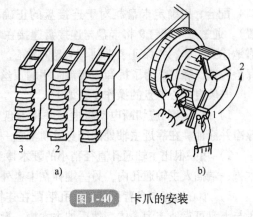

图1-40　卡爪的安装

4. 自定心卡盘的安装

由于自定心卡盘是通过连接盘与车床主轴连为一体的。所以连接盘与车床主轴、自定心卡盘之间的同轴度要求很高。

连接盘与主轴及卡盘间的连接方式如图1-41所示。

CA6140型车床主轴前端为短锥法兰盘结构，用以安装连接盘。连接盘由主轴上的短圆锥面定位。安装前，要根据主轴短圆锥面和卡盘后端的台阶孔径配置连接盘。安装时，让连接盘4的四个螺栓5及其上的螺母6从主轴轴肩和锁紧盘2上的孔穿过，螺栓中部的圆柱面与主轴轴肩上的孔精密配合，然后将锁紧盘转过一个角度，使螺栓进入锁紧盘上宽度较窄的圆弧槽段，把螺母卡住，接着再拧紧螺母，于是连接盘便可靠地安装在主轴上。

连接盘前面的台阶面是安装卡盘8的定位基面，与卡盘的后端面和台阶孔（俗称止

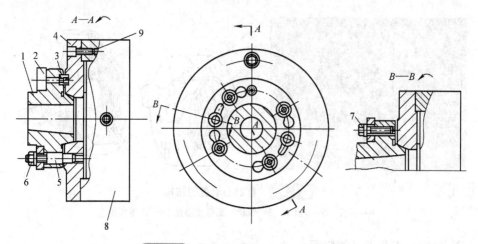

图 1-41　连接盘与主轴、卡盘的连接

1—主轴　2—锁紧盘　3—端面键　4—连接盘　5—螺栓　6—螺母　7、9—螺钉　8—卡盘

口）配合，以确定卡盘相对于连接盘的正确位置（实际上是相对主轴中心的正确位置）。通过三个螺钉 9 将卡盘与连接盘连接在一起。这样，主轴、连接盘、卡盘三者可靠地连为一体，并保证了主轴与卡盘同轴心。端面键 3 可防止连接盘相对主轴转动，是保险装置。螺钉 7 为了拆卸连接盘时用的顶丝。

安装自定心卡盘的操作步骤如下：

1）装卡盘前应切断电动机电源并将卡盘和连接盘各表面（尤其是定位配合表面）擦净并涂油。在靠近主轴处的床身导轨上垫一块木板，以保护导轨面不受撞击。

2）用一根比主轴通孔直径稍小的硬木棒穿在卡盘中，将卡盘抬到连接盘端，将硬木棒一端插入主轴通孔内，另一端伸在卡盘外。

3）小心地将卡盘背面的台阶孔装配在连接盘的定位基面上，并用三个螺钉将连接盘与卡盘可靠地连为一体，然后抽去木棒，撤去垫板。卡盘装在连接盘上后，应使卡盘背面与连接盘平面贴平、贴牢。

5. 自定心卡盘的拆卸

拆卸卡盘前，应切断电源，并在主轴孔内插入一根硬木棒，木棒另一端伸出卡盘之外并搁置在刀架上，垫好床身护板，以防意外撞伤床身导轨面。卸下连接盘与卡盘联接的三个螺钉，并用木锤轻敲卡盘背面，以使卡盘止口从连接盘的台阶上分离下来。

6. 自定心卡盘上安装工件

自定心卡盘的三个卡爪是同步运动的，能自动定心（一般不需要找正）。但在安装较长工件时，工件离卡盘夹持部分较远处的旋转中心不一定与车床主轴中心重合，这时必须找正。或当自定心卡盘使用时间较长，已失去应有的精度，而工件的加工精度要求又较高时，也需要找正。总的要求是使工件的回转中心与车床主轴的回转中心重合。通常可采用以下几种方法：

1）粗加工时可用目测和划线的方式找正工件毛坯表面。

2）半精车、精车时可用百分表找正工件外圆和端面。

3）装夹轴向尺寸较小的工件时，还可以先在刀架上装夹一根圆头铜棒，再轻轻夹紧工件，然后使卡盘低速带动工件转动，移动床鞍，使刀架上的圆头棒轻轻接触已粗加工的工件端面，观察工件端面大致与轴线垂直后即停止旋转，并夹紧工件（图1-42）。

1.4.2 在两顶尖之间安装工件

对于较长或必须经过多道工序才能完成的工件（如长轴、长丝杠等），为保证每次安装时的精度可用车床的前后顶尖装夹，其装夹形式如图1-43所示。工件由前顶尖和后顶尖定位，用鸡心卡头夹紧并带动工件同步运动。

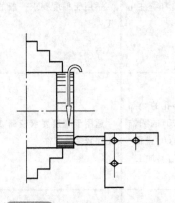

图 1-42 在自定心卡盘上找正
工件端面的方法

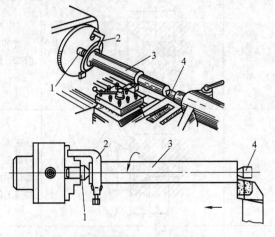

图 1-43 两顶尖装夹
1—前顶尖 2—鸡心卡头 3—工件 4—后顶尖

两顶尖安装工件方便，不需找正，而且定位精度高，但装夹前必须在工件的两端面钻出合适的中心孔。

1.4.3 一夹一顶装夹工件

由于两顶尖装夹刚性较差，因此在车削轴类零件，尤其是较重的工件时，常采用一夹一顶的方式装夹。为了防止工件轴向位移，须在卡盘内装一限位支撑，如图1-44a所示；或利用工件的台阶作限位，如图1-44b所示。由于一夹一顶装夹刚性好，轴向定位准确，且比较安全，能承受较大的轴向切削力，因此应用广泛。

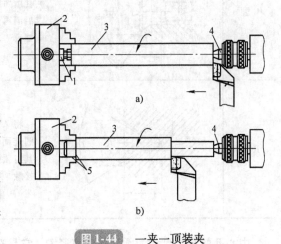

图 1-44 一夹一顶装夹
a）用限位支撑 b）利用工件的台阶限位
1—限位支撑 2—卡盘 3—工件 4—后顶尖 5—台阶

1.4.4　中心孔及其加工

用顶尖装夹工件时，必须先在工件的端面上加工出中心孔。

1. 中心孔的类型及选用

国家标准 GB/T 145—2001 规定中心孔有 A 型（不带护锥）、B 型（带护锥）、C 型（带护锥和螺纹）和 R 型（弧形）四种，其类型、结构及用途等内容见表 1-14。

表 1-14　中心孔类型、结构及用途一览表

类型	图　示	结构说明	应用范围
A 型	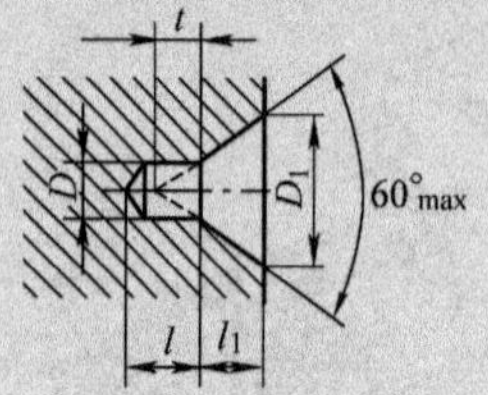	由 60°圆锥孔和圆柱孔两部分组成	适用于精度要求一般的工件
B 型	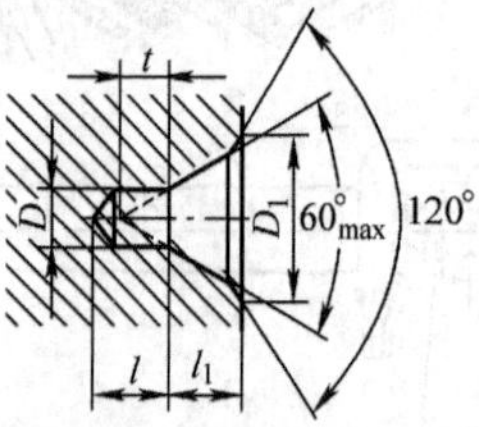	在 A 型中心孔的端部再加工一个 120°的圆锥面，用以保护 60°锥面，并使工件端面容易加工	适用于精度要求较高或工序较多的工件
C 型	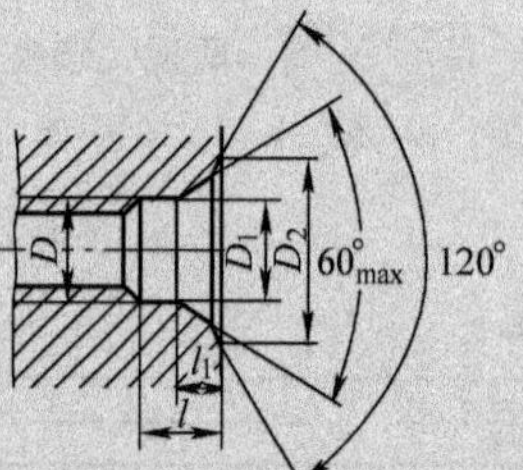	在 B 型中心孔的 60°锥孔后面加工一短圆柱孔，后面再用丝锥攻制成内螺纹	适用于当需要把其他零件轴向固定在轴端时
R 型	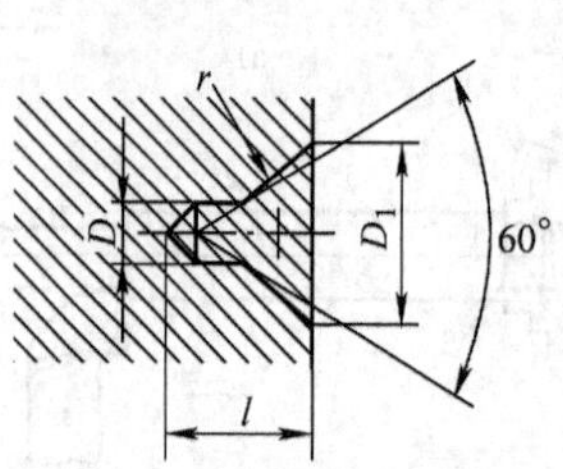	将 A 型中心孔的 60°圆锥面改成圆弧面，使其与顶尖的配合变成线接触	适用于轻型和高精度轴类工件

中心孔的基本尺寸为圆柱孔的直径 D，它是选取中心钻的依据。圆柱孔可储存润滑脂，并能防止顶尖头部触及工件，保证顶尖锥面和中心孔锥面配合贴切，以达到正确定心。

2. 用中心钻钻中心孔

圆柱孔直径 $d \leqslant 6.3\text{mm}$ 的中心孔，常用高速钢制成的中心钻直接钻出，见表1-15；$d > 6.3\text{mm}$ 的中心孔，常用锪孔或车孔等方法加工。

表 1-15 钻中心孔的方法

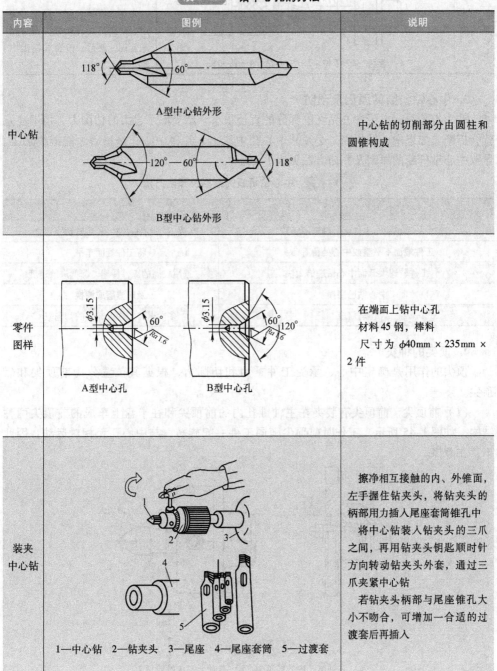

内容	图例	说明
中心钻	A型中心钻外形 B型中心钻外形	中心钻的切削部分由圆柱和圆锥构成
零件图样	A型中心孔　B型中心孔	在端面上钻中心孔 材料45钢，棒料 尺寸为 $\phi40\text{mm} \times 235\text{mm} \times 2$ 件
装夹中心钻	1—中心钻　2—钻夹头　3—尾座　4—尾座套筒　5—过渡套	擦净相互接触的内、外锥面，左手握住钻夹头，将钻夹头的柄部用力插入尾座套筒锥孔中 将中心钻装入钻夹头的三爪之间，再用钻夹头钥匙顺时针方向转动钻夹头外套，通过三爪夹紧中心钻 若钻夹头柄部与尾座锥孔大小不吻合，可增加一合适的过渡套后再插入

（续）

内容	图例	说明
钻中心孔的方法	1—卡盘 2—工件 3—中心钻 4—钻夹头	用自定心卡盘装夹工件，伸出卡盘约30mm 先起动车床，移动尾座，使中心钻接近工件端面，再将尾座紧固，最后，按要求钻出中心孔

3. 中心钻折断的原因及预防

钻中心孔时，由于中心钻切削部分的直径很小，承受不了过大的切削力，稍不注意就会折断。如果中心钻折断，必须从中心孔中取出，并将中心孔修整后才能继续加工。导致中心钻折断的原因及预防方法见表1-16。

表1-16 中心钻折断的原因及预防方法

原因	预防措施
中心钻轴线与工件旋转轴线不一致	找正尾座轴线使之和主轴轴线重合
工件端面不平整或中心处留有凸头	将工件端面车平
工件转速太低而中心钻进给太快	选用较高的工件转速，降低进给速度
中心钻已磨损	及时修磨或调换
切屑堵塞	多次退刀，注入充分的切削液

4. 顶尖的种类

顶尖的作用是确定中心、承受工件重力和切削力，根据其位置分为前顶尖和后顶尖。

（1）前顶尖 前顶尖有装夹在主轴锥孔内的前顶尖和在卡盘上车成的前顶尖两种结构，如图1-45所示。工作时前顶尖随同工件一起旋转，与中心孔无相对运动，因此不存在摩擦。

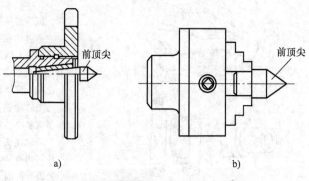

a)   b)

图1-45 前顶尖

a）主轴锥孔内的前顶尖 b）卡盘上车成的前顶尖

（2）后顶尖 后顶尖有固定顶尖和回转顶尖两种。固定顶尖的结构如图1-46a、b所示，其特点是刚度好，定心准确；但与工件中心孔之间为滑动摩擦，容易产生过多热量而将中心孔或顶尖"烧坏"，尤其是普通固定顶尖（图1-46a）。因此固定顶尖只适用于低速、加工精度要求较高的工件。目前，多使用镶硬质合金的固定顶尖（图1-46b）。

回转顶尖如图1-46c所示，它可使顶尖与中心孔之间的滑动摩擦变成顶尖内部轴承的滚动摩擦，故能在很高的转速下正常工作，克服了固定顶尖的缺点，因此应用非常广泛。但是，由于回转顶尖存在一定的装配累积误差，且滚动轴承磨损后会使顶尖产生径向圆跳动，从而降低了定心精度。

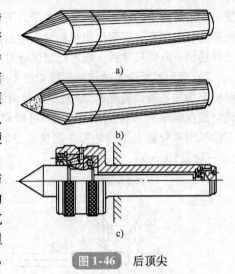

图1-46 后顶尖
a）普通固定顶尖 b）镶硬质合金固定顶尖
c）回转顶尖

5. 装夹工件时的注意事项

1）前后顶尖的中心线应与车床主轴轴线同轴，否则车出的工件会产生锥度，如图1-47所示。

2）在不影响车刀切削的前提下，尾座套筒应尽量伸出短些，以增加刚度，减少振动。

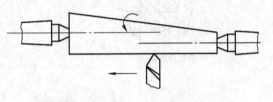

图1-47 后顶尖的中心线不在车床主轴轴线上产生锥度

3）中心孔的形状应正确，表面粗糙度值要小。装入顶尖前，应清除中心孔内的切屑或异物。

4）两顶尖与中心孔的配合必须松紧适当。

5）当后顶尖用固定顶尖时，应在中心孔内加入润滑脂，以防温度过高而"烧坏"顶尖或中心孔。

6）用三爪单动卡盘装夹工件或自定心卡盘装夹较长工件时，必须将工件的轴线找正到与主轴轴线重合。

1.5 常用量具

1.5.1 游标卡尺

游标卡尺是车工最常用的中等精度通用量具，其结构简单，使用方便。按式样不同，游标卡尺可分为三用游标卡尺和双面游标卡尺，如图1-48所示。

1. 游标卡尺的结构

1）三用游标卡尺的结构形状如图1-48a所示，主要由尺身和游标等组成。使用时，旋松固定游标用的紧固螺钉即可测量。下量爪用来测量工件的外径和长度，上量爪用来测量孔径和槽宽，深度尺用来测量工件的深度和台阶的长度。测量时移动游标使量爪与工件接触，取得尺寸后，最好把紧固螺钉旋紧后再读数，以防尺寸变动。

2）双面游标卡尺的结构形状如图1-48b所示，为了调整尺寸方便和测量准确，在游标上增加了微调装置8。旋紧固定微调装置的紧固螺钉7，再松开紧固螺钉3，用手指转动滚花螺母9，通过小螺杆10即可微调游标4。其上量爪用来测量沟槽直径或孔距，下量爪用来测量工件的外径。测量孔径时，游标卡尺的读数值必须加下量爪的厚度 b（b 一般为10mm）。

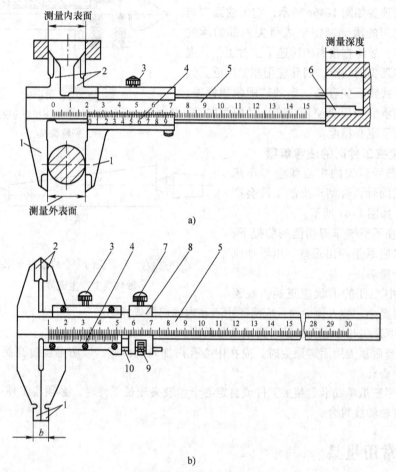

图 1-48　游标卡尺

a）三用游标卡尺　b）双面游标卡尺

1—下量爪　2—上量爪　3、7—紧固螺钉　4—游标　5—尺身　6—深度尺　8—微调装置

9—滚花螺母　10—小螺杆

2. 游标卡尺的读数方法

游标卡尺的测量范围分别为 0 ~ 125mm、0 ~ 150mm、0 ~ 200mm 和 0 ~ 300mm 等。游标卡尺的分度值有 0.02mm、0.05mm 和 0.1mm 三种。游标卡尺是以游标的"0"线为基准进行读数的，以图1-49所示的分度值为 0.05mm 的游标卡尺为例，其读数分为以下三个步骤。

图1-49 游标卡尺的识读

（1）读整数　首先读出尺身上游标"0"线左边的整数毫米值，尺身上每格为 1mm；即读出整数值为 7mm。

（2）读小数　用尺身上某刻线对齐的游标上的刻线格数，乘以游标卡尺的分度值，得到小数毫米值，即读出小数部分为 11 × 0.05mm = 0.55mm。

（3）整数加小数　最后将两项读数相加，即为被测表面的尺寸；即 7mm + 0.55mm = 7.55mm。

3. 使用游标卡尺的注意事项

1）应按工件的尺寸及精度要求选用合适的游标卡尺。不能用游标卡尺测量铸锻件的毛坯尺寸，也不能用游标卡尺测量精度要求过高的工件。表1-17 为游标卡尺的使用范围。

表1-17 游标卡尺的使用范围

测量精度/mm	使用范围
0.02	IT11 ~ IT16
0.05	IT12 ~ IT16

2）使用前要检查游标卡尺量爪和测量刃口是否平直无损；两量爪贴合时有无漏光现象，尺身和游标的零线是否对齐。

3）测量外尺寸时，量爪应张开到略大于被测尺寸，以固定量爪贴住工件，用轻微压力把活动量爪推向工件，卡尺测量面的连线应垂直于被测量表面，不能偏斜，如图1-50所示。

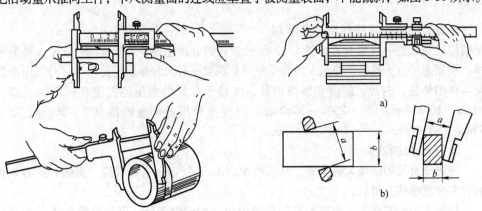

a)

b)

图1-50 测量外尺寸的方法

a）正确　b）错误

4）测量内尺寸时，量爪开度应略小于被测尺寸。测量时两量爪应在孔的直径上，不得倾斜，如图 1-51 所示。

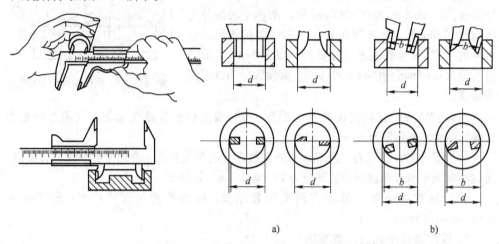

图 1-51 测量内尺寸的方法
a）正确　b）错误

5）测量孔深或高度时，应使深度尺的测量面紧贴孔底，游标卡尺的端面与被测件的表面接触，且深度尺要垂直，不可前后左右倾斜，如图 1-52 所示。

6）读数时，游标卡尺置于水平位置，视线垂直于刻线表面，避免视线歪斜造成读数误差。

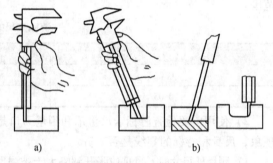

图 1-52 测量深度的方法
a）正确　b）错误

1.5.2　千分尺

千分尺（也称为分厘尺）是利用螺纹原理制成的一种量具，如图 1-53 所示。它的分度值是 0.01mm。千分尺的种类很多，按用途可分为外径千分尺、内径千分尺、深度千分尺和螺纹千分尺等，分别用来测量零件的外径、内径、深度和螺纹中径。外径千分尺的测量范围是 0～25mm、25～50mm、50～75mm、…、2500～3000mm。内径千分尺的测量范围是 5～30mm、25～50mm、50～75mm、…、150～6000mm。

1. 千分尺的结构

各种千分尺的结构大同小异，其结构如图 1-54 所示，它由尺架、测砧、测力装置和锁紧装置等部分组成。

尺架左边装有砧座，右边装有带精密内螺纹的刻度套管，刻度套管外还装有微分筒，刻度套管的外表面有长度（mm）刻线，上下两排的刻线间距都是 1mm，但两排刻

a)   b)

图 1-53 千分尺

a）外径千分尺 b）数显千分尺

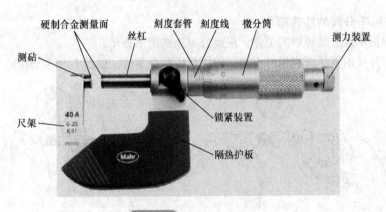

图 1-54 千分尺的结构

线互相错开0.5mm。微分筒的中段制成0.5mm的精密螺纹与刻度套管的内螺纹精密配合，能自如旋转而间隙极小。丝杠右端与微分筒及测力装置连成一体。微分筒的圆锥形边缘上刻有50等分的刻度线，当丝杠因转动而进退时，微分筒也跟着一起转动和进退。

测力装置用以控制测量压力的大小，当测量压力大于规定的压力数值时，装置内的棘轮就会打滑，并发出打滑的声音，丝杠就会停止前进，从而也就控制了测量压力的大小。锁紧装置手柄扳紧时，可使被测尺寸不易变动。

2. 千分尺的刻线原理与读法

千分尺丝杠的螺距为0.5mm，当微分筒转动一周时，丝杠就会进或退0.5mm。微分筒圆周上共刻有50等分的小格，因此，当它转过一格（1/50周）时，丝杠就推进或退出 $0.5mm \times 1/50 = 0.01mm$。

这就是千分尺能读出0.01mm分度值的原理。由此总结出在千分尺上读尺寸的方法可分为三步：

第一步，读出刻度套管上的尺寸，即刻度套管上露出的刻线的尺寸，必须注意不可遗漏应读出的0.5mm的刻线值。

第二步，读出微分筒上的尺寸。要看清微分筒圆周上那一格与刻度套管的水平基准线对齐。将格数乘0.01mm即得微分筒上的尺寸。

第三步，将上两步所得的两个数相加，即为千分尺上测得的尺寸。

图 1-55 所示为千分尺读数的实例。

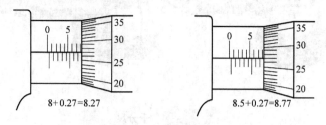

8+0.27=8.27   8.5+0.27=8.77

图 1-55 千分尺读数的实例

3. 使用千分尺的注意事项

1）根据不同公差等级的工件，正确合理地选用千分尺。

2）千分尺的测量面应保持干净，使用前应校对零位，如图 1-56 所示。

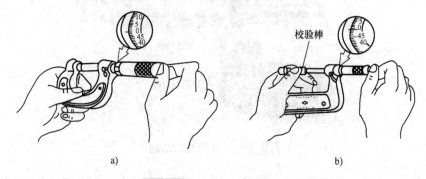

校验棒

a)   b)

图 1-56 千分尺的零位检查

a）0～25mm 千分尺的零位检查 b）大尺寸千分尺的零位检查

3）测量时，先转动微分筒，使测微螺杆端面逐渐接近工件被测表面，再转动棘轮，直到棘轮打滑并发出"咔咔"声，表明两测量端面与工件刚好贴合或相切，然后读出测量尺寸值，如图 1-57 所示。

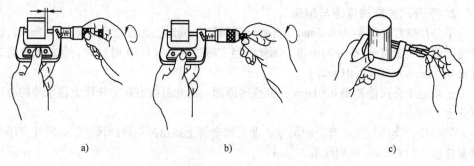

a)   b)   c)

图 1-57 千分尺的测量过程

a）转动微分筒 b）转动棘轮测出尺寸 c）测量工件外径

4）测量前要去除被测零件的毛刺，擦拭干净，不可用千分尺去测量粗糙的表面，以免降低千分尺的精度。

5）测量时千分尺要放正，并应使用测力装置控制测量压力。

6）测量后，如暂时需要保留尺寸，应用千分尺的锁紧装置锁紧，并轻轻取下千分尺。

图 1-58 所示为千分尺的使用方法。

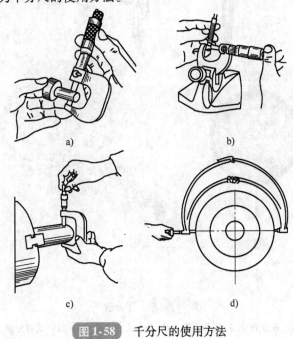

a) b)

c) d)

图 1-58 千分尺的使用方法

1.5.3 百分表

百分表是在零件加工或机器装配时检验尺寸精度和形状精度用的一种量具。分度值为 0.01mm，测量范围有 0~3mm、0~5mm 和 0~10mm 三种规格。

1. 百分表的结构

百分表的外形及结构如图 1-59a、b 所示，主要由测头、量杆、大小齿轮、指针、表盘和表圈等组成。常用的百分表有钟表式（图 1-59c）和杠杆式（图 1-59d）两种。

2. 百分表的刻线原理与读数

百分表测量杆上齿条的齿距为 0.625mm，当测量杆上升 1mm 时（即上升 1/0.625 =1.6 齿），16 齿的小齿轮正好转过 1/10 转，同轴上的 100 齿大齿轮也转过 1/10 转，与之啮合的 10 齿小齿轮连同长指针就转过了 1 转。由此可知，测量杆上升 1mm，长指针转过了 1 周。由于表面上共刻 100 小格圆周刻线，所以长指针每转 1 小格，表示测量杆移动了 0.01mm。故百分表的分度值为 0.01mm。

测量时，量杆被推向管内，量杆移动的距离等于小指针的读数（测出的整数部分）加上大指针的读数（测出的小数部分）。

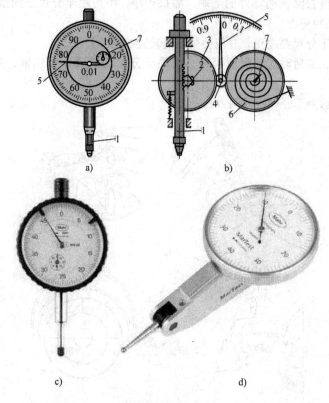

a)　　　　　　　　　　b)

c)　　　　　　　　　　d)

图 1-59　百分表

a）百分表　b）传动原理　c）钟表式百分表　d）杠杆式百分表

1—测头　2—小齿轮（$z_1 = 16$）　3、6—大齿轮（$z_2 = 100$）　4—小齿轮　5—长指针　7—短指针

3. 使用百分表的注意事项

1）百分表须装夹在百分表架或磁性表架上使用，如图 1-60 所示。表架上的接头即伸缩杆，可以调节百分表的上下、前后、左右位置。

2）测量平面或圆形工件上，百分表的测头应与平面垂直或与圆柱形工件中心线垂直，否则百分表量杆移动不灵活，测量结果不准确。

3）量杆的升降范围不易过大，以减少由于存在间隙而产生的误差。

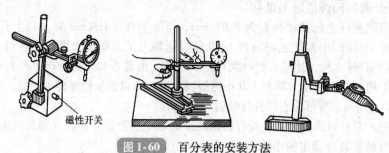

磁性开关

图 1-60　百分表的安装方法

1.6 切削液

1.6.1 切削液的作用

切削液主要起到润滑和冷却的作用，加入特殊添加剂后，还可以起到清洗和防锈的作用，以保护机床、刀具、工件等不被周围介质腐蚀。

1. 润滑作用

切削液的润滑作用是通过切削液渗透到刀具与切屑、工件表面之间形成润滑膜面，减小摩擦，减缓刀具的磨损，降低切削力，提高已加工表面的质量，同时，还可减小切削功率，提高刀具寿命。

2. 冷却作用

切削液的冷却作用是使切屑、刀具和工件上的热量散逸，使切削区的切削温度降低，起到了减小工件因热膨胀而引起的变形和保证刀具切削刃强度、延长刀具寿命，提高加工精度的作用，又为提高劳动生产效率创造了有利条件。

切削液的冷却性能取决于它的热导率、比热容、汽化热、流量和流速等，但主要靠热传导。水的热导率为油的 3~5 倍，比热容比油的约大一倍，故冷却性能比油好得多。乳化液的冷却性能介于油和水之间，接近水。

3. 清洗作用

浇注切削液能冲走碎屑或粉末，防止它们粘结在工件、刀具、模具上，起到了降低工件的表面粗糙度值，减少刀具磨损及保护机床的作用。清洗性能的好坏，与切削液的渗透性、流动性和压力有关。一般而言，合成切削液比乳化液和切削油的清洗效果好，乳化液浓度越低，清洗效果越好。

4. 防锈作用

切削液能够减轻工件、机床、刀具受周围介质（空气、水分等）的腐蚀作用。在气候潮湿的地区，切削液的防锈作用显得尤为重要。切削液防锈作用的好坏，取决于切削液本身的性能和加入的防锈添加剂。

总之，切削液的润滑、冷却、清洗、防锈作用并不是孤立的，它们有统一的一面，又有对立的一面。油基切削液的润滑、防锈作用较好，但冷却、清洗作用较差；水溶性切削液的冷却、清洗作用较好，但润滑、防锈作用较差。

1.6.2 切削液的种类

1. 水溶液

水溶液的主要成分是水及防锈剂、防霉剂等。为了提高清洗能力，可加入清洗剂；为具有一定的润滑性，还可加入油性添加剂。例如加入聚乙二醇和油酸时，水溶液既有良好的冷却性，又有一定的润滑性，并且溶液透明，加工中便于观察。

2. 乳化液

乳化液是水和乳化油经搅拌后形成的乳白色液体。乳化油是一种油膏，它由矿物油和活化剂（石油磺酸钠、磺化蓖麻油等）配制而成，活化剂的分子上带极性一端与水亲合，不带极性一端与油亲合，使水、油均匀混合，并添加乳化稳定剂（乙醇、乙二醇等）不使乳化液中水、油分离，具有良好的冷却性能。

3. 合成切削液

合成切削液是国内外推广使用的高性能切削液。它是由水、各种活性剂和化学添加剂组成，具有良好的冷却、润滑、清洗和防锈性能，热稳定性好，使用周期长等特点。

4. 切削油

切削油主要起润滑作用。常用的有全损耗系统用油 L-AN10、L-AN20，轻柴油、煤油、豆油、菜油、蓖麻油等矿物油和动、植物油。其中动、植物油容易变质，一般较少使用。

5. 极压切削油

极压切削油是在矿物油中添加氯、硫、磷等极压添加剂配制而成。它在高温下不破坏润滑膜，并具有良好的润滑效果，故被广泛使用。

6. 固体润滑剂

目前所用的固体润滑剂主要以二硫化钼（MoS_2）为主。二硫化钼形成的润滑膜具有极低的摩擦因数（$0.05 \sim 0.09$）、高的熔点（1185℃），因此，高温不易改变它的润滑性能，具有很高的抗压性能和牢固的附着能力，有较高的化学稳定性和温度稳定性。种类有油剂、水剂和润滑脂三种。应用时，将二硫化钼与硬脂酸及石蜡做成蜡笔，涂抹在刀具表面上。也可混合在水中或油中，再涂抹在刀具表面上。

1.6.3 切削液的选用

切削液的种类繁多，性能各异，在加工过程中应根据加工性质、工艺特点、工件和刀具材料等具体条件合理选用。

1. 根据加工性质选用

1）粗加工时，由于加工余量和切削用量均较大，因此在切削过程中产生大量的切削热，易使刀具迅速磨损，这时应降低切削区域温度，所以应选择以冷却作用为主的乳化液或合成切削液。用高速钢刀具粗车或粗铣碳素钢时，应选用 3% ~5% 的乳化液，也可以选用合成切削液。用高速钢刀具粗车或粗铣合金、铜及其合金工件时，应选用 5% ~7% 的乳化液。粗车或粗铣铸铁时，一般不用切削液。

2）精加工时，为了减少切屑、工件与刀具间的摩擦，保证工件的加工精度和表面质量，应选用润滑性能较好的极压切削油或高浓度极压乳化液。用高速钢刀具精车或精铣碳钢时，应选用 10% ~15% 的乳化液或 10% ~20% 的极压乳化液。用硬质合金刀具精加工碳钢工件时，可以不用切削液，也可用 10% ~25% 的乳化液或 10% ~20% 的极压乳化液。精加工铜及其合金、铝及其合金工件时，为了得到较高的表面质量和较高的精度，可选用 10% ~20% 的乳化液或煤油。

3）半封闭式加工时，如钻孔、铰孔和深孔加工，排屑、散热条件均非常差。不仅使刀具磨损严重，容易退火，而且切屑容易拉毛工件已加工表面。为此，需选用黏度较小的极压乳化液或极压切削油，并加大切削液的压力和流量，一方面进行冷却、润滑，另一方面可将部分切屑冲刷出来。

2. 根据工件材料选用

一般钢件，粗加工时选乳化液；精加工时，选硫化乳化液。加工铸铁、铸铝等脆性金属，为了避免细小切屑堵塞冷却系统或附着在机床上难以清除，一般不用切削液。但在精加工时，为提高工件表面加工质量，可选用润滑性好、黏度小的煤油或 7% ~10% 的乳化液。加工有色金属或铜合金时，不宜采用含硫的切削液，以免腐蚀工件。加工镁合金时，不能用切削液，以免燃烧起火。必要时，可用压缩空气冷却。加工难加工材料，如不锈钢、耐热钢等，应选用 10% ~15% 的极压切削油或极压乳化液。

3. 根据刀具材料选用

（1）高速钢刀具 粗加工选用乳化液；精加工钢件时，选用极压切削油或浓度较高的极压乳化液。

（2）硬质合金刀具 为避免刀片因骤冷或骤热而产生崩裂，一般不使用切削液。如果要使用，必须连续充分。例如加工某些硬度高、强度大、导热性差的工件时，由于切削温度较高，会造成硬质合金刀片与工件材料发生粘结和扩散磨损，应加注以冷却为主的 2% ~5% 的乳化液或合成切削液。若采用喷雾加注法，则切削效果更好。

1.6.4 使用切削液时的注意事项

1）油状乳化油必须用水稀释后才能使用。但乳化液会污染环境，应尽量选用环保型切削液。

2）切削液应浇注在过渡表面、切屑和前刀面接触的区域，因为此处产生的热量最多，最需要冷却润滑，如图 1-61 所示。

3）用硬质合金车刀切削时，一般不加切削液。如果使用切削液，必须从开始就连续充分地浇注，否则硬质合金刀片会因聚冷而产生裂纹。

4）控制好切削液的流量。流量太小或断续使用，起不到应有的作用；流量太大，则会造成切削液的浪费。

5）加注切削液可以采用浇注法和高压冷却法。浇注法是一种简便易行、应用广泛的方法，一般车床均有这种冷却系统（图 1-62a）。高压冷却是以较高的压力和流量将切削液喷向切削区（图 1-62b），这种方法一般用于半封闭加工或车削难加工材料。

图 1-61 切削液浇注的区域

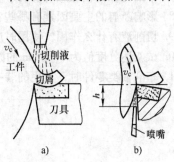

图 1-62 加注切削液的方法

a）浇注法 b）高压冷却法

☆**考核重点解析**

本章考核的重点是 CA6140 车床的操作、车刀切削部分的几何参数、车刀的刃磨、工件的装夹、常用量具的应用。只有熟练地操作车床、正确地刃磨刀具、准确地测量工件，才能加工出合格的工件。

复习思考题

1. 金属切削机床型号主要有哪几部分组成？

2. 卧式车床主要有哪些功用？

3. CA6140 型卧式车床主要有哪些部件组成？各部件有何作用？

4. 什么是传动链？绘制 CA6140 型车床传动路线框图。

5. 常用车床的润滑方式有哪几种？

6. 什么是表面成形运动？车削表面成形运动包含哪两种？

7. 工件在切削过程中形成了哪三个不断变化着的表面？

8. 什么是背吃刀量、进给量和切削速度？

9. 车刀材料应具备哪些基本性能？

10. 常见的车刀材料有哪两种？各适用于哪些场合？

11. 车刀的结构形式有哪几种？各适用于哪些场合？

12. 常用车刀的种类有哪些？各有何功用？

13. 用简图说明车刀切削部分的几何要素。

14. 什么是基面、切削平面和正交平面？它们的相互关系是什么？

15. 车刀切削部分有哪六个主要角度？各有何作用？哪个角度能够控制切屑的排除方向？

16. 车刀主偏角和前角的大小如何选择？

17. 车削时，比较理想的切屑形状有哪些？

18. 影响断屑的主要因素有哪些？

19. 切削液有什么作用？使用时应注意什么问题？

20. 试叙述分度值为 0.02mm 的游标卡尺的读数方法？

21. 车削轴类零件时，常用的装夹方法有哪些？

第2章 轴类工件的车削

☺理论知识要求

　　1. 掌握90°、75°、45°外圆车刀及其用途。熟悉粗、精加工切削用量的选择。

　　2. 掌握光轴、普通台阶轴的加工方法及加工步骤。

　　3. 掌握车槽刀、切断刀几何参数及其应用。

　　4. 掌握各类沟槽的加工方法及加工步骤。

☺操作技能要求

　　1. 学会刃磨90°、75°、45°外圆车刀，正确刃磨切断刀和各类车槽刀。

　　2. 学会车削端面、外圆、台阶、沟槽及切断。

　　3. 学会加工常见轴类工件，并能分析加工过程中出现的问题并加以解决。

　　通常把截面形状为圆形，长度大于直径三倍以上的杆件称为轴类零件。在机器设备中，轴类零件是常见的非常重要的零件之一。轴的主要用途是定位、承载回转体零件以及传递运动和动力。按轴的结构形式可分为光轴、台阶轴、空心轴和异形轴（曲轴、凸轮轴、偏心轴），如图2-1所示。轴类工件一般由倒角、端面、过渡圆角、圆柱面、沟槽、台阶和中心孔等结构要素构成。

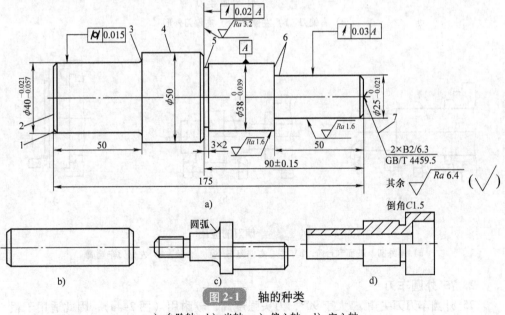

图2-1　轴的种类

a) 台阶轴　b) 光轴　c) 偏心轴　d) 空心轴

1—倒角　2—端面　3—过渡圆角　4—圆柱面（外圆）　5—沟槽　6—台阶　7—中心孔

2.1　车削外圆、端面和台阶

2.1.1　常用的外圆车刀

常用的外圆车刀有 90°、75°和 45°三种。

1. 90°外圆车刀

90°外圆车刀俗称偏刀，其主偏角 $\kappa_r = 90°$，如图 2-2 所示。按进给方向，偏刀分为左偏刀和右偏刀两种。右偏刀一般用来车削工件的外圆、端面和右台阶，如图 2-3a、b 所示。左偏刀一般用来车削工件的外圆和左向台阶，也适用于车削直径较大而长度较短的工件的端面，如图 2-3b、c 所示。

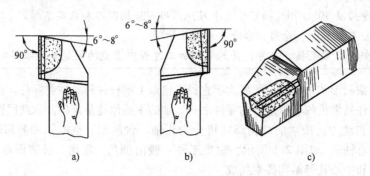

图 2-2　90°外圆车刀

a）右偏刀　b）左偏刀　c）右偏刀外形

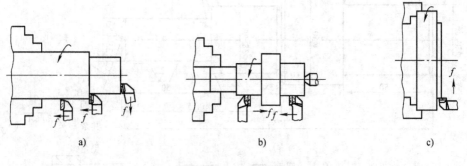

图 2-3　偏刀的应用

a）车外圆、端面和台阶　b）左、右偏刀车外圆、台阶　c）左偏刀车端面

2. 75°外圆车刀

75°外圆车刀刀尖角 ε_r 大于 90°，刀头强度高，较耐用（图 2-4a），因此适用于粗车轴类工件的外圆和强力切削铸件、锻件等余量较大的工件（图 2-4b）。75°左偏刀，

还可用来粗车铸件、锻件的较短外圆面和大端面（图 2-4c）。

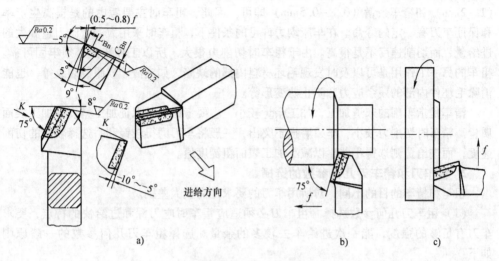

图 2-4 75°外圆车刀

a）加工钢件的硬质合金 75°粗车刀 b）75°外圆车刀车外圆 c）75°外圆车刀车端面

3. 45°外圆车刀

45°外圆车刀尖角 $\varepsilon_r = 90°$，所以刀体强度和散热条件都比 90°外圆车刀好（图 2-5a、b）。45°外圆车刀常用于车削工件的端面和进行 45°倒角加工，也可以用来车削长度较短的外圆，如图 2-5c 所示，图中 1、3、5 为左车刀，2、4 为右车刀。

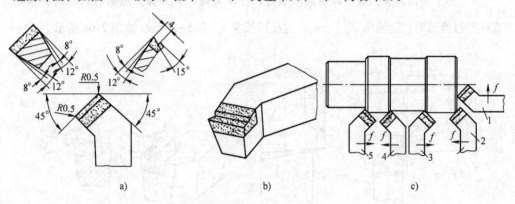

图 2-5 45°外圆车刀

a）45°右车刀 b）45°右车刀外形 c）45°车刀的使用

2.1.2 粗车和精车

1. 粗、精车的目的

车削轴类工件一般可分为粗车和精车两个阶段。粗车的目的是切除加工表面的绝大部分的加工余量。粗车时，对加工表面没有严格的要求，只需留有一定的半精车余量（1～2mm）和精车余量（0.1～0.5mm）即可。因此，粗车时主要考虑的是提高生产率和保证车刀有一定的寿命。在车床动力许可的条件下，粗车时采用大的背吃刀量和大的进给量，而切削速度不是很高。由于粗车时切削力很大，所以工件装夹必须牢固可靠。粗车的另一个作用是可以及时发现毛坯材料内部的缺陷，如夹渣、砂眼、裂纹等，也能消除毛坯件内部的残余应力和防止热变形等。

精车是指车削的末道加工，加工余量较小，主要考虑的是保证加工精度和加工表面质量。精车时切削力较小，车刀磨损不突出，一般将车刀磨得较锋利，选择较高的切削速度，而进给量则选得小些，以减小加工表面粗糙度值。

2. 粗车刀和精车刀几何参数的选择

粗车和精车的目的不同，对所用车刀的要求也有较大差别。

（1）粗车刀几何参数选择 粗车刀必须适应粗车时吃刀深和进给快的特点，要求车刀有足够的强度，能一次进给车去较多的余量。选择粗车刀几何参数的一般原则如下：

1）为了增加刀头强度，前角（γ_o）和后角（α_o）应选小些。但必须注意，前角太小会使切削力增大。

2）主偏角 κ_r 不宜太小，否则车削时容易引起振动。当工件外圆形状许可时，主偏角最好选择75°左右，以使车刀有较大的刀尖角（ε_r）。这样车刀不但能承受较大的切削力，而且有利于切削刃散热。

3）粗车刀一般采用刃倾角 $\lambda_s = -3° ～ 0°$，以增加刀头强度。

4）为了增加刀尖强度，改善散热条件，使车刀耐用，刀尖处应磨有过渡刃。采用直线形过渡刃时，副偏角 $\kappa'_r = \dfrac{1}{2}\kappa_r$，过渡刃长度 $b_r = 0.5 ～ 2mm$，如图2-6a所示。

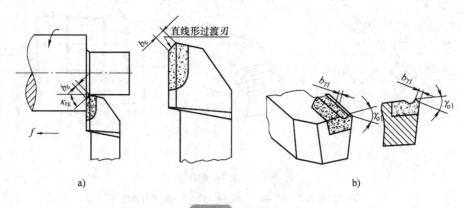

图2-6 粗车刀

a）直线形过渡刃 b）倒棱

5）为了增加切削刃强度，主切削刃上应磨有倒棱，倒棱宽度 $b_{\gamma 1} = (0.5 ～ 0.8)f$，倒棱前角 $\gamma_{o1} = -10° ～ -5°$，如图2-6b所示。

6）粗车塑性金属（如中碳钢）时，为使切屑能自行折断，应在车刀前面上磨有断屑槽，断屑槽的尺寸主要取决于背吃刀量和进给量。

（2）精车刀几何参数选择 工件精车后需要达到图样要求的尺寸精度和较小的表面粗糙度值，并且车去的余量较少，因此要求车刀锋利，切削刃平直光洁，必要时还可磨出修光刃。精车时，为了防止划伤已加工表面，必须使切屑排向工件的待加工表面。选择精车刀几何参数的一般原则如下：

1）前角（γ_o）一般应大些，以使车刀锋利，车削轻快。

2）后角（α_o）也应大些，以减少车刀和工件之间的摩擦。精车时对车刀强度的要求相对不高，也允许取较大的后角。

3）为减小工件表面粗糙度值，应取较小的副偏角（κ'_r）或在副切削刃上磨出修光刃。一般修光刃长度为 $b'_\varepsilon = (1.2 \sim 1.5)f$，如图 2-7 所示。

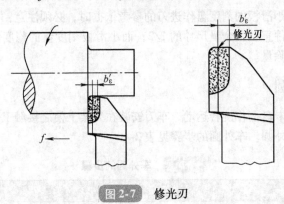

图 2-7 修光刃

4）为了使切屑排向工件的待加工表面，应选用正值的刃倾角，即 $\lambda_s = 3° \sim 8°$。

5）精车塑性金属时，为保证顺利排屑，前面应磨出相应宽度的断屑槽。

2.1.3 刻度盘的原理及应用

车削工件时，为了准确和迅速地掌握背吃刀量，通常利用中滑板或小滑板上的刻度盘作为进刀的参考依据。

中滑板的刻度装在横向进给丝杠端头上，当摇动横向进给丝杠一圈时，刻度盘也随之转动一圈，这时固定在滑板上的螺母就带动中滑板、刀架及车刀一起移动一个螺距。若横向进给丝杠的螺距为 5mm，刻度盘一周等分 100 格，当摇动中滑板手柄一周时，中滑板移动 5mm，则刻度盘每转过一个格时，中滑板的移动量为

$$5mm \div 100 = 0.05mm$$

小滑板的刻度盘用来控制车刀短距离的纵向移动，其刻度原理与中滑板刻度盘相同。

由于丝杠与螺母之间的配合存在间隙，在摇动丝杠手柄时，滑板会产生空行程（即丝杠带动刻度盘已转动，而滑板并未立即移动）。因此，使用刻度盘时，要反向转动适当角度，再正向慢慢摇动手柄，带动刻度盘到所需的格数（图 2-8a）；如果摇动时

不慎多转动了几格，这时绝不能简单地退回到所需的位置（图2-8b），而必须向相反方向退回全部空行程，再重新摇动手柄使刻度盘转动所需的刻度位置（图2-8c）。

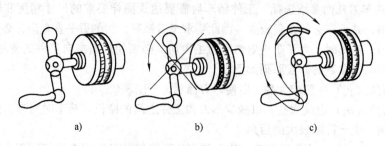

　　　a)　　　　　　　　　　b)　　　　　　　　　　c)

图 2-8 消除刻度盘空行程的方法

利用中滑板、小滑板的刻度盘作进刀的参考依据时，必须注意：中滑板刻度控制的背吃刀量，应是工件直径上余量尺寸的1/2，而小滑板刻度盘的刻度值，则直接表示工件长度方向上的切除量。

2.1.4 车削外圆

将工件安装在卡盘上作旋转运动，车刀安装在刀架上使之接触工件并作相对纵向进给运动，便可车出外圆。车外圆的步骤见表2-1。

表 2-1 车外圆的步骤

内容	图 例	说 明
准备	—	根据图样检查工件的加工余量，做到车削前心中有数，大致确定纵向进给的次数
起动机床	—	起动车床使工件旋转
对刀	1—工件 2—车刀	左手摇动床鞍手轮，右手摇动中滑板手柄，使车刀刀尖靠近并轻轻地接触工件的待加工表面，以此作为确定背吃刀量的零点位置。反向摇动床鞍手轮，此时中滑板手柄不动，使车刀向右离开工件端面3~5mm
进刀	1—工件 2—车刀	摇动中滑板手柄，使车刀横向进给，其进给量为背吃刀量

（续）

内容	图　例	说　明
试切削	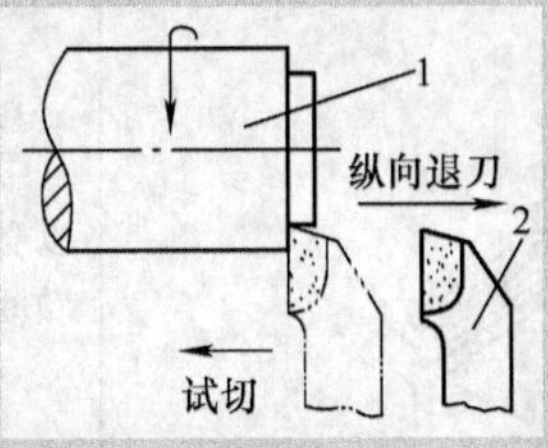 纵向退刀 试切 1—工件　2—车刀	试切削的目的是为了控制背吃刀量，保证工件的加工尺寸。车刀进刀后，纵向移动2mm左右，再纵向快速退出车刀，停机测量工件。根据测量结果与要求尺寸的比较，再相应调整背吃刀量，直至试切测量结果符合尺寸要求为止
正常车削	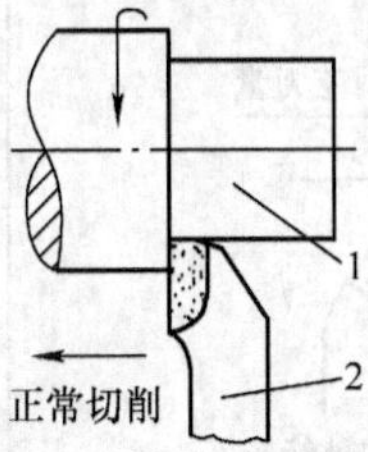 正常切削 1 2 1—工件　2—车刀	通过试切削，调整好背吃刀量，便可进行正常车削。此时，可选择机动或手动纵向进给。当车削到所要求的部位时，横向退出车刀，停机测量。如此多次进给，直到被加工表面达到图样要求为止

2.1.5　车削端面

车削端面的方法见表2-2。

表2-2　**车削端面的方法**

内容	图　例	说　明
起动机床		起动机床，使主轴带动工件回转
对刀	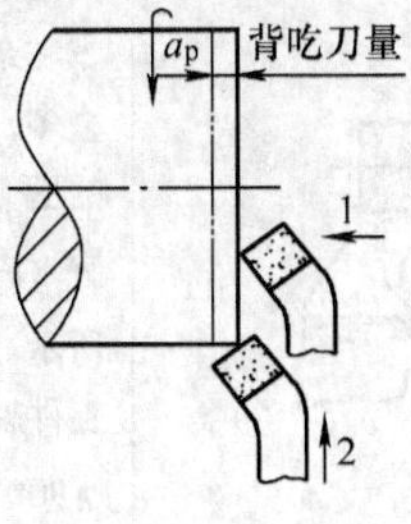 a_p 背吃刀量 1 2	1. 轴向对刀 　　轴向移动车刀，使车刀刀尖靠近并轻轻地接触工件端面 　2. 横向进给车端面 　　根据对刀数值调整背吃刀量，然后横向进给

（续）

内　容	图　例	说　明
锁紧床鞍	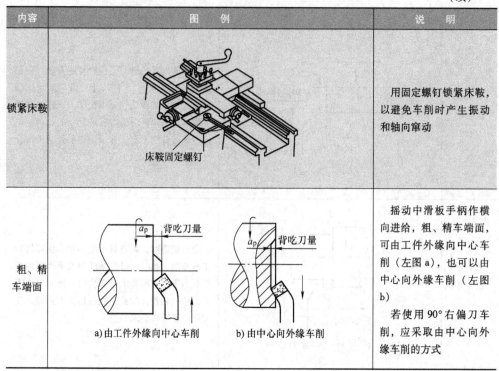床鞍固定螺钉	用固定螺钉锁紧床鞍，以避免车削时产生振动和轴向窜动
粗、精车端面	a_p 背吃刀量　　a_p 背吃刀量 a)由工件外缘向中心车削　　b)由中心向外缘车削	摇动中滑板手柄作横向进给，粗、精车端面，可由工件外缘向中心车削（左图 a），也可以由中心向外缘车削（左图 b） 若使用 90°右偏刀车削，应采取由中心向外缘车削的方式

2.1.6　车削台阶

车削台阶时，不仅要车削台阶的外圆，还要车削环形的端面，它是外圆车削和平面车削的组合。因此，车削台阶时既要保证外圆和台阶面的尺寸精度，还要保证台阶面与工件轴线的垂直度要求。车削台阶的方法见表 2-3。

表 2-3　车削台阶的方法

内　容	图　例	说　明
车刀的选择与装夹	85°~90°　　93° a)　　b)	车台阶时，通常选用 90°外圆车刀（偏刀）。车刀的装夹应根据粗车、精车和余量的多少来调整。粗车时，余量多，为了增大切削深度和减少刀尖的压力，车刀装夹时实际 $\kappa_r < 90°$ 为宜（一般 $\kappa_r = 85° \sim 90°$），如左图 a 所示。精车时，为了保证台阶平面与工件轴线的垂直，车刀装夹时实际 $\kappa_r > 90°$（一般为 93°左右），如左图 b 所示

（续）

内容	图 例	说 明
台阶的车削方法	a) 车削低台阶　　b) 车削高台阶	车削带有台阶的工件，一般分粗、精车。粗车时，台阶的长度除第一台阶的长度因留精车余量而略短外，采用链接式标注的其余各级台阶的长度可车至要求的尺寸。精车时，通常用机动进给进行车削，在车至近台阶处，应以手动进给替代机动进给；当车削台阶面时，变纵向进给为横向进给，移动中滑板由里向外慢慢精车台阶平面，以确保其对轴线的垂直度 　车削低台阶时，由于相邻两直径相差不大，可选用90°偏刀，按图 a 所示的进给方式车削。车削高台阶时，由于相邻两直径相差较大，可选 $\kappa_r > 90°$ 的偏刀，按图 b 所示的进给方式车削
台阶长度尺寸的控制方法	刻线法	先用钢直尺或样板量出台阶的长度尺寸，然后用车刀刀尖在台阶的所在位置处车刻出一圈细线，按刻线线痕车削 （线痕）
	挡铁控制法 1—挡铁　2、3—量块	当成批车削台阶轴时，可用挡铁定位控制台阶的长度。挡铁 1 固定在床身导轨上，并与工件上台阶 a_3 的轴向位置一致，量块2、3 的长度分别等于 a_1、a_2 的长度。挡铁定位控制台阶长度的方法，可节省大量的测量时间，且成批工件长度尺寸一致性较好，台阶长度的尺寸精度可达 0.1~0.2mm 　当床鞍纵向进给快碰到挡铁时，应改自动进给为手动进给
	床鞍（手轮）刻度盘控制法	CA6140 型车床床鞍的进给刻度1 格，等于1mm，可利用床鞍进给时，刻度盘转动的格数来控制台阶的长度

2.1.7 端面和台阶的测量

台阶的长度尺寸和垂直误差可用钢直尺（图2-9c）和游标深度尺（图2-9d）测量。对于批量生产或精度要求较高的台阶轴，可用样板测量（图2-9b）。平面度和直线度误差，一般可用刀口形直尺、钢直尺和塞尺检测（图2-9a）。端面、台阶平面对工件轴线的垂直度误差，主要用90°角尺（图2-9e）或标准套和百分表（图2-9f）检测。

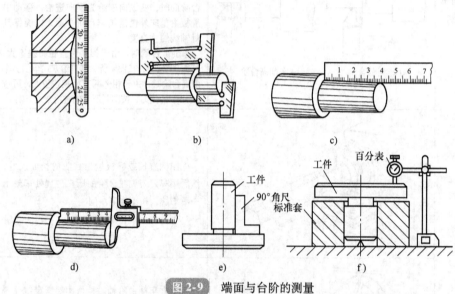

图2-9　端面与台阶的测量

a）钢直尺测量　b）样板测量　c）钢直尺测量

d）深度尺测量　e）90°角尺测量垂直度　f）标准套和百分表测量垂直度

2.1.8 车简单轴类工件技能训练

1. 手动进给车外圆、端面和倒角技能训练（图2-10）

序号1的加工步骤如下：

1）用自定心卡盘夹住工件外圆20mm左右，找正并夹紧。

2）粗、精车端面，外圆 D 粗车至 $\phi 78^{+0.6}_{+0.2}$ mm。

3）精车外圆 D 至 $\phi(78 \pm 0.15)$ mm，表面粗糙 Ra6.3μm，倒角 C1。

4）调头夹外圆并找正。粗、精车端面并保证总长94mm，外圆 d 粗车至 $\phi 76^{+0.6}_{+0.2}$ mm，长45mm。

5）精车外圆 d 至 $\phi(76 \pm 0.15)$ mm，表面粗糙度 Ra6.3μm，两处倒角达到图样要求。

6）检查外径、长度和同轴度达到要求后取下工件。

按零件图样中表格所列各组尺寸要求，重复上述训练步骤，依次进行操作训练。

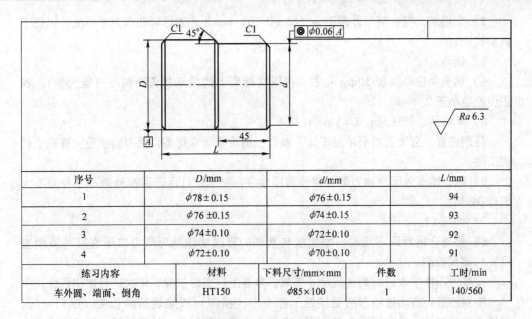

序号	D/mm	d/mm	L/mm
1	$\phi78\pm0.15$	$\phi76\pm0.15$	94
2	$\phi76\pm0.15$	$\phi74\pm0.15$	93
3	$\phi74\pm0.10$	$\phi72\pm0.10$	92
4	$\phi72\pm0.10$	$\phi70\pm0.10$	91
练习内容	材料	下料尺寸/mm×mm	件数	工时/min
车外圆、端面、倒角	HT150	$\phi85\times100$	1	140/560

图 2-10 车外圆、端面

2. 自动进给车外圆、端面和接刀技能训练（图 2-11）

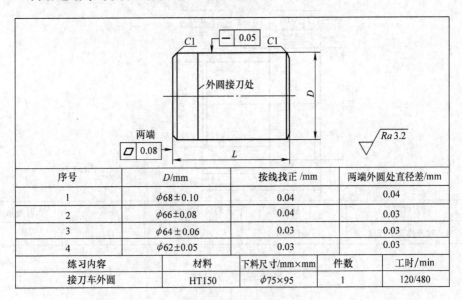

序号	D/mm	按线找正 /mm	两端外圆处直径差/mm
1	$\phi68\pm0.10$	0.04	0.04
2	$\phi66\pm0.08$	0.04	0.03
3	$\phi64\pm0.06$	0.03	0.03
4	$\phi62\pm0.05$	0.03	0.03
练习内容	材料	下料尺寸/mm×mm	件数	工时/min
接刀车外圆	HT150	$\phi75\times95$	1	120/480

图 2-11 接刀车外圆

序号 1 的加工步骤如下：

1）用自定心卡盘夹住工件外圆长 10mm 左右，找正并夹紧。

2）车端面，粗、精车外圆至 ϕ（68±0.10）mm（外圆尽可能车至卡爪处，以便于调头找正）。

3）倒角 C1。

4）调头夹住外圆长 10mm 左右，找正（外圆上的两点找正距离尽可能大些），找正误差应小于 0.04mm。

5）车端面，保证总长 L=90mm。

特别注意：自动进给要求对车床各操作手柄位置非常熟悉，接刀的质量关键在于找正工件。

6）粗、精车外圆至接刀处，使外圆尺寸符合要求，且保证两端外圆的直径差不大于 0.04mm。

7）倒角 C1。

8）检查合格后取下工件。平面度和素线的直线度误差可用刀口形直尺（或钢直尺）和塞尺检测。

按零件图样中表格所列各组尺寸要求，重复上述训练步骤，依次进行操作训练。

特别注意：自动进给车削至接近工件中心（横向）或接近所需长度（纵向）时，应停止自动进给，并改用手动进给车至工件中心或长度尺寸，然后退刀、停机。

3. 车台阶技能训练（图 2-12）

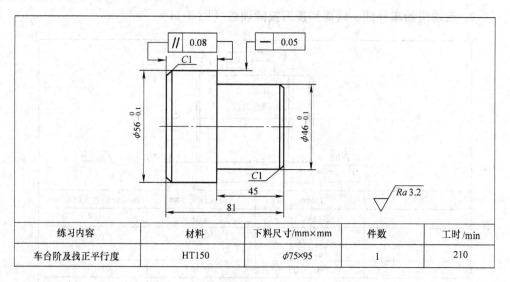

练习内容	材料	下料尺寸/mm×mm	件数	工时/min
车台阶及找正平行度	HT150	$\phi75×95$	1	210

图 2-12　车台阶

加工步骤如下：

1）找正并夹紧。

2）粗车端面、外圆至 $\phi56.5$mm。

3）粗车外圆至 $\phi46.5$mm，长 46mm。

4）精车端面、外圆至 $\phi 46 _{-0.1}^{0}$ mm，长 45mm，倒角 C1，表面粗糙度值 Ra3.2μm。

5）调头，垫铜皮夹住外圆 $\phi 46 _{-0.1}^{0}$ mm，找正卡爪处外圆和台阶平面（反向），夹紧工件。

6）粗车端面（总长 82mm）、外圆 $\phi 56.5$ mm。

7）精车端面，保证总长 81mm，保证平行度误差在 0.08mm 以内。

8）精车外圆 $\phi 56 _{-0.1}^{0}$ mm，素线直线度误差不大于 0.05mm，表面粗糙度值 Ra3.2μm。

9）倒角 C1。

10）检查质量合格后取下工件。

特别注意：台阶平面与圆柱面相交处要清角。精车用的刀具刃口应锋利尖。

4. 在两顶尖间装夹车光轴（图 2-13）

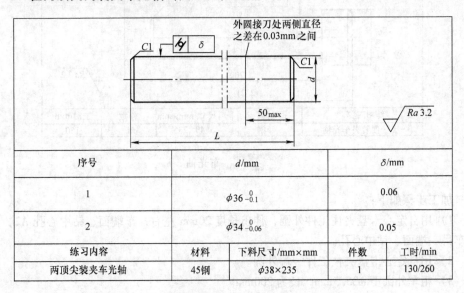

序号	d/mm	δ/mm
1	$\phi 36 _{-0.1}^{0}$	0.06
2	$\phi 34 _{-0.06}^{0}$	0.05

练习内容	材料	下料尺寸/mm×mm	件数	工时/min
两顶尖装夹车光轴	45钢	$\phi 38 \times 235$	1	130/260

图 2-13　接刀车光轴

序号 1 的加工步骤如下。

（1）装夹工件

1）用自定心卡盘夹住工件外圆，伸出长度 20mm 左右，车端面、钻中心孔 A2，调头车另一端面、钻中心孔 A2。

2）将前顶尖装入主轴锥孔中；如果采用自定心卡盘装夹前顶尖，要按逆时针方向扳转小滑板 30°，将前顶尖车准确。

3）将后顶尖装入尾座套筒锥孔中，使前、后顶尖的轴线一致。

4）根据工件长度，调整尾座的位置，用鸡心卡头在两顶尖间装夹工件，并锁紧尾座套筒。

（2）粗车外圆　粗车外圆至 $\phi 36.5$ mm，L 为 185mm。测量两端直径，横向调整尾座偏移量，找正工件的锥度。

（3）精车外圆

1）精车外圆至 $\phi36_{-0.1}^{0}$ mm，L 为 185mm，倒角 $C1$。

2）调头车削。

3）调头装夹工件。粗、精车外圆至 $\phi36_{-0.1}^{0}$ mm，倒角 $C1$，注意外圆接刀痕迹。

4）检查质量合格后取下工件。

重复操作以上步骤，按第 2 组尺寸要求训练。

特别注意：粗车时应避免刀尖碰硬皮而损坏。

5. 用一夹一顶装夹车光轴（图 2-14）

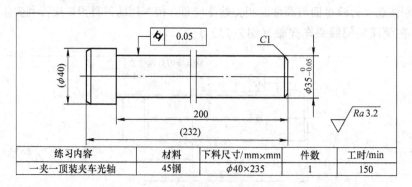

练习内容	材料	下料尺寸/mm×mm	件数	工时/min
一夹一顶装夹车光轴	45钢	$\phi40×235$	1	150

图 2-14 车光轴

加工步骤如下：

1）用自定心卡盘夹住工件外圆，伸出长度 20mm 左右，车端面、钻中心孔 A2，调头车另一端面、钻中心孔。

2）用自定心卡盘夹住工件一端外圆。

3）粗车外圆至 $\phi35.5$mm，长为 200mm。

4）精车外圆至 $\phi35_{-0.05}^{0}$，长为 200mm。

5）倒角 $C1$。

6）检查合格后取下工件。

2.2 切断和车外沟槽

在车削加工中，把棒料或工件切成两段（或数段）的加工方法称为切断。一般采用正向切断法，即车床主轴正转，车刀横向进给进行车削。切断的关键是切断刀的几何参数的选择、切断刀刃磨和切削用量合理的选择。车削外圆及轴肩部分的沟槽，称为车外沟槽。常见的外沟槽有外圆沟槽、45°外沟槽、外圆端面沟槽和圆弧沟槽等，如图 2-15 所示。

直形车槽刀和切断刀的几何形状相似，刃磨的方法基本相同，只是刀头部分的宽度

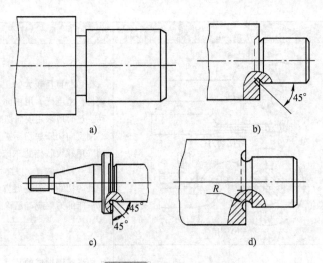

图 2-15　常见的外沟槽

a）外圆沟槽　b）45°外沟槽　c）外圆端面沟槽　d）45°圆弧沟槽

和长度有些区别。有时车槽刀和切断刀可以通用。切断与车槽是车工的基本操作技能之一，能否掌握好，关键在于车槽刀和切断刀的切削刃。

2.2.1　切断刀

1. 切断刀的种类

切断刀根据材料等有不同的分类方法，其分种类和特点见表2-4。

表 2-4　切断刀的种类

内容	图例	说　明
高速钢切断刀		高速钢切断刀的切削部分与刀杆为同一材料锻造而成，是目前使用较普遍的切断刀
硬质合金切断刀		硬质合金切断刀是由用作切削的硬质合金焊接在刀体上而成，适宜于高速切削

（续）

内容	图例	说明
反向切断刀	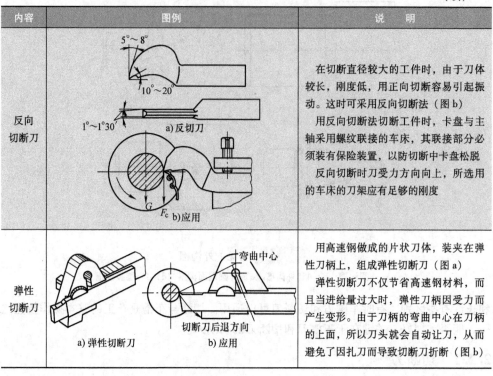	在切断直径较大的工件时，由于刀体较长，刚度低，用正向切断容易引起振动。这时可采用反向切断法（图b） 用反向切断法切断工件时，卡盘与主轴采用螺纹联接的车床，其联接部分必须装有保险装置，以防切断中卡盘松脱 反向切断时刀受力方向向上，所选用的车床的刀架应有足够的刚度
弹性切断刀	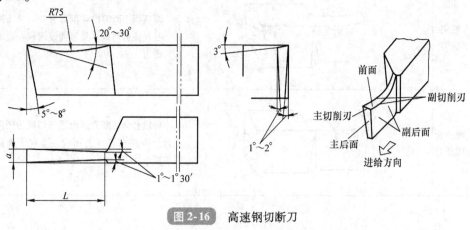 a) 弹性切断刀　　b) 应用	用高速钢做成的片状刀体，装夹在弹性刀柄上，组成弹性切断刀（图a） 弹性切断刀不仅节省高速钢材料，而且当进给量过大时，弹性刀柄因受力而产生变形。由于刀柄的弯曲中心在刀柄的上面，所以刀头就会自动让刀，从而避免了因扎刀而导致切断刀折断（图b）

2. 切断刀的几何参数及应用

切断刀以横向进给为主，前端的切削刃为主切削刃，两侧的切削刃是副切削刃。一般切断刀的主切削刃较窄，刀体较长，因此强度较低，在选择和确定切断刀的几何参数时，要特别注意提高切断刀的强度。

1）高速钢切断刀。高速钢切断刀的形状如图2-16所示，其几何参数的选择原则见表2-5。

图 2-16　高速钢切断刀

表 2-5　高速钢切断刀几何参数的选择原则

角度	符号	公　式
主偏角	κ_r	$\kappa_r = 90°$
副偏角	κ_r'	取 $\kappa_r' = 1° \sim 1°30'$
前角	γ_o	切断中碳钢工件时，通常取 $\gamma_o = 20° \sim 30°$；切断铸铁工件时，取 $\gamma_o = 0° \sim 10°$。前角由 $R75$ 的弧形前面自然形成
后角	α_o	一般取 $\alpha_o = 5° \sim 7°$
副后角	α_o'	切断刀有两个对称的副后角 $\alpha_o' = 1° \sim 2°$
刃倾角	λ_s	主切削刃要左高右低，取 $\lambda_s = 3°$
主切削刃宽度	a	一般采用经验公式计算：$a \approx (0.5 \sim 0.6)\sqrt{d}$ 式中　d——工件直径（mm）
刀头长度	L	计算公式为 $L = h + (2 \sim 3)$ mm 式中　h——切入深度（mm） 切断实心工件时，切入深度等于工件半径；切断空心工件时，切入深度等于工件的壁厚

例 2-1　切断外径为 $\phi 36\text{mm}$，孔径为 $\phi 16\text{mm}$ 的空心工件，试计算切断刀的主切削刃宽度和刀头长度。

解： $a \approx (0.5 \sim 0.6)\sqrt{d} = (0.5 \sim 0.6)\sqrt{36}\,\text{mm} = 3 \sim 3.6\text{mm}$

$$L = h + (2 \sim 3)\,\text{mm} = \left(\frac{36}{2} - \frac{16}{2}\right)\text{mm} + (2 \sim 3)\,\text{mm} = 12 \sim 13\text{mm}$$

为了使切削顺利，在切断刀的弧形前面上磨出卷屑槽，卷屑槽的长度应超过切入深度，如图 2-17 所示。但卷屑槽不可过深，一般槽深为 $0.75 \sim 1.5\text{mm}$，否则会削弱刀头强度。

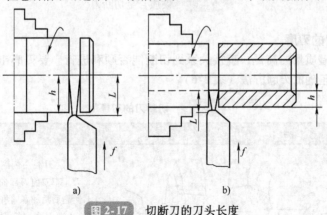

图 2-17　切断刀的刀头长度
a）切断实心工件时　b）切断空心工件时

在切断工件时，为使带孔工件不留边缘，实心工件的端面不留小凸头，可将切断刀的切削刃略磨斜些，如图 2-18 所示。

2）硬质合金切断刀。硬质合金切断刀的几何参数如图 2-19 所示。

当硬质合金切断刀的主切削刃采用平直刃时，由于切断时的切屑和工件槽宽相等，切屑容易堵塞在槽内而不易排出。为排屑顺利，可把主切削刃两边倒角或磨成人字形，如图 2-19 所示。注意高速切断时，会产生大量的热量，为防止刀片脱焊，必须充分浇注切削液，发现切削刃磨钝时，应及时刃磨。为增加刀头的支撑刚度，常将切断刀的刀头下部做成凸圆弧形。

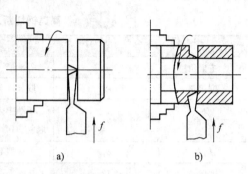

图 2-18 斜刃切断刀及应用
a）切断实心工件时 b）切断空心工件时

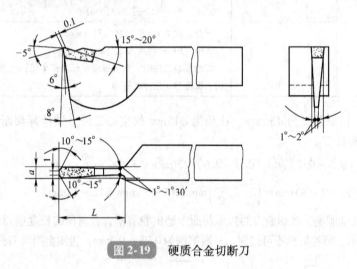

图 2-19 硬质合金切断刀

3. 切断刀的刃磨

切断刀刃磨质量的高低，直接关系到切断能否顺利进行。要刃磨出高质量的切断刀，必须掌握正确的刃磨方法（表 2-6）。

表 2-6 切断刀的刃磨

内容	图例	说明
刃磨两个副后刀面	a）刃磨左侧副后刀面　b）刃磨右侧副后刀面	a）刃磨左侧副后刀面。两手握刀，车刀前刀面向上，同时磨出左侧副后角和副偏角 b）刃磨右侧副后刀面。两手握刀，车刀前刀面向上，同时磨出右侧副后角和副偏角。应保证两副后角、两副偏角对称

（续）

内容	图例	说　明
刃磨主后刀面	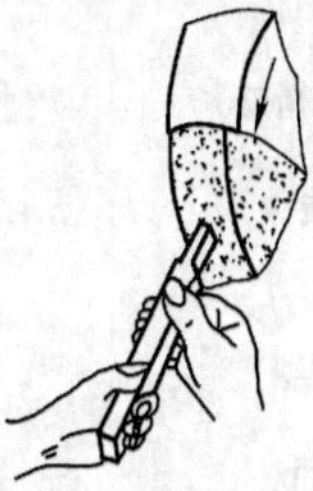	两手握刀，车刀前刀面向上，同时磨出主后角和主偏角，要保证主切削刃平直
刃磨前刀面	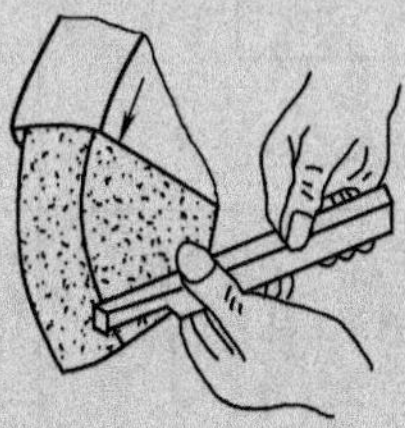	两手握刀，车刀前刀面对着砂轮磨削表面，同时刃磨前角和卷屑槽。具体尺寸按工件材料性能而定 　为了保护刀尖，可在两刀尖上各磨出一个小圆弧过渡刃

4. 切断刀和车槽刀刃磨时容易产生的问题和注意事项（表 2-7）

表 2-7　刃磨时容易产生的问题和注意事项

内容	图例	说　明
卷屑槽	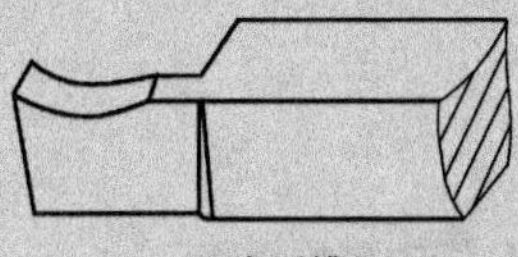 a) 卷屑槽  b) 卷屑槽刃磨太深 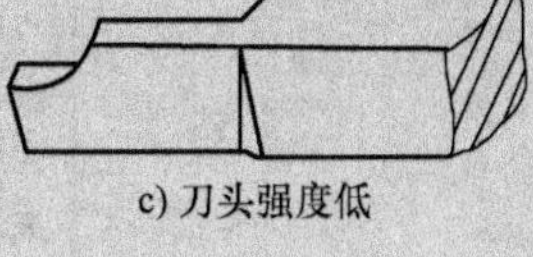 c) 刀头强度低	切断刀的卷屑槽不宜磨得太深，一般为 0.75～1.5mm（左图 a）。卷屑槽刃磨太深，刀头强度低，容易折断（左图 b） 　不允许把前刀面磨的太低或磨成台阶形（左图 c）。这种卷屑槽会使切削过程不顺畅，从而造成排屑困难，切削负荷增大，刀头容易折断

（续）

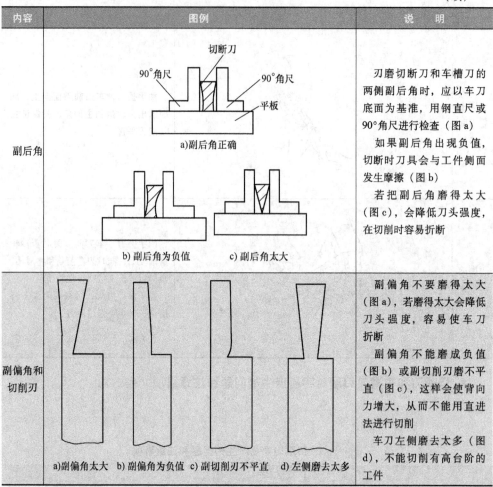

内容	图例	说　明
副后角	a)副后角正确 b) 副后角为负值　　c) 副后角太大	刃磨切断刀和车槽刀的两侧副后角时，应以车刀底面为基准，用钢直尺或90°角尺进行检查（图a） 如果副后角出现负值，切断时刀具会与工件侧面发生摩擦（图b） 若把副后角磨得太大（图c），会降低刀头强度，在切削时容易折断
副偏角和切削刃	a)副偏角太大 b) 副偏角为负值 c) 副切削刃不平直 d) 左侧磨去太多	副偏角不要磨得太大（图a），若磨得太大会降低刀头强度，容易使车刀折断 副偏角不能磨成负值（图b）或副切削刃磨不平直（图c），这样会使背向力增大，从而不能用直进法进行切削 车刀左侧磨去太多（图d），不能切削有高台阶的工件

2.2.2　车外圆沟槽

1. 车外圆沟槽的方法（表2-8）

表2-8 车外圆沟槽的方法

内容	图例	说　明
车槽刀的装夹		车槽刀装夹后必须垂直于工件轴线，否则车出的槽壁可能不平直，影响车槽的质量。装夹车槽刀时，可用90°角尺检查车槽刀（或切断刀）的副偏角

（续）

内容	图例	说　明
直进法车矩形沟槽	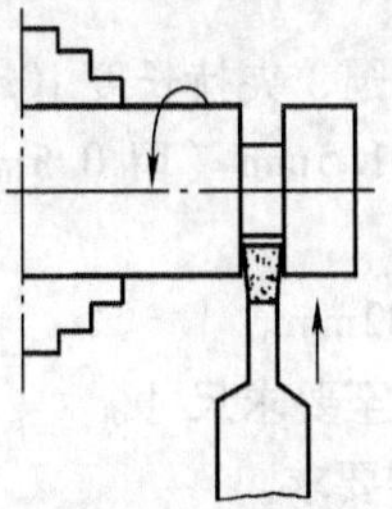	车精度不高且宽度较窄的矩形沟槽时，可用刀宽等于槽宽的车槽刀，采用直进法一次进给车出
矩形沟槽的精车	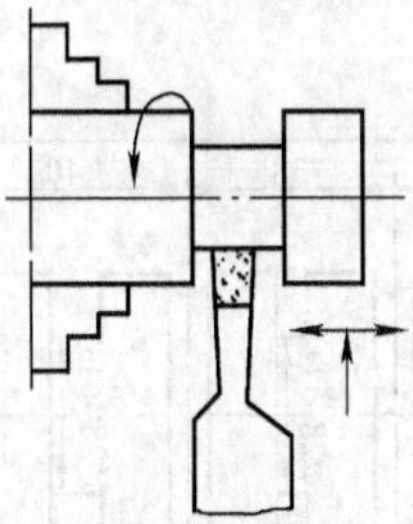	车精度要求较高的矩形沟槽时，一般采用二次进给车成。第一次进给时，槽壁两侧留有精车余量，第二次进给时，用与槽宽相等的车槽刀修整。也可用原车槽刀根据槽深和槽宽进行精车
外圆沟槽车削方法 宽矩形沟槽的车削	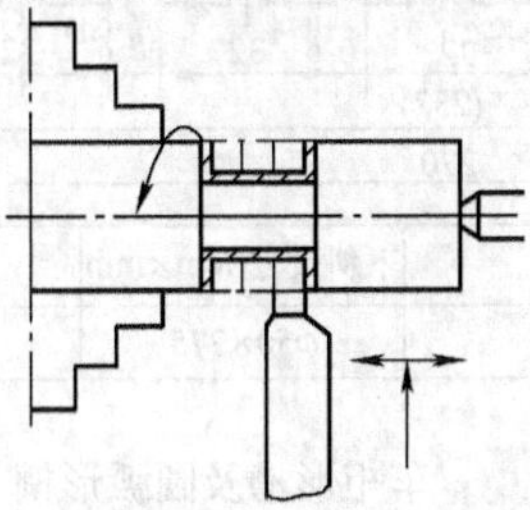	车削较宽的矩形沟槽时，可用多次直进法车削，并在槽壁两侧留有精车余量，然后根据槽深和槽宽精车至要求尺寸，如左图所示
圆弧形槽的车削	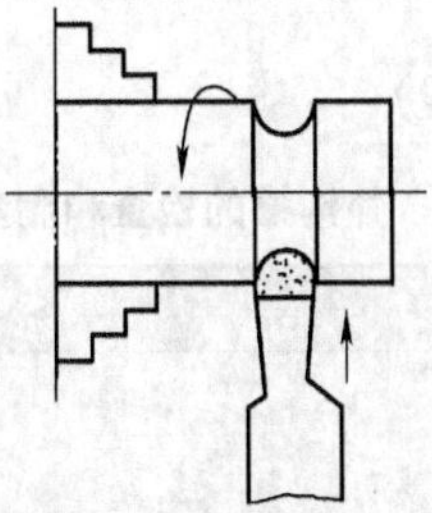	车削较小的圆弧形槽，一般用成形刀一次车出。较大的圆弧形槽，可用双手联动车削，以样板检查修整
梯形槽的车削	 a)　　　b)	车削较小的梯形槽，一般用成形刀一次车削完成；较大的梯形槽，通常先车削成直槽，然后用梯形刀采用直进法或左右车削法完成

83

2. 车矩形槽、圆弧形槽技能训练（图 2-20）

加工步骤如下：

1）车端面、钻中心孔。

2）一端用自定心卡盘夹住毛坯外圆，夹持长度 10mm 左右，另一端用顶尖支撑。

3）粗车外圆至 $\phi48.5$mm，长 231.5mm（留 0.5mm 精车余量），并找正产生的锥度。

4）精车外圆到 $\phi48_{-0.05}^{0}$mm，长 232mm。

5）从右至左粗、精车各矩形沟槽至要求尺寸。

6）车圆弧形沟槽（五条）至图样要求。

7）检查质量合格后取下工件。

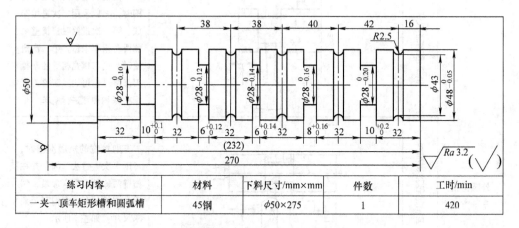

练习内容	材料	下料尺寸/mm×mm	件数	工时/min
一夹一顶车矩形槽和圆弧槽	45钢	$\phi50\times275$	1	420

图 2-20 车矩形槽及圆弧形槽

3. 外沟槽的检查和测量（表 2-9）

表 2-9 外沟槽的检查和测量

内容	图例	说　明
低精度矩形沟槽的测量		精度要求低的矩形沟槽，可用钢直尺和外卡钳检查和测量其宽度和直径

（续）

内容	图例	说　明
高精度矩形沟槽的测量	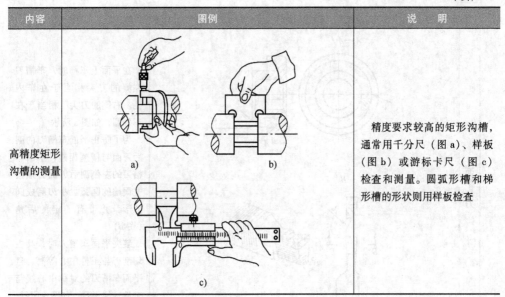 a)　　　　　b) c)	精度要求较高的矩形沟槽，通常用千分尺（图 a）、样板（图 b）或游标卡尺（图 c）检查和测量。圆弧形槽和梯形槽的形状则用样板检查

4. 容易产生的问题

1）车槽刀主切削刃与工件轴线不平行，车出的沟槽槽底一侧直径大，另一侧直径小。

2）防止在槽底与槽壁相交处出现：圆角和槽底中间直径小，靠近槽壁两侧处直径大。

3）造成槽壁与轴线不垂直，出现槽内小外大呈"喇叭"形的主要原因：切削刃磨钝让刀、车槽刀角度刃磨不正、车槽刀与工件轴线不垂直。

4）接刀不当造成槽底与槽壁产生小台阶。

2.2.3　车平面槽和45°外沟槽

1. 车平面槽和45°外沟槽的方法（表 2-10）

表 2-10　车平面槽和45°外沟槽的方法

内容		图例	说　明
平面沟槽	平面沟槽的种类	a)矩形槽　b)圆弧形槽　c)燕尾形槽　d)T形槽	矩形和圆弧形平面沟槽通常用于减轻工件重量、减少工件接触面或用作油槽 　T形和燕尾形平面沟槽则常用于穿螺钉、螺栓联接工件之用（如车床中滑板上的T形环槽、磨床砂轮连盘上的燕尾形环槽等）

（续）

内容	图例	说明
平面车槽刀	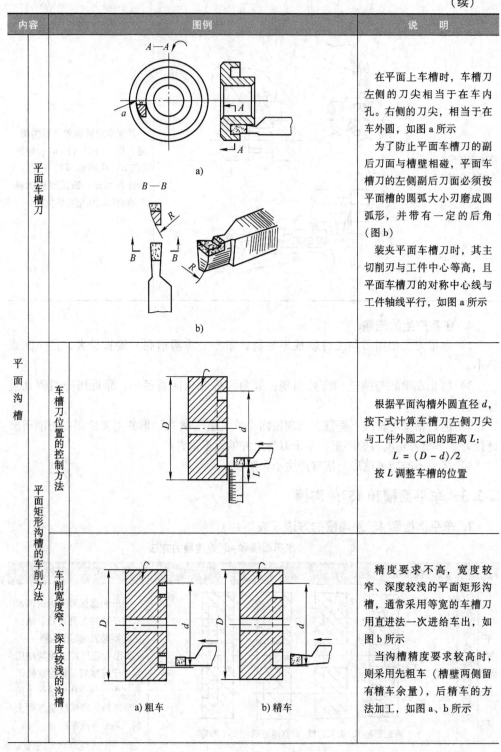	在平面上车槽时，车槽刀左侧的刀尖相当于在车内孔。右侧的刀尖，相当于在车外圆，如图 a 所示 为了防止平面车槽刀的副后刀面与槽壁相碰，平面车槽刀的左侧副后刀面必须按平面槽的圆弧大小刃磨成圆弧形，并带有一定的后角（图 b） 装夹平面车槽刀时，其主切削刃与工件中心等高，且平面车槽刀的对称中心线与工件轴线平行，如图 a 所示
平面沟槽 车槽刀位置的控制方法		根据平面沟槽外圆直径 d，按下式计算车槽刀左侧刀尖与工件外圆之间的距离 L： $$L = (D - d)/2$$ 按 L 调整车槽的位置
平面矩形沟槽的车削方法 车削宽度窄、深度较浅的沟槽	a) 粗车　　b) 精车	精度要求不高，宽度较窄、深度较浅的平面矩形沟槽，通常采用等宽的车槽刀用直进法一次进给车出，如图 b 所示 当沟槽精度要求较高时，则采用先粗车（槽壁两侧留有精车余量），后精车的方法加工，如图 a、b 所示

（续）

内容		图例	说明
平面沟槽	平面矩形沟槽的车削方法	车削宽平面沟槽	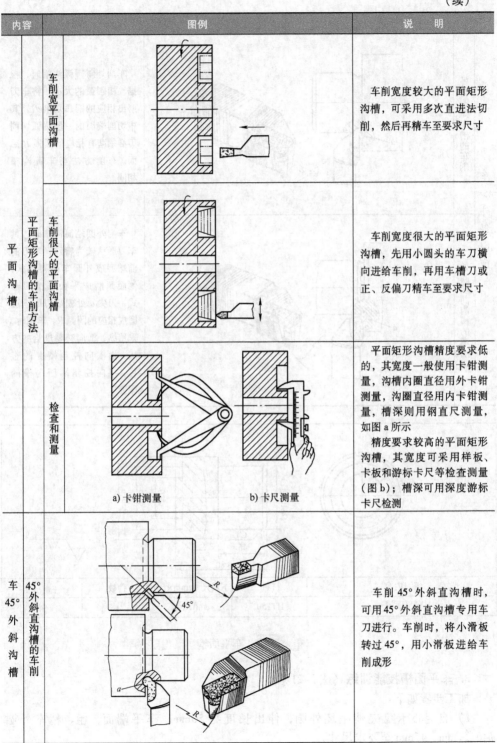 车削宽度较大的平面矩形沟槽，可采用多次直进法切削，然后再精车至要求尺寸
		车削很大的平面沟槽	车削宽度很大的平面矩形沟槽，先用小圆头的车刀横向进给车削，再用车槽刀或正、反偏刀精车至要求尺寸
		检查和测量	平面矩形沟槽精度要求低的，其宽度一般使用卡钳测量，沟槽内圈直径用外卡钳测量，沟圈直径用内卡钳测量，槽深则用钢直尺测量，如图 a 所示 精度要求较高的平面矩形沟槽，其宽度可采用样板、卡板和游标卡尺等检查测量（图 b）；槽深可用深度游标卡尺检测
		a) 卡钳测量　　b) 卡尺测量	
车45°外斜沟槽	45°外斜直沟槽的车削		车削 45° 外斜直沟槽时，可用 45° 外斜直沟槽专用车刀进行。车削时，将小滑板转过 45°，用小滑板进给车削成形

（续）

内容	图例	说　明
车45°外斜沟槽 外斜圆弧沟槽的车削	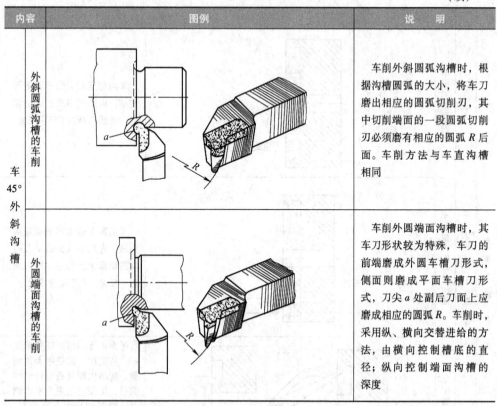	车削外斜圆弧沟槽时，根据沟槽圆弧的大小，将车刀磨出相应的圆弧切削刃，其中切削端面的一段圆弧切削刃必须磨有相应的圆弧 R 后面。车削方法与车直沟槽相同
	外圆端面沟槽的车削	车削外圆端面沟槽时，其车刀形状较为特殊，车刀的前端磨成外圆车槽刀形式，侧面则磨成平面车槽刀形式，刀尖 a 处副后刀面上应磨成相应的圆弧 R。车削时，采用纵、横向交替进给的方法，由横向控制槽底的直径；纵向控制端面沟槽的深度

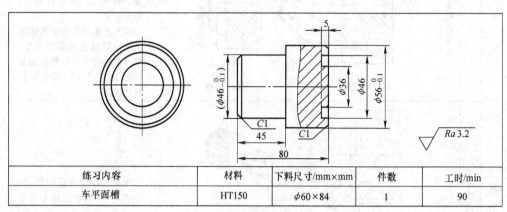

练习内容	材料	下料尺寸/mm×mm	件数	工时/min
车平面槽	HT150	$\phi60\times84$	1	90

图 2-21　车平面槽

2. 车平面槽技能训练（图 2-21）

加工步骤如下：

1）自定心卡盘夹住毛坯外圆，伸出长度约 50mm，车平端面，粗、精车外圆 $\phi46_{-0.1}^{0}$mm、45mm 至要求尺寸。

2）倒角 $C1$。

3）调头。自定心卡盘夹住外圆 $\phi46mm$，车平另一端面，保证总长 80mm，粗、精车外圆 $\phi56_{-0.1}^{0}mm$ 至要求尺寸。

4）倒角 $C1$。

5）车宽 5mm、深 8mm 的平面槽，并控制外圈 $\phi46mm$、内圈 $\phi36mm$ 至要求尺寸。

6）检查质量合格后取下工件。

2.2.4　切断

1. 工件的切断（表 2-11）

表 2-11　工件的切断

内容		图例	说　明
切断方法	直进法		直进法是指垂直于工件轴线方向进给切断工件。直进法切断的效率高，但对车床、切断刀的刃磨和装夹都有较高的要求。否则容易造成切断刀折断
	左右借刀法		左右借刀法是指切断刀在工件轴线方向往返移动，同时两侧径向进给，直至工件被切断。左右借刀法常用在切削系统（刀具、工件、车床）刚度不足的情况下，用来对工件进行切断
	反切法		反切法是指车床主轴和工件反转，车刀向装夹进行切削。反切法适用于较大直径工件的切断

2. 切断技能训练一（图 2-22）

加工步骤如下：

1）夹住外圆 $\phi56_{-0.1}^{0}mm$，切断，保证尺寸 25mm。

2）调头，夹住外圆 $\phi46_{-0.1}^{0}mm$，切断，保证尺寸 15mm。

3. 切断技能训练二（图 2-23）

加工步骤如下：

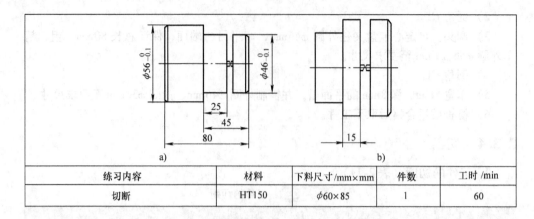

练习内容	材料	下料尺寸/mm×mm	件数	工时/min
切断	HT150	$\phi60\times85$	1	60

图 2-22 切断 1

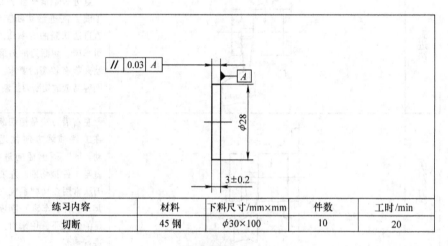

练习内容	材料	下料尺寸/mm×mm	件数	工时/min
切断	45钢	$\phi30\times100$	10	20

图 2-23 切断 2

1）夹住外圆 $\phi30$mm，车外圆至 $\phi28$mm。

2）切割薄片，厚（3±0.2）mm，共 10 件。

4. 容易产生的问题和注意事项

（1）容易产生的问题及原因（表2-12）

表 2-12 **容易产生的问题及原因**

容易产生的问题	产生问题的原因
平面凹凸不平	1. 切断刀两侧的刀尖刃磨或磨损不一致 2. 窄切断刀的主切削刃与轴线不平行，且有较大夹角，而左侧刀尖又有磨损现象（图2-24） 3. 车床主轴有轴向窜动 4. 切断刀安装歪斜或副切削刃没有磨直

（续）

容易产生的问题	产生问题的原因
切断时产生振动	1. 主轴与轴承之间间隙太大 2. 切断时转速过高，进给量过小 3. 切断的棒料太长，在离心力的作用下产生振动 4. 切断刀远离工件支撑点或切断力伸出过长 5. 工件细长，切断切削刃口太宽
切断刀折断	1. 工件装夹不牢靠，切割点远离卡盘，在切削力作用下，工件被抬起 2. 切断时排屑不畅，切屑堵塞 3. 切断刀的副偏角、副后角磨得太大，削弱了切削部分的强度 4. 切断刀装夹与工件轴线不垂直，主切削刃与工件回转中心不等高 5. 切断刀前角和进给量过大 6. 床鞍、中滑板、小滑板松动，切削时产生"扎刀"

（2）注意事项

1）用一夹一顶方法装夹工件进行切断时，在工件即将切断前，应卸下工件后再敲断。不允许用两顶尖装夹工件进行切断，以防切断瞬间工件飞出伤人，酿成事故。

2）用高速钢切断刀切断工件时，应浇注切削液；用硬质合金刀切断时，中途不准停机，以免切削刃碎裂。

2.3　车简单轴类工件综合技能训练

技能训练一　在两顶尖间装夹车台阶轴

（1）台阶轴图样（图2-25）

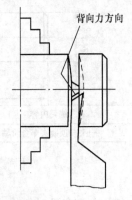

图 2-24　窄切断刀的主切削刃与轴线不平行

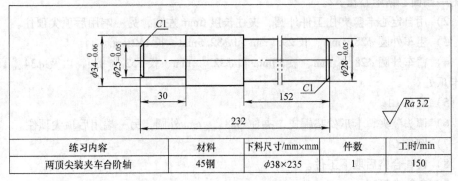

练习内容	材料	下料尺寸/mm×mm	件数	工时/min
两顶尖装夹车台阶轴	45钢	$\phi38\times235$	1	150

图 2-25　两顶尖装夹车台阶轴综合练习

（2）加工步骤

1）用自定心卡盘夹住工件外圆，伸出长度约 20mm，车端面、钻中心孔 A2，调头车另一端面、钻中心孔 A2。

2）在两顶尖间装夹工件。

3）用刻线法在工件台阶位置处刻痕。

4）粗车外圆至 $\phi28.5$mm，长 151.5mm（按刻痕留 0.5mm 精车余量）。

5）调头装夹，粗车外圆至 $\phi25.5$mm，长 29.5mm。

6）精车外圆至 $\phi25_{-0.05}^{0}$mm，长 30mm；倒角 C1。

7）调头装夹，精车外圆至 $\phi28_{-0.05}^{0}$mm，长 152mm，倒角 C1。

技能训练二　用一夹一顶装夹车台阶轴

1. 综合练习一

（1）台阶轴图样（图 2-26）

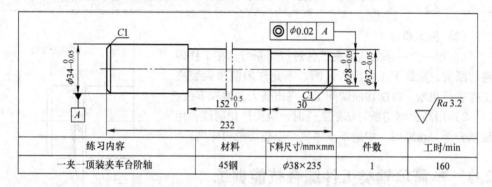

练习内容	材料	下料尺寸/mm×mm	件数	工时/min
一夹一顶装夹车台阶轴	45钢	$\phi38 \times 235$	1	160

图 2-26　一夹一顶装夹车台阶轴综合练习一

（2）加工步骤

1）用自定心卡盘夹住工件外圆，伸出长度约 20mm，车端面、钻中心孔 A2，调头车另一端面、钻中心孔 A2。

2）用自定心卡盘夹住工件外圆，夹住长度 6mm 左右，另一端用后顶尖顶住。

3）粗车外圆 $\phi28.5$mm、长 29.7mm 和 $\phi32.5$mm、长 152mm。

4）精车外圆 $\phi28_{-0.05}^{0}$mm、长 30mm 和 $\phi32_{-0.05}^{0}$mm、长 $152_{0}^{+0.5}$mm，以及 $\phi34_{-0.05}^{0}$mm 至卡爪处。

5）倒角 C1。

6）调头装夹，卡爪处垫铜皮，夹住 $\phi28_{-0.05}^{0}$mm 外圆，另一端用后顶尖顶住。

7）倒角 C1。

8）检查合格后取下工件。

2. 综合练习二

（1）台阶轴图样（图 2-27）

（2）工艺分析　该零件形状较简单，结构尺寸变化不大，为一般用途的轴。零件

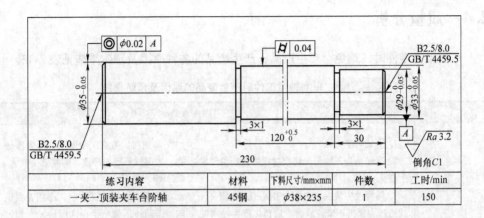

练习内容	材料	下料尺寸/mm×mm	件数	工时/min
一夹一顶装夹车台阶轴	45钢	$\phi38\times235$	1	150

图 2-27 一夹一顶装夹车台阶轴综合练习二

有 3 个台阶面、2 个直槽，左、右两台阶同轴度公差为 $\phi0.02\text{mm}$，中段台阶轴颈圆柱度公差为 0.04mm，且只允许左大右小，零件精度要求较高。

因此，加工时应分粗、精加工两个阶段。粗加工时采用一夹一顶装夹方法，精加工时采取两顶尖支撑装夹方法，车槽安排在精车后进行。为保证工件圆柱度要求，粗加工阶段应找正好车床的锥度。

（3）加工步骤

1）检查坯料，使毛坯伸出自定心卡盘长度约 40mm，找正后夹紧。

2）车端面，钻中心孔 B2.5/8.0；粗车外圆 $\phi35\text{mm}\times25\text{mm}$。

3）调头夹持工件 $\phi35\text{mm}$ 外圆处，找正后夹紧。车端面保证总长 230mm，钻中心孔 B2.5/8.0。

4）用后顶尖顶住工件，粗车整段外圆（夹紧处 $\phi35\text{mm}$ 除外）至 $\phi36\text{mm}$。

5）调头一夹（夹持 $\phi36\text{mm}$ 外圆）一顶装夹工件，粗车右端两处外圆：

① 车图样中 $\phi29_{-0.05}^{\ 0}\text{mm}$ 的一段外圆至 $\phi29.8\text{mm}$，长 29.5mm。

② 车图样中 $\phi33_{-0.05}^{\ 0}\text{mm}$ 的一段外圆至 $\phi35\text{mm}$，长 119.5mm，检查并校正锥度后，再将外圆车至 $\phi33.8\text{mm}$。

6）修研两端中心孔。

7）工件调头，用两顶尖支撑装夹。精车左端外圆至 $\phi35_{-0.05}^{\ 0}\text{mm}$，倒角 $C1$。

8）工件调头，用两顶尖支撑装夹。精车右端两处外圆。

① 车外圆至 $\phi29_{-0.05}^{\ 0}\text{mm}$，长 30mm，倒角 $C1$。

② 复检锥度后，车外圆 $\phi33_{-0.05}^{\ 0}\text{mm}$，长 $120_{0}^{+0.5}\text{mm}$。

9）车两处矩形沟槽 3mm×1mm 至要求尺寸。

10）检查两端外圆同轴度、中段台阶外圆圆柱度及各处尺寸符合图样要求后，卸下工件。

2.4 质量分析

车削轴类零件时，难免会产生废品，产生废品的各种原因及预防措施见表2-13。

表2-13 车削轴类工件时产生废品的原因及预防措施

废品种类	产生原因	预防措施
圆度超差	1. 主轴间隙太大 2. 毛坯余量不均匀，切削过程中切削深度发生变化 3. 用两顶尖装夹工件时，中心孔接触不良，或后顶尖顶得不紧，或前、后顶尖产生径向圆跳动	1. 车削前，检查主轴间隙，并调整适当。如因轴承磨损严重，则需要换轴承 2. 粗、精车 3. 用两顶尖装夹工件时，必须松紧适当。若回转顶尖产生径向圆跳动，须及时修理或更换
圆柱度超差	1. 用一夹一顶或两顶尖装夹工件时，后顶尖轴线与主轴轴线不同轴 2. 用卡盘装夹工件纵向进给车削时，产生锥度是由于车床床身导轨与主轴轴线不平行 3. 用小滑板车外圆时，圆柱度超差是由于小滑板的位置不正，即小滑板刻线与中滑板的刻线没有对准"0"线 4. 装夹时悬伸较长，车削时因切削力影响使工件"让刀"，造成圆柱度超差 5. 车刀中途逐渐磨损	1. 车削前，找正后顶尖，使之与主轴轴线同轴 2. 调整车床主轴与床身导轨的平行度 3. 必须先检查小滑板的刻线是否与中滑板刻线的"0"线对准 4. 尽量减少工件的伸出长度或另一端用顶尖支撑，增加装夹刚性 5. 选择合适的刀具材料，或适当降低切削速度
尺寸精度达不到要求	1. 看错图样或刻度盘使用不当 2. 没有进行试切削 3. 由于切削热的影响，使工件尺寸发生变化 4. 测量不正确或量具有误差 5. 尺寸计算错误，槽深度不正确 6. 未及时关闭自动进给，使车刀进给长度超过台阶长度	1. 认真看清图样尺寸要求，正确使用刻度盘，看清刻度值 2. 根据加工余量算出切削深度，进行试切削，然后修正切削深度 3. 不能在工件温度较高时测量，如测量则应掌握工件的收缩情况，或浇注切削液，降低工件温度 4. 正确使用量具，使用量具前，必须检查和找正零位 5. 仔细计算工件的各部分尺寸，对留有磨削余量的工件，车槽时应考虑磨削余量 6. 注意及时关闭自动进给或提前关闭自动进给，用手动进给车到长度尺寸

（续）

废品种类	产生原因	预防措施
表面粗糙度达不到要求	1. 车床刚度不足，如滑板镶条太松，传动零件（如带轮）不平衡或主轴太松引起振动 2. 车刀刚度不足或伸出太长而引起振动 3. 工件刚度不足引起振动 4. 车刀几何参数不合理，如选用过小的前角、后角和主偏角 5. 切削用量选用不当	1. 消除或防止由于车床刚度不足而引起的振动（如调整车床各部件的间隙） 2. 增加车刀刚度和正确装夹车刀 3. 增加工件的装夹刚度 4. 合理选择车刀角度（如适当增大前角，选择合理的后角和主偏角） 5. 进给量不宜太大，精车余量和切削速度应恰当选择

☆考核重点解析

　　轴类工件的加工在初、中级理论考核中约占20%，技能考核中约占30%，由此可见，本章是考核重点，需要考生熟练掌握端面、外圆、台阶轴、沟槽以及切断等加工方法，掌握90°、75°、45°外圆车刀刃磨及其应用，掌握切断刀和各类车槽刀的刃磨及其应用。

复习思考题

　　1. 车端面时，可以选用哪几种车刀？分析各种车刀车端面时的优缺点，各适用于什么情况？

　　2. 车端面时的切削深度和切削速度与车外圆时有什么不同？

　　3. 低台阶和高台阶的车削方法有什么不同？控制台阶长度有哪些方法？

　　4. 粗车刀和精车刀分别有哪些要求？

　　5. 车轴类工件时，一般有哪几种装夹方法？各有什么特点？

　　6. 钻中心孔时，怎样防止中心钻折断？

　　7. 前、后顶尖的工作条件有何不同？怎样正确选择前、后顶尖？

　　8. 切断实心或空心工件时，切断刀的刀头长度怎样计算？

　　9. 车槽刀与切断刀有什么区别？

　　10. 反切断法有什么好处？使用时应注意什么？

　　11. 怎样防止切断刀折断？

　　12. 测量轴类工件的量具有哪几种？如何正确测量？

第3章 套类工件的车削

◎理论知识要求

1. 麻花钻头几何形状的刃磨方法。
2. 内孔刀的型式、用途、装夹及刃磨知识。
3. 钻孔、扩孔、铰孔加工及铰刀选用方法。
4. 内沟槽种类及内沟槽车刀刃磨知识。
5. 台阶孔、平底不通孔的加工技术。
6. 直径套类零件的装夹和车削方法。

◎操作技能要求

1. 能对麻花钻、内孔刀进行刃磨。
2. 能在车床上进行钻孔、扩孔、铰孔。
3. 能对台阶孔、平底不通孔的直径与深度进行加工和测量。
4. 能车削直孔套类、轮类、盘类零件，并达到加工要求。

很多机器零件如齿轮、轴套、带轮等，不仅有外圆柱面，而且有内圆柱面。一般情况下，通常采用钻孔、扩孔、车孔和铰孔等方法来加工内圆柱面。

3.1 钻孔和扩孔

3.1.1 钻孔

用钻头在实体材料上加工孔的方法称为钻孔。钻孔属于粗加工，其公差等级一般可达 IT12～IT11，表面粗糙度值 $Ra25～12.5\mu m$。钻孔所用的刃具称钻头，按其结构和用途，可分为麻花钻、中心钻、锪孔钻、深孔钻等，其中麻花钻使用得最为广泛。

1. 麻花钻

麻花钻是一种形状较复杂的双刃钻孔或扩孔的标准刀具。一般用于孔的粗加工（IT11 以下精度及表面粗糙度值 $Ra25～6.3\mu m$），也可用于加工攻丝、铰孔、拉孔、镗孔、磨孔的预制孔。

（1）麻花钻的结构 麻花钻由柄部、颈部和工作部分组成，如图 3-1 所示。柄部是麻花钻上的夹持部分，切削时用来传递转矩，柄部有锥柄（莫氏锥度）和直柄两种。颈部是工作部分和尾部间的过渡部分，供磨削时砂轮退刀和打印标记用；直柄钻头没有颈部。工作部分是钻头的主要部分，前端为切削部分，承担主要的切削工作；后端为导向部分，起引导钻头的作用，也是切削部分的后备部分。

（2）麻花钻切削部分名称 图 3-2 所示为麻花钻切削部分的名称。麻花钻的切削

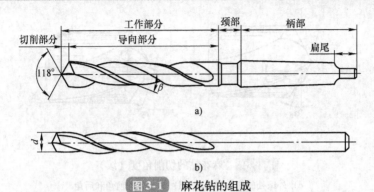

图 3-1　麻花钻的组成

a）锥柄麻花钻　b）直柄麻花钻

部分有两个主切削刃、两个副切削刃和一个横刃。两个螺旋槽是切屑流经的表面，为前刀面；与工件过渡表面（即孔底）相对的端部两曲面为主后刀面；与工件已加工表面（即孔壁）相对的两条刃带为副后刀面。前刀面与主后刀面的交线为主切削刃，前刀面与副后刀面的交线为副切削刃，两个主后刀面的交线为横刃。麻花钻的导向部分特地制出了两条略似倒锥形的刃带，即棱边，它减少了钻削时麻花钻与孔壁之间的摩擦。

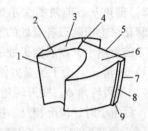

图 3-2　麻花钻切削部分的名称

1—前刀面　2、5—主切削刃

3、6—主后刀面　4—横刃

7—副切削刃　8—副后刀面　9—棱边

（3）麻花钻的主要角度

1）顶角 $2\kappa_r$。一般麻花钻的顶角为 $2\kappa_r = 100° \sim 140°$，标准麻花钻的顶角为 $2\kappa_r = 118°$（图 3-3a）。

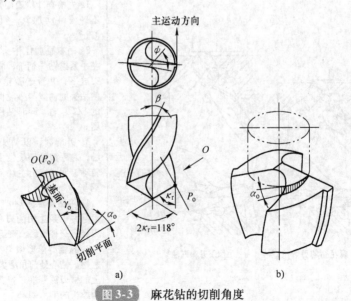

图 3-3　麻花钻的切削角度

a）麻花钻的角度　b）麻花钻后角的测量

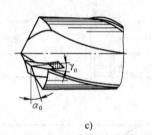 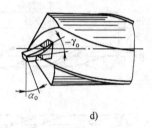

c)   d)

图 3-3   麻花钻的切削角度（续）

c）外缘处的前角和后角   d）钻心处的前角和后角

2）前角 γ_o。前角的大小影响切屑的形状和主切削刃的强度，决定切削的难易程度。麻花钻主切削刃各点处的前角大小不同，钻头外缘处的前角最大，约为30°，越接近中心前角越小，靠近横刃处的前角约为 -30°（图3-3a、c）。

3）后角 α_o。为了测量方便，后角在圆柱面内测量（图3-3a、b、c）。

4）横刃转角 ψ。横刃转角的大小由后角决定，后角大时，横刃转角就减小，横刃变长；后角小时，情况相反。横刃转角一般为55°（图3-3a）。

（4）麻花钻的刃磨   刃磨麻花钻如同刃磨车刀一样，也是车工必须熟练掌握的一项基本技能，麻花钻一般只刃磨两个主后面，并同时磨出顶角、后角及横刃转角，刃磨技术要求较高。麻花钻的刃磨方法见表3-1。

表 3-1   麻花钻的刃磨方法及角度检查

内容	图 例	说 明
麻花钻的刃磨方法	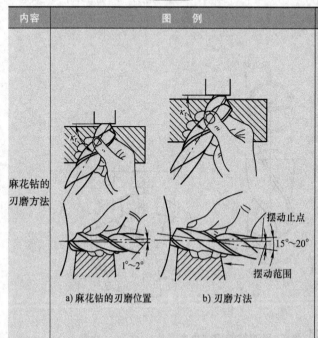 a）麻花钻的刃磨位置 b）刃磨方法	1. 先检查砂轮表面是否平整，如有不平或跳动现象，须先对砂轮进行修正 2. 用右手握住钻头前端作为支点，左手紧握钻头柄部；将钻头的主切削刃放平，并置于砂轮中心平面以上，使钻头的轴线与砂轮圆周素线成顶角的1/2左右，同时钻尾向下倾斜（左图a、b） 3. 刃磨时，以钻头前端支点为圆心，左手捏钻柄缓慢上下摆动并略作转动，同时磨出主切削刃和后面（左图b） 4. 将钻头转过180°，用相同的方法刃磨另一条主切削刃和后面。两切削刃经常交替刃磨，直至达到要求为止 5. 按需要修磨横刃，也就是将横刃磨短，钻心处前角大。通常5mm以上的横刃需修磨，修磨后的横刃长度为原长的1/5～1/3

（续）

内容	图　例	说　明
麻花钻的角度检查　目测法	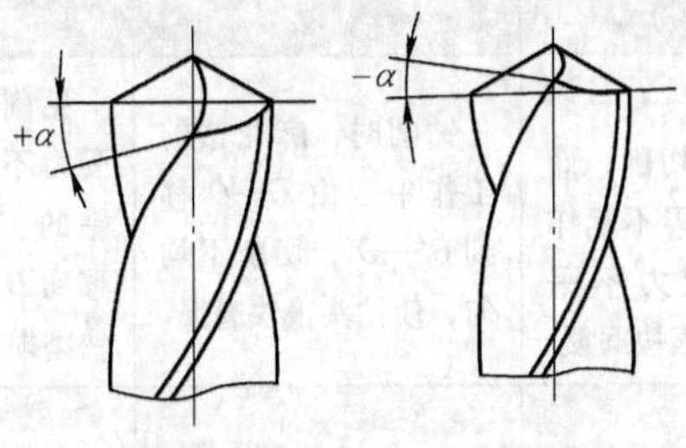 a) 正确　　　b) 错误	麻花钻刃磨好后，通常采用目测法检查，方法是将钻头垂直竖立在与眼等高的位置，在明亮的背景下用肉眼观察两刃的长短、高低及后角等。由于视差的原因，往往会感到左刃高、右刃低，此时则应将钻头转过180°再观察，是否仍是左刃高、右刃低，经反复观察对比，直至觉得两刃基本对称时方可使用。使用时如发现仍有偏差，则需再次修磨
角度尺检查法	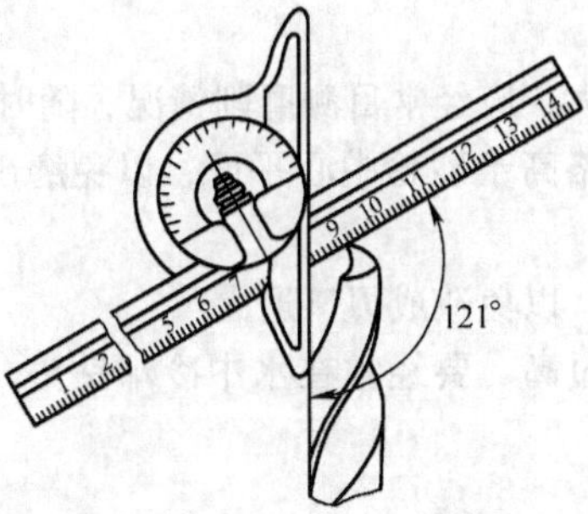 121°	将角度尺的一边贴靠在麻花钻的棱边上，另一边搁在麻花钻的刃口上，测量其刃长和角度，然后将麻花钻转过180°，用同样的方法检查另一主切削刃

　　麻花钻的刃磨质量直接关系到钻孔的尺寸精度、表面粗糙度值和钻削效率。麻花钻的刃磨情况对加工质量的影响见表 3-2。

表 3-2　麻花钻的刃磨情况对加工质量的影响

刃磨情况	麻花钻刃磨正确	麻花钻刃磨的不正确		
		顶角不对称	切削刃长度不等	顶角不对称且切削刃长度不等
图示	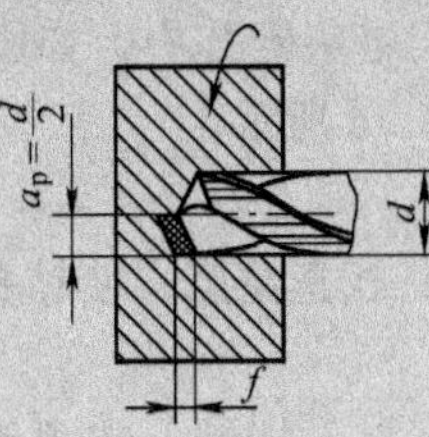 $a_p = \dfrac{d}{2}$　d　f	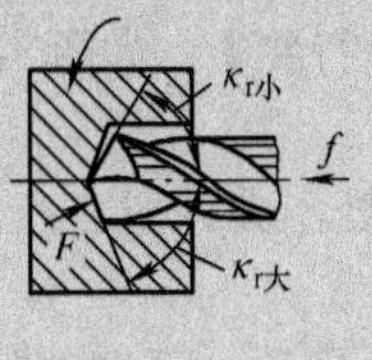 $\kappa_{r小}$　f　F　$\kappa_{r大}$	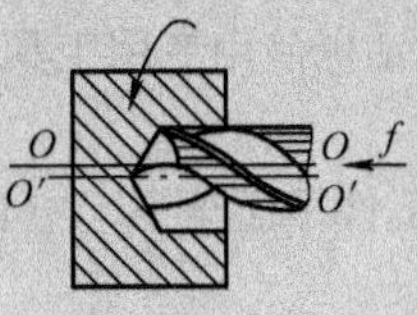 O　O'　f　O'	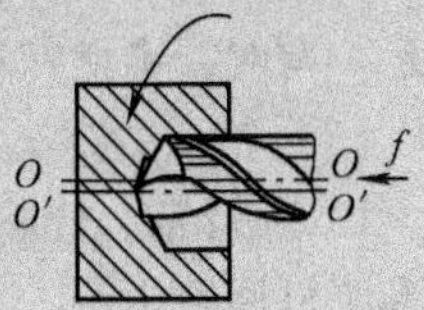 O　O'　f　O'

（续）

刃磨情况	麻花钻刃磨正确	麻花钻刃磨的不正确		
		顶角不对称	切削刃长度不等	顶角不对称且切削刃长度不等
钻削情况	钻削时，两条主切削刃同时切削，两边受力平衡，使钻头磨损均匀	钻削时，只有一条主切削刃在切削，而另一条切削刃不起作用，两边受力不平衡，使钻头很快磨损	钻削时，麻花钻的工作中心由 $O—O$ 移到 $O'—O'$，切削不均匀，使钻头很快磨损	钻削时，两条切削刃受力不平衡，而且麻花钻的工作中心由 $O—O$ 移到 $O'—O'$，使钻头很快磨损
对钻孔质量的影响	钻出的孔不会扩大、倾斜和产生台阶	使钻出的孔扩大和倾斜	使钻出的孔径扩大	钻出的孔不仅孔径扩大，而且还会产生台阶

刃磨时的注意事项：

1）刃磨时，用力要均匀，不能过大，应经常目测磨削情况，随时修正。

2）刃磨时，钻头切削刃的位置应略高于砂轮中心平面，以免磨出负后角，致使钻头无法切削。

3）刃磨时，不要由刃背磨向刃口，以免造成刃口退火。

4）刃磨时，应注意磨削温度不应过高，要经常在水中冷却钻头，以防因退火而降低硬度，影响正常钻削。

2. 钻孔

（1）麻花钻的选用

1）直径的选择。对于精度要求不高的内孔，可用麻花钻直接钻出；对于精度要求较高的内孔，钻孔后还要再经过车孔或扩孔、绞孔等加工才能完成，在选用麻花钻直径时，应根据后继工序的要求，留出加工余量。

2）长度的选择。选用麻花钻的长度时，一般应使导向部分略长于孔深。麻花钻过长则刚度低；麻花钻过短则排屑困难，也不宜钻通孔。

（2）麻花钻的装夹

1）直柄麻花钻用钻夹头装夹，再将钻夹头的锥柄插入尾座的锥孔中，如图 3-4a 所示。

2）锥柄麻花钻可直接或用莫氏过渡锥套（变径套）插入尾座锥孔中，如图 3-4b 所示。有时，锥柄麻花钻也使用专用工具进行装夹，如图 3-4c、d 所示。

（3）钻孔的方法

1）钻孔前，先将工件平面车平，中心处不允许留有凸台；找正尾座，使钻头中心对准工件回转中心。

2）用细长麻花钻钻孔时，为防止钻头晃动，可在刀架上夹一挡铁，支顶钻头头部、帮助钻头定心，如图 3-5 所示。

3）小直径麻花钻钻孔时，钻前先在工件端面上钻出中心孔，再进行钻孔。

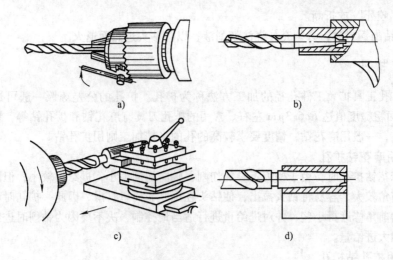

a) b)

c) d)

图 3-4 麻花钻的装夹

a）直柄麻花钻的装夹 b）锥柄麻花钻的装夹

c）、d）锥柄麻花钻用专用工具装夹

4）在实体材料上钻孔时，孔径不大时可以用钻头一次钻出，若孔径较大（超过30mm），应分两次钻出。

5）钻孔后需铰孔的工件，由于所留铰削余量较少，因此钻孔时当钻头钻进工件1~2mm后，应将钻头退出，停机检查孔径，防止因孔径扩大没有铰削余量而报废。

6）钻不通孔与钻通孔的方法基本相同，只是钻不通孔时需要控制孔的深度。常用的控制方法是：钻削开始时，摇动尾座手轮，当麻花钻切削部分（钻尖）切入工件端面时，用钢直尺测量尾座套筒的伸出长度，钻孔时用套筒伸出的长度加上孔深来控制尾座套筒的伸出量，如图3-6所示。

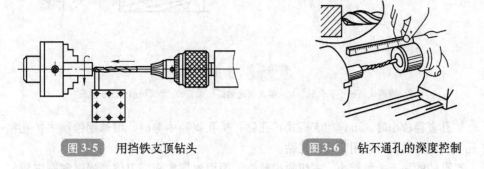

图 3-5 用挡铁支顶钻头   **图 3-6 钻不通孔的深度控制**

（4）注意事项

1）起钻时进给量要小，待钻头切削部分全部进入工件后才可正常钻削。

2）在即将把工件钻穿时，进给量要小，以防钻头折断。

3）钻小孔或钻较深的孔时，必须经常退出钻头清除切屑，防止因切屑堵塞而致使钻头被"咬死"或折断。

4）钻削钢料时，必须充分浇注切削液，以防钻头过热而退火。

3.1.2 扩孔

用扩孔工具扩大工件孔径的加工方法称为扩孔。扩孔的公差等级一般可达 IT10 ~ IT9，表面粗糙度值达 $Ra6.3\mu m$ 左右。常用的扩孔刀具有麻花钻和扩孔钻等，精度要求较低的孔，一般用麻花钻，精度要求较高的孔的半精加工则用扩孔钻。

1. 用麻花钻扩孔

用麻花钻扩孔时，由于横刃不参加切削，轴向切削力小，进给力较小；但因钻头外缘处的前角较大，容易将钻头拉出，使钻头在尾座套筒里打滑，因此，扩孔时应将钻头外缘处的前角修磨得小些，并对进给量进行适当地控制，决不要因为钻削时进给力小而盲目地加大进给量。

2. 用扩孔钻扩孔

标准扩孔钻一般有 3 ~ 4 条主切削刃，切削部分的材料为高速钢或硬质合金，结构形式有直柄式、锥柄式和套式等。图 3-7a、b、c 所示分别为锥柄式高速钢扩孔钻、套式高速钢扩孔钻和套式硬质合金扩孔钻。在小批量生产时，常用麻花钻改制。

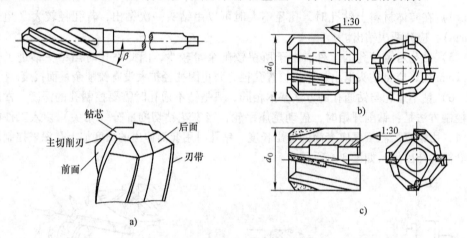

图 3-7 扩孔钻

a）锥柄式高速钢扩孔钻 b）套式高速钢扩孔钻 c）套式硬质合金扩孔钻

扩孔直径较小时，可选用直柄式扩孔钻；扩孔直径中等时，可选用锥柄式扩孔钻；扩孔直径较大时，可选用套式扩孔钻。

扩孔钻的加工余量较小，主切削刃较短，因而容屑槽浅、刀体的强度和刚度较好。它无麻花钻的横刃，加之刀齿多，所以导向性好，切削平稳，加工质量和生产率都比麻花钻高。

扩孔直径在 20 ~ 60mm 之间时，且机床刚性好、功率大，可选用图 3-8 所示的可转位扩孔钻。这种扩孔钻的两个可转位刀片的外刃位于同一个外圆直径上，并且刀片径向可作微量（±0.1mm）调整，以控制扩孔直径。

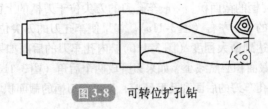

图 3-8　可转位扩孔钻

3.2　车孔

用车削方法扩大工件的孔或加工空心工件的内表面称为车孔。车孔是车削加工的主要内容之一，可用作孔的半精加工。车孔的加工公差等级一般可达 IT8～IT7，表面粗糙度值为 $Ra3.2～1.6\mu m$，精细车削时表面粗糙度值可达 $Ra0.8\mu m$。

3.2.1　车孔刀

1. 车孔刀的种类

根据不同的加工情况，内孔刀可分为通孔车刀和不通孔车刀两种。

（1）通孔车刀　通孔车刀切削部分的几何形状基本上与外圆车刀相似，如图 3-9 所示。为减小背向力，防止车孔时振动，主偏角应取得大些，一般 $\kappa_r=60°～75°$；副偏角 $\kappa_r'=15°～30°$。为防止车孔刀后面和孔壁的摩擦又不使后角磨得太大，一般磨成两个后角，如图 3-9 中的旋转剖视，其中 α_{o1} 取 6°～12°，α_{o2} 取 30°左右。

（2）不通孔车刀　不通孔车刀用于车削不通孔或台阶孔，其切削部分的几何形状基本上与偏刀相似，如图 3-10 所示。不通孔车刀的主偏角大于 90°，一般 $\kappa_r=92°～95°$。后角要求与通孔车刀相同。不通孔车刀刀尖到刀柄外侧的距离 a 应小于孔的半径 R，否则无法车平底孔的底面。

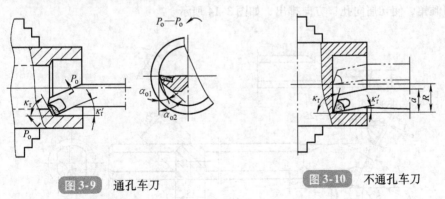

图 3-9　通孔车刀　　　　图 3-10　不通孔车刀

2. 车孔的关键技术

车孔的关键技术是解决车孔刀的刚度和排屑问题。

（1）增加车孔刀的刚性

1）尽可能增加刀柄的截面积。一般车孔刀的刀尖位于刀柄的上面，刀柄的截面积较小，仅有刀孔截面积的1/4左右（图3-11a）。如果使车孔刀的刀尖位于刀柄的中心线上，这样刀柄的截面积可达到最大程度（图3-11b）。内孔车刀的后面如果刃磨成一个大后角（图3-11c），刀柄的截面积必然减小。如果刃磨成两个后角（图3-11d），或将后面磨成圆弧状，则既可防止内孔车刀的后面和孔壁摩擦，又可使刀柄的截面积增大。

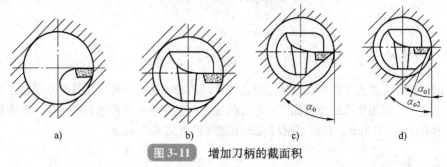

图 3-11　增加刀柄的截面积

a）刀尖位于刀柄的上面　b）刀尖位于刀柄的中心　c）一个大后角　d）两个后角

2）减小刀柄的伸出长度。刀柄伸出越长，车孔刀刚度越低，容易引起振动。刀柄伸出长度只要略大于孔深即可。图3-12所示为一种刀柄长度可调节的车孔刀。

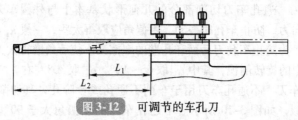

图 3-12　可调节的车孔刀

（2）控制切屑流向　解决排屑问题主要是控制流出方向。精车孔时要求切屑流向待加工表面（前排屑），为此，采用正刃倾角的车孔刀（图3-13）。车削不通孔时采用负的刃倾角，使切屑向孔口方向排出，如图3-14所示。

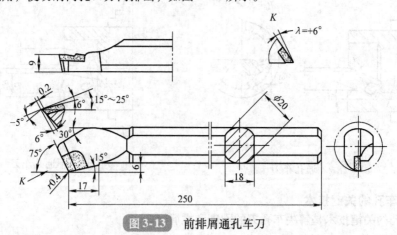

图 3-13　前排屑通孔车刀

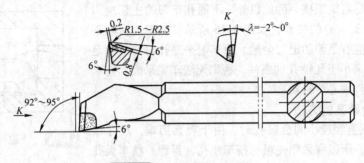

图 3-14　后排屑不通孔车刀

3.2.2　车通孔

1. 通孔车刀的安装要求

1）通孔车刀的刀尖应与工件中心等高或稍高。若刀尖低于工件中心，切削时在背向力的作用下，容易将刀柄压低而产生扎刀现象，并可造成孔径扩大。

2）刀柄伸出刀架不宜过长，一般比被加工孔长 5～10mm。如果刀柄需伸出较长，可在刀柄下面垫一块垫铁支承刀柄（图 3-15）。

3）通孔车刀刀柄与工件轴线应基本平行，否则在车削到一定深度时刀柄后半部容易碰到工件的孔口。

4）通孔车刀的装夹正确与否，直接影响到车削情况及孔的精度，通孔车刀装夹好后，在车孔前先在孔内试切一遍，检查有无碰撞现象，以确保安全。

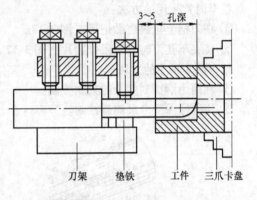

图 3-15　垫一块垫铁支承刀柄

2. 车通孔的方法

1）直通孔的车削基本上与车外圆相同，只是进刀与退刀的方向相反。

2）在粗车或精车时也要进行试切削，其横向进给量为径向余量的 1/2。当车刀纵向进给切削 2mm 长时，纵向快速退出车刀（横向应保持不动），然后停机测试，如果尺寸未满足要求，则需微调横向进给，再试切削、测试，直至符合孔径尺寸要求为止。

3）车孔时的切削用量应比车外圆时小一些，尤其是车小孔或深孔时，其切削用量应更小。

3.2.3　车台阶孔和不通孔

1. 不通孔车刀的装夹

与车通孔时一样，装夹不通孔车刀时应使刀尖与工件中心等高或稍高，刀柄伸出刀架的长度应尽可能短些。除此以外，不通孔车刀的主切削刃应与平面成 3°～5° 的夹角，如图 3-16 所示。在车内台阶平面时，横向应有足够的退刀余地。而车削平底孔时必须满足横向移动距离小于孔径 R 的条件，否则无法车完平面，要求刀尖应与工件中心严格对准。

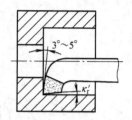

图 3-16　不通孔车刀的装夹

2. 车台阶孔的方法

1）车削直径较小的台阶孔时，由于观察困难，尺寸精度不宜控制，所以常采用先粗、精车小孔，再粗、精车大孔的顺序进行加工。

2）车大的台阶孔时，在便于测量小孔尺寸且视线又不受影响的情况下，一般先粗车，然后再进行精车。

3）车大、小孔径相差较大的台阶孔时，最好先使用主偏角略小于 90°（一般 $\kappa_r = 85°～88°$）的车刀进行粗车，然后用不通孔车刀精车至要求尺寸。如果直接用不通孔车刀车削，切削深度不可太大，否则刀尖容易损坏。

4）车孔深度的控制。

粗车时常采用的方法：

① 在刀柄上刻线痕做记号（图 3-17a）。

② 装夹车孔刀时安装限位铜片（图 3-17b）。

精车时常采用的方法：

① 利用小滑板刻度盘的刻线控制。

② 用游标深度卡尺测量控制。

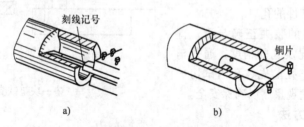

图 3-17　车孔深度的控制

a）刀柄上刻线控制孔深　b）限位铜片控制孔深

3. 车不通孔的（平底孔）方法

1）车端面、钻中心孔。

2）钻底孔。选择比孔径小 1.5～2mm 的钻头先钻出底孔，其钻孔深度从麻花钻顶尖处起，并在麻花钻上刻线痕做记号。然后用相同直径的平头钻将底孔扩成平底，底平面处留余量 0.5～1mm（图 3-18）。

3）粗车孔和底平面，留精车余量 0.2～0.3mm。

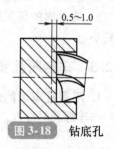

图 3-18　钻底孔

4）精车孔和底平面至要求尺寸。

车削平底孔时，车孔刀刀尖应对准工件中心，用中滑板刻度盘控制背吃刀量，用床鞍手轮刻度盘控制孔深。

用自动进给车削平底孔时，要防止车孔刀与孔底面碰撞，在车孔刀刀尖接近孔底面时，必须改机动进给为手动进给。

4. 平头钻的刃磨

1）刃磨平头钻时，应使两切削刃平直，横刃要短，后角不宜过大，外缘处前角要修磨得小些（图3-19a），否则容易引起扎刀现象，还会使孔底产生波浪形，甚至使钻头折断。

2）加工不通孔的平头钻，最好采用凸形钻心（图3-19b），以获得良好的定心效果。

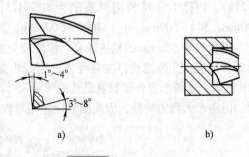

图 3-19　平头钻的刃磨
a）平头钻　b）凸形钻心平头钻

3.2.4　孔的测量

1. 孔径尺寸的测量

测量孔径尺寸时，应根据工件的尺寸、数量及精度要求，采用相应的量具进行测量。如果孔的精度要求较低，可采用钢直尺、游标卡尺测量；当孔的精度要求较高时，可采用下列方法测量。

（1）用塞规检测　塞规的形状如图3-20a所示，塞规通端的公称尺寸等于孔的下极限尺寸（L_{min}），止端的公称尺寸等于孔的上极限尺寸（L_{max}）。塞规通端的长度比止端的长度长，一方面便于修磨通端以延长塞规使用寿命，另一方面则便于区分通端和止端。

用塞规检验孔径时，若通端进入工件的孔内（图3-20b），而止端不能进入工件的孔内（图3-20c），则说明工件孔径合格。

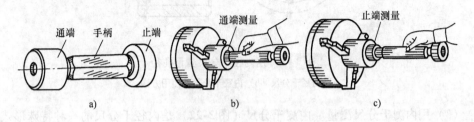

图 3-20　用塞规检测孔径
a）塞规　b）通端检测　c）止端检测

测量不通孔时，为了排除孔内的空气，常在塞规的外圆上开有通气槽或在轴心处轴向钻出通气孔。

用塞规检测孔径时，应保持塞规表面和孔壁清洁。检测时，塞规轴线应与孔轴线一致，不可歪斜。不允许将塞规强行塞入孔内，不准敲击塞规。

不要在工件还未冷却到室温时用塞规检测。塞规是精密的界限量规，只能用来判断别孔径是否合格，不能测量出孔的实际尺寸。

（2）用内径千分尺测量 内径千分尺由测微头和各种规格尺寸的接长杆组成（图3-21a）。内径千分尺的测量范围为 50～125mm、125～200mm、200～325mm、325～500mm、500～800mm、…、4000～5000mm。其分度值为 0.01mm。

测量大于 ϕ50mm 的精度较高、深度较大的孔径时，可采用内径千分尺。此时，内径千分尺应在孔内摆动，在直径方向应找出最大读数，轴向应找出最小读数，如图 3-21b 所示。这两个重合读数就是孔的实际尺寸。内径千分尺的读数方法与外径千分尺相同，但由于无测力装置，因此测量误差相对较大。

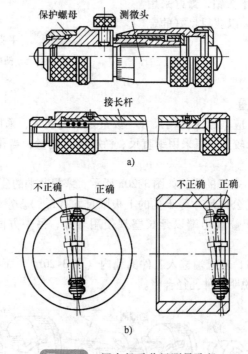

图 3-21 用内径千分尺测量孔径
a) 内径千分尺 b) 内径千分尺的使用方法

（3）用内测千分尺测量 内测千分尺（图3-22）是内径千分尺的一种特殊形式，其刻线方向与外径千分尺相反。内测千分尺的测量范围为 5～30mm 和 25～50mm，其分度值为 0.01mm。

（4）用内径百分表测量 内径百分表结构如图 3-23a 所示。百分表装夹在测架 1 上，活动测头 6 通过摆动块 7、杆 3，将测量值 1:1 传递给百分表。可换测头 5 可根据被测孔径大小进行更换。定心器 4 用于使测头自动位于被测孔的直径位置。

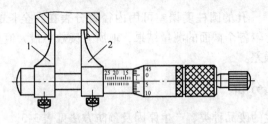

图 3-22　用内测千分尺测量孔径

1—固定量爪　2—活动卡爪

　　内径百分表是利用对比法测量孔径的，测量前应根据被测孔径的大小，用千分尺将内径百分表对准零位。测量时，为得到准确的尺寸，活动测头应在径向方向摆动并找出最大值，在轴向方向摆动找出最小值（两值应重合一致）。这个值即为孔径基本尺寸的偏差值。并由此计算出孔径的实际尺寸（图 3-23b）。

　　内径百分表主要用于测量精度要求较高而且又较深的孔。

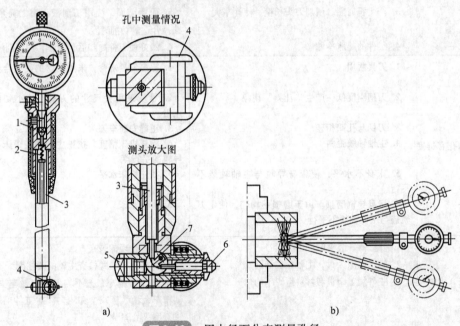

图 3-23　用内径百分表测量孔径

a）内径百分表　b）内径百分表的使用方法

1—测架　2—弹簧　3—杆　4—定心器　5—可换测头　6—可活动测头　7—摆动块

2. 孔形状误差的测量

　　在车床上车削圆柱孔时，其形状精度一般只检测圆度误差和圆柱度误差。

　　（1）圆度误差　孔的圆度误差可用内径百分表（或内径千分尺）检测。测量前应先用环规或千分尺将内径百分表调到零位，测量时将测头放入孔内，在垂直于孔轴线的某一截面内各个方向上测量，读数最大值与最小值之差的 1/2 即该截面的圆度误差。

（2）圆柱度误差　孔的圆柱度误差可用内径百分表在孔全长的前、中、后各位置测量若干个截面，比较各个截面的测量结果，取所有读数中最大值与最小值之差的1/2，即孔全长的圆柱度误差。

3.2.5　车孔废品分析

车孔时可能产生的废品种类、产生原因及预防方法见表3-3。

表3-3　车孔时产生废品的原因及预防方法

废品种类	产生原因	预防方法
尺寸不对	1. 测量不正确 2. 车刀安装不对，刀柄与孔壁相碰 3. 产生积屑瘤，增加刀头长度，使孔车大 4. 工件的热胀冷缩	1. 要仔细测量。用游标卡尺测量时，要调整好卡尺的松紧，控制好摆动位置并进行试测 2. 选择合适的刀柄直径，最好在未开车前，先将车刀在孔内试切一遍，检查是否相碰 3. 研磨前面，使用切削液，增大前角，选择合适的切削速度 4. 最好使工件冷却后再精车，加切削液
内孔有锥度	1. 刀具磨损 2. 刀柄刚度低，产生"让刀"现象 3. 刀柄与孔壁相碰 4. 主轴轴线歪斜 5. 床身不水平，使床身导轨与主轴轴线不平行 6. 床身导轨磨损。由于磨损不均匀，使走刀轨迹与工件轴线不平行	1. 提高刀具寿命，采用耐磨的硬质合金刀具 2. 尽量采用大尺寸的刀柄，减小切削用量 3. 正确安装车刀 4. 检量机床精度，找正主轴轴线跟床身导轨的平行度 5. 找正机床水平 6. 大修车床
内孔不圆	1. 孔壁薄，装夹时产生变形 2. 轴承间隙太大，主轴颈成椭圆 3. 工件加工余量和材料组织不均匀	1. 选择合理的装夹方法 2. 大修机床，并检查主轴的圆柱度 3. 增加半精车，把不均匀的余量车去，使精车余量尽量减少和均匀。对工件毛坯进行回火处理
内孔不光洁	1. 车刀磨损 2. 车刀刃磨不良，表面粗糙度值大 3. 车刀几何角度不合理，装刀低于中心 4. 切削用量选择不当 5. 刀柄细长，产生振动	1. 重新刃磨车刀 2. 保证切削刃锋利，研磨车刀前、后刀面 3. 合理选择刀具角度，装精车刀时可略高于工件中心 4. 合理选择切削用量 5. 适当降低切削速度，减少进给量、加粗刀柄和降低切削速度

3.3　铰孔

铰孔是用铰刀从工件孔壁上切除微量金属层,以提高其尺寸精度和减小其表面粗糙度值的方法。铰孔是应用较普遍的精加工孔的方法之一,其尺寸公差等级可达 IT9 ~ IT7,表面粗糙度值可达 $Ra1.6 \sim 0.4\mu m$。

3.3.1　铰刀

1. 铰刀的组成

铰刀由工作部分、颈部和柄部组成,如图 3-24 所示。铰刀的工作部分由引导锥、切削部分和校准部分组成 (图 3-24a)。引导锥是在铰刀工作部分最前端的 45°倒角处,铰削时便于将铰刀引入孔中,并起保护切削刃的作用。切削部分是承担主要切削工作的一段锥体 (切削锥角为 $2\kappa_r$)。校准部分分圆柱和倒锥两部分,圆柱部分起导向、校准和修光作用,也是铰刀的备磨部分。倒锥部分起减少摩擦和防止铰刀将孔径扩大的作用。颈部在铰刀制造和刃磨时起空刀作用。柄部是铰刀的夹持部分,铰削时用来传递转矩,有直柄和锥柄 (莫氏标准锥度) 两种 (图 3-24a、b)。

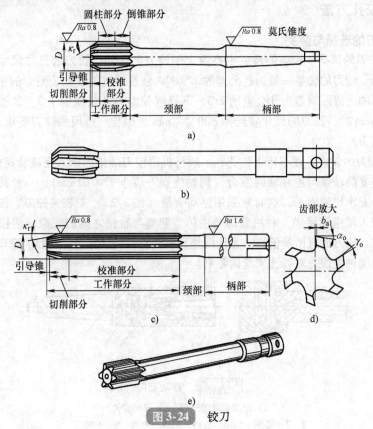

图 3-24　铰刀

a) 机用锥柄铰刀　b) 机用直柄铰刀　c) 手用铰刀　d) 铰刀齿部放大图　e) 机用直柄铰刀外形

2. 铰刀的种类

圆柱铰刀按刀具材料分成高速钢铰刀和硬质合金铰刀；按其使用时动力来源不同又可分成手用铰刀和机用铰刀两大类，如图 3-24 所示。

手用铰刀的切削部分比机动铰刀的切削部分要长，$2\kappa_r$ 很小（一般 $\kappa_r = 30° \sim 130°$），定心作用好，铰削时轴向抗力小，工作时比较省力。手用铰刀的校准部分只有一段倒锥部分。为了获得较高的铰孔质量，手用铰刀各刀齿的齿距在圆周上不是均匀分布的。

机用铰刀的切削部分较短，其 κ_r 的选择见表 3-14；其校准部分也较短，分为圆柱和倒锥两段。机用铰刀工作时其柄部与机床尾座连接在一起，铰削连续稳定。为了制造方便，其各刀齿在圆周上等距分布。

表 3-4　铰刀 κ_r 的选择

工作条件		κ_r
铰通孔	钢料	12° ~ 15°
	铸铁及其他脆性材料	3° ~ 5°
铰不通孔		45°

3.3.2　铰孔方法

1. 铰刀的选择与装夹

（1）铰刀的选择　铰削的精度主要取决于铰刀的尺寸。铰刀的公称尺寸与孔的公称尺寸相同。铰刀的公差一般为孔公差的 1/3，其公差带位置在孔公差带的中间 1/3 位置。即铰刀的上极限偏差为孔公差的 2/3，下极限偏差为孔公差的 1/3。如被铰孔尺寸为 $\phi 20^{+0.021}_{0}$ mm 时，铰刀的尺寸应选择 $\phi 20^{+0.014}_{+0.007}$ mm 为最佳。选用的铰刀要求刃口锋利，无毛刺和崩刃。

（2）铰刀的装夹　在车床上铰孔，一般将机用铰刀的锥柄插入尾座套筒的锥孔中，并调整尾座套筒轴线与主轴轴向重合（同轴度误差应小于 0.02mm）。一般精度的车床要保证这一要求比较困难，这时常采用浮动套筒（图 3-25）来装夹铰刀，铰刀通过浮动套筒再装入尾座套筒中，利用套筒与主体、套筒与轴销之间的间隙，使铰刀产生浮动。铰削时，铰刀通过微量偏移来自动调整其轴线与孔轴线重合，从而消除车床尾座套筒与主轴的同轴度误差对铰孔质量的影响。

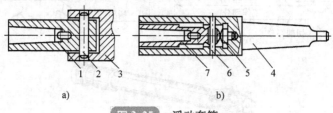

a)　　　　　　　　　　b)

图 3-25　浮动套筒

a) 浮动套筒的连接　b) 浮动套筒

1、7—套筒　2、6—轴销　3、4—主体　5—支架块

2. 铰孔方法

（1）铰孔前的孔加工 铰孔是用铰刀对已粗加工或半精加工的孔进行精加工，铰孔之前，一般先经过钻孔、扩孔或车孔。铰孔前的孔加工方案一般有：

孔的公差等级为 IT9 $\begin{cases} D \leqslant 10\text{mm：钻中心孔→钻头钻孔→铰孔。} \\ D > 10\text{mm：钻中心孔→钻头钻孔→扩孔钻扩孔（或车孔）→铰孔。} \end{cases}$

孔的公差等级为 IT8 ~ IT7 $\begin{cases} D \leqslant 10\text{mm：钻中心孔→钻头钻孔→粗铰（或车孔）→精铰。} \\ D > 10\text{mm：钻中心孔→钻头钻孔→扩孔或车孔→粗铰→精铰。} \end{cases}$

（2）铰孔余量的确定 铰孔余量的大小直接影响铰孔的质量。余量太小时，前工序留下的加工痕迹不能被铰削去除，余量太大时，会把切屑挤塞在铰刀的齿槽中，使切削液不能进入切削区而影响质量。

选择加工余量时，应考虑铰孔精度、表面粗糙度值、孔径大小、工件材料的软硬和铰刀类型等因素。表3-5列出了铰孔余量的范围。

表 3-5 铰孔余量 （单位：mm）

孔的直径	≤6	>6 ~ 10	>10 ~ 18	>18 ~ 30	>30 ~ 50	>50 ~ 80	>80 ~ 120
粗铰	0.10	0.10 ~ 0.15		0.15 ~ 0.20	0.20 ~ 0.30	0.35 ~ 0.45	0.50 ~ 0.60
精铰	0.04		0.05		0.07	0.10	0.15

注：如果仅铰削一次，铰孔余量为表中粗铰、精铰余量的总和。

（3）切削速度进给量 铰削时的切削速度越低，孔的表面粗糙度值 Ra 越小。铰削钢件时，其切削速度 v_c 最好小于 5m/min，铰削铸铁时可高些，一般不超过 8m/min。

铰削时的进给量可取得大一些，铰削钢件时，进给量 $f = 0.2 ~ 1.0$mm/r；铰削铸铁时，$f = 0.4 ~ 1.5$mm/r。粗铰用大值，精铰用小值。铰削不通孔时，进给量 $f = 0.2 ~ 0.5$mm/r。

（4）切削液的选择 铰孔时，切削液对孔的扩胀量与孔的表面粗糙度有一定的影响，见表3-6。

表 3-6 铰孔时切削液对孔径和孔表面粗糙度的影响

切削液	水溶性切削液（如乳化液）	油溶性切削液	干切削
对孔的扩胀量的影响	铰出的孔径比铰刀的实际直径稍微小一些	铰出的孔径比铰刀的实际直径稍微大一些	铰出的孔径比铰刀的实际直径大一些
对孔的表面粗糙度值 Ra 的影响	孔的表面粗糙度值 Ra 较小	孔的表面粗糙度值 Ra 次之	孔的表面粗糙度值 Ra 最差

常用切削液选用参考如下：

铰削钢件及韧性材料时选乳化液、极压乳化液；铰削铸铁、脆性材料时选煤油、煤油与矿物油的混合油；铰削青铜或铝合金时选锭子油或煤油。

根据切削液对孔径的影响，当使用新铰刀铰削钢料时，可选用10% ~ 15%的乳化液作切削液，这样孔不容易扩大。铰刀磨损到一定程度时，可用油溶性切削液，使孔稍微扩大一些。

（5）铰通孔和不通孔（表3-7）

表3-7　铰通孔和不通孔

内容	图例	说　明
铰通孔	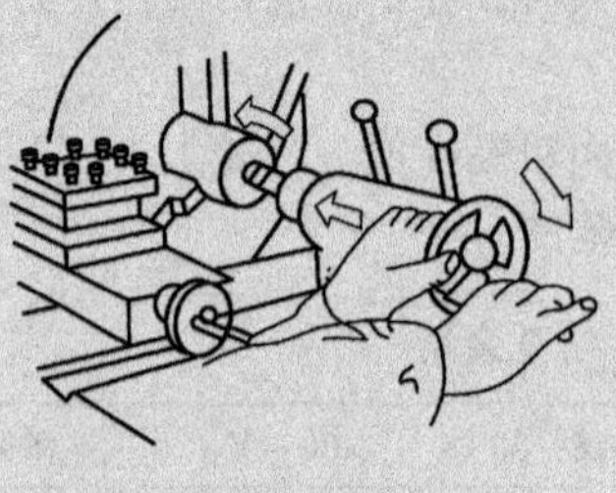	1. 摇动尾座手轮，让铰刀的引锥部分轻轻进入孔口，深度为1 ~ 2mm 2. 起动车床，加注充分的切削液，双手均匀摇动尾座手轮，进给量约为0.5mm/r，均匀地进给到铰刀工作部分的3/4时，立即反向转动尾座手轮，将铰刀从孔内退出，如左图所示。在退出铰刀时工件应停止回转
铰不通孔	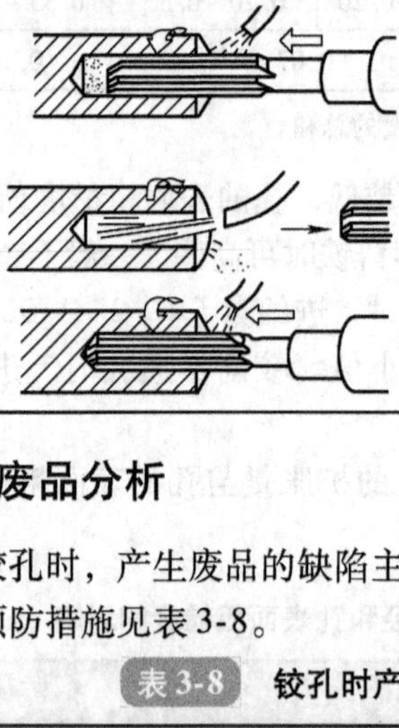	1. 起动车床，加注切削液，摇动尾座手轮进行铰孔，当铰刀端部与孔底接触后会对铰刀产生较大的轴向切削抗力，当感觉到轴向切削抗力明显增加时，表明铰刀端部已至孔底，应立即将铰刀退出 2. 在铰削深不通孔时，切屑排除较困难，通常应中途退刀数次，用切削液和刷子清除切屑后再继续铰孔

3.3.3　铰孔废品分析

在车床上铰孔时，产生废品的缺陷主要有：孔径扩大和铰出孔的表面粗糙度值大，其产生原因及预防措施见表3-8。

表3-8　铰孔时产生废品的原因及预防方法

废品种类	产 生 原 因	预 防 方 法
孔径扩大	1. 铰刀直径太大 2. 铰刀刃口径向振摆过大 3. 尾座偏，铰刀轴线与孔轴线不重合 4. 切削速度太高，产生积屑瘤和使铰刀温度升高 5. 铰削余量太大	1. 仔细测量铰刀尺寸，根据孔径尺寸要求，研磨铰刀 2. 重新修磨铰刀刃口 3. 找正尾座，使其对中，最好采用浮动套筒装夹铰刀 4. 降低切削速度，充分加注切削液 5. 正确选择铰削余量

（续）

废品种类	产生原因	预防方法
表面粗糙度值大	1. 铰刀刃口不锋利及切削刃上有崩口、毛刺 2. 铰削余量太大或太小 3. 切削速度太高，产生积屑瘤 4. 切削液选择不当	1. 重新刃磨铰刀，表面粗糙度值要小，铰刀应正确保管，不允许碰撞损坏切削刃 2. 选择适当的铰削余量 3. 降低切削速度，用磨石把积屑瘤从切削刃上修磨掉 4. 合理选择切削液

3.4 车内沟槽

在机械零件上，由于工作情况和结构工艺性的需要，有各种不同断面形状的沟槽，本节重点介绍内沟槽。

3.4.1 内沟槽及内沟槽车刀

1. 常见内沟槽的类型、结构及作用

常见的内沟槽主要有退刀槽、轴向定位槽、油气通道槽、内 V 形槽，如图 3-26 所示。

（1）退刀槽 在车螺纹、车孔、磨削外圆和内孔时作退刀用。

（2）轴向定位槽 在适当位置的轴向定位槽中嵌入弹性挡圈，以实现滚动轴承等的轴向定位。

（3）油气通道槽 在液压或气动滑阀车出内沟槽，用以通油或通气。

（4）内 V 形槽 在内 V 形槽内嵌入油毛毡，可起防尘作用，并防止轴上的润滑剂溢出。

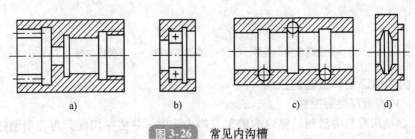

a)   b)   c)   d)

图3-26 常见内沟槽

a）退刀槽 b）轴向定位槽 c）油气通道槽 d）内 V 形槽

2. 内沟槽车刀

内沟槽车刀与切断刀的几何形状相似，但装夹方向相反，且在内孔中车槽。加工小孔中的内沟槽车刀做成整体式（图 3-27a），而在大直径内孔中车内沟槽的车刀常为机械夹固式的（图 3-27b）。由于内沟槽通常与内孔轴线垂直，因此要求内沟槽车刀的刀

体与刀柄轴线垂直。装夹内沟槽车刀时，应使主切削刃等高（或略高）于内孔中心，两侧副偏角必须对称。

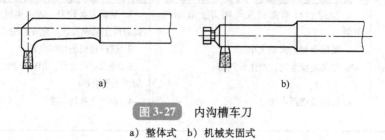

a)   b)

图 3-27 内沟槽车刀
a）整体式 b）机械夹固式

3.4.2 车内沟槽

1. 车内沟槽的方法

1）直进法车内沟槽。宽度较小和要求不高的内沟槽，可用主切削刃宽度等于槽宽的内沟槽车刀采用直进法一次车出，如图 3-28a 所示。

2）多次直进车内槽。要求较高或较宽的内沟槽，可采用直进法分几次车出。粗车时，槽壁和槽底应留精车余量，然后根据槽宽、槽深要求进行精车，如图 3-28b 所示。

3）车宽内沟槽。深度较浅、宽度很大的内沟槽，可用车孔刀先车出凹槽，再用内沟槽车刀车沟槽两端的垂直面，如图 3-28c 所示。

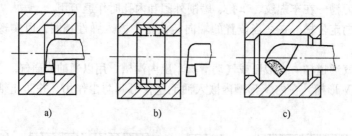

a)   b)   c)

图 3-28 车内沟槽
a）直进法车内沟槽 b）多次直进车内沟槽 c）车宽内沟槽

2. 内沟槽深度和位置的控制

（1）内沟槽深度的控制

1）摇动床鞍与中滑板，将内沟槽车刀伸入孔中，并使主切削刃与孔壁刚好接触，此时中滑板手柄刻度盘刻线为零位（即起始位置），如图 3-29a 所示。

2）根据内沟槽深度计算出中滑板刻度的进给格数，并在进给终止相应刻度位置用记号笔做出标记或记下该刻度值。

3）使内沟槽车刀主切削刃退离孔壁 0.3 ~ 0.5mm，在中滑板刻度盘上做出退刀位置标记。

（2）内沟槽轴向尺寸的控制

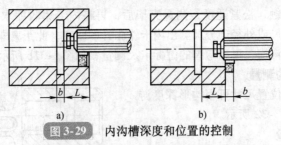

图 3-29　内沟槽深度和位置的控制

a）内沟槽深度的控制　b）内沟槽轴向尺寸的控制

1）移动床鞍和中滑板，使内沟槽车刀的副切削刃（刀尖）与工件端面轻轻接触，如图 3-29b 所示。此时将床鞍手轮刻度盘的刻度对到零位（即纵向起始位置）。

2）如果内沟槽轴向位置离孔口不远，可利用小滑板刻度控制内沟槽轴向位置，车刀在进入孔内之前，应先将小滑板刻度调整到零位。

3）用床鞍刻度或小滑板刻度控制内沟槽车刀进入孔的内深度为：内沟槽位置尺寸 L 和内沟槽车刀主切削刃宽度 b 之和，即 $L+b$。

3. 内沟槽车削要点

1）横向进给车削内沟槽，进给量不宜过大，一般为 $0.1 \sim 0.2$mm。

2）刻度指示已到槽深尺寸的，不要马上退刀，应稍作停留。

3）横向退刀时，要确认内沟槽车刀已到达设定退刀位置后，才能纵向退出车刀（图 3-30）。否则，横向退刀不足会碰坏已车好的沟槽；横向退刀过多使刀杆可能与孔壁相擦而伤及内孔。

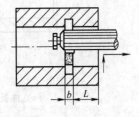

图 3-30　内沟槽刀退刀路线

3.4.3　内沟槽的测量

1. 深度的测量

内沟槽深度（或内沟槽直径）一般用弹簧内卡钳配合游标卡尺或千分尺测量。如图 3-31a 所示。测量时，先将弹簧内卡钳收缩并放入内沟槽，然后调节卡钳螺母，使卡

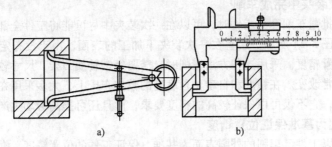

图 3-31　内沟槽深度的测量

a）弹簧内卡钳测量内沟槽　b）弯脚的游标卡尺测量内沟槽

脚与槽底径表面接触，松紧适度，测量完毕后，再将内卡钳收缩取出，恢复到原来尺寸，最后用游标卡尺或外径千分尺测出内卡钳张开的距离，此距离即为内沟槽的槽底直径。直径较大的内沟槽，可用弯脚的游标卡尺测量，如图 3-31b 所示。

2. 轴向尺寸的测量

内沟槽的轴向位置尺寸可用钩形深度游标卡尺测量，如图 3-32 所示。

3. 宽度的测量

当孔径较小时，可用样板检测内沟槽宽度，如图 3-33a 所示；当孔径较大时，可用游标卡尺测量内沟槽宽度，如图 3-33b 所示。

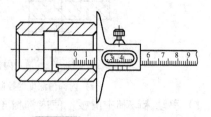

图 3-32 轴向尺寸的测量

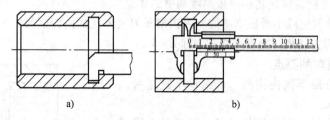

a) b)

图 3-33 宽度的测量

a）样板测量内沟槽宽度 b）游标卡尺测量内沟槽宽度

*3.5 套类工件的加工

套类工件是机械零件中精度要求较高的工件之一。套类工件的主要加工表面是内孔、外圆和端面。这些表面不仅有尺寸精度和表面粗糙度值的要求，而且彼此间还有较高的形状精度和位置精度要求。因此应选择合理的装夹方法和车削工艺。

3.5.1 保证套类工件几何公差要求的方法

1. 在一次装夹中完成车削

单件、小批量车削套类工件时，可以在一次装夹中尽可能将工件全部或大部分表面加工完成，如图 3-34 所示。这些在一次装夹下加工的表面，由于没有定位误差，可以获得较高的位置精度。采用这种方法车削时，需要经常转换刀架，尺寸较难掌握，切削用量也需要时常改变。在精度和自动化程度高的数控车床上，大多采用在一次装夹中完成加工的方法，它不仅可以保证较高的精度要求，而且还可提高劳动生产率。

2. 以外圆为基准保证位置精度

在车床上以工件已车削的外圆表面为基准，保证工件的位置精度，常采用软卡爪装夹工件，如图 3-35 所示。软卡爪是用未经淬火的 45 钢制成，使用时软卡爪在本车床上按夹持工件尺寸和所需形状车削成形，因此可确保装夹精度。用软卡爪装夹工件，不易夹伤软质材料工件和已加工表面。

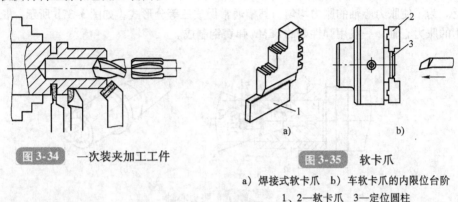

图 3-34　一次装夹加工工件

图 3-35　软卡爪

a）焊接式软卡爪　b）车软卡爪的内限位台阶

1、2—软卡爪　3—定位圆柱

3. 以内孔为基准保证位置精度

在车床上以工件的已加工内孔为定位基准，来车削中小型轴套、带轮、齿轮等工件时，常用心轴装夹。心轴根据内孔配制，套装好工件后支顶在车床上，精加工套类工件的外圆、端面等。

（1）实体心轴　实体心轴有不带台阶和带台阶两种。不带台阶的实体心轴又称小锥度心轴（图 3-36a），其锥度 $C = 1:5000 \sim 1:1000$。小锥度心轴的特点是制造容易，定心精度高，但轴向无法定位，承受切削力小，工件装卸不太方便。带台阶的实体心轴（图 3-36b），其心轴上的定位圆柱面与工件内孔之间保持较小的间隙配合，工件靠螺母压紧。其特点是一次可以装夹轴向长度不大的多个工件，若使用开口垫圈 6，装卸工件十分方便，但由于有间隙存在，定心精度低，一般只能保证 $\phi 0.02mm$ 左右的同轴度要求。

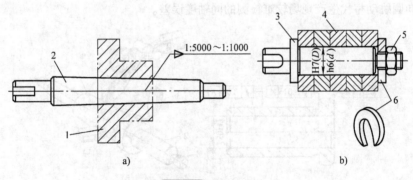

图 3-36　实体心轴

a）小锥度心轴　b）带台阶的实体心轴

1、4—工件　2—小锥度心轴　3—台阶心轴　5—螺母　6—开口垫圈

（2）胀力心轴　胀力心轴是依靠材料弹性变形所产生的胀力来固定工件的，如图 3-37 所示为装在机床主轴孔中的胀力心轴，心轴锥堵 3 的锥角为 30°左右为佳，最薄

部分的壁厚为 3~6mm。用胀力心轴装夹工件，装卸方便，定心精度高，因此应用广泛。为了使胀力心轴的胀力均匀，其槽通常做成三等分形式，如图 3-37b 所示。长期使用的胀力心轴，一般用弹性好的 65Mn 弹簧钢制成。

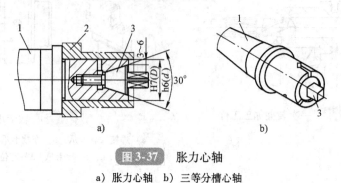

a)　　　　　　　　　　　　b)

图 3-37　胀力心轴

a) 胀力心轴　b) 三等分槽心轴

1—胀力心轴　2—工件　3—锥堵

3.5.2　套类工件几何误差的检测

1. 径向圆跳动的检测

（1）一般套类工件的检测　一般的套类工件（图 3-38a）用内孔作为测量基准，测量时，先把工件套在精度很高的小锥度心轴上，再把心轴安装在两顶尖之间，然后用百分表检测工件的外圆柱面，如图 3-38b 所示。百分表在工件回转一周中所得的读数差即是该测量截面上的径向圆跳动。沿轴向在不同截面上进行测量，所得的各读数差中的最大值，即为工件的径向圆跳动。

径向圆跳动是一种综合误差，它包含圆度误差和同轴度误差，当圆度误差很小时，可用径向圆跳动替代生产现场较难检测的同轴度误差。

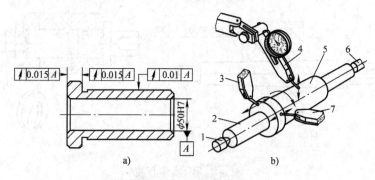

a)　　　　　　　　　　　　b)

图 3-38　一般套类工件的检测

a) 套类工件　b) 百分表检测工件

1、6—顶尖　2—小锥度心轴　3、4、7—杠杆式百分表　5—工件

（2）外形简单套类工件的检测　对某些外形比较简单而内部形状比较复杂的套筒

（图 3-39a），不能装夹在心轴上，测量径向圆跳动时，可把工件放在 V 形架上并轴向定位，以外圆为基准来测量（图 3-39b）。测量时，把杠杆式百分表的测杆插入孔内，使测杆圆头接触内孔表面，转动工件，观察百分表指针跳动情况。百分表在工件旋转一周中的读数差就是工件的径向圆跳动误差。

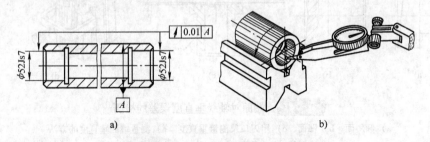

a)　　　　　　　　　　　　　　　　b)

图 3-39　外形简单套类工件的检测

a）套筒　b）以外圆为基准测量径向圆跳动

2. 轴向圆跳动的检测

套类工件的轴向圆跳动的检测方法如图 3-40 所示。先把工件装夹在精度很高的心轴上，利用心轴上极小的锥度使工件轴向定位，然后把杠杆式百分表 3 或 6 的圆测头靠在需要测量的左侧或右侧端面上转动心轴，百分表在工件回转一周中所得的读数差，即为工件的轴向圆跳动。

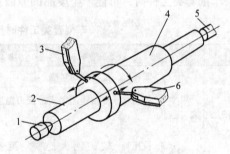

图 3-40　轴向圆跳动的检测

1、5—顶尖　2—小锥度心轴

3、6—杠杆式百分表　4—工件

3. 端面对轴线垂直度误差的检测

轴向圆跳动是当工件绕基准轴线作无轴向移动的回转时，所要求的端面上任一测量直径处的轴向跳动 Δ，而垂直度是整个端面的垂直度误差。如图 3-41a 所示的工件，由于端面是一个平面，其轴向圆跳动量为 Δ，垂直度也为 Δ，两者相等。

如果端面不是一个平面，而是凹面或凸面（图 3-41b），虽然其轴向圆跳动量为零，但垂直度误差为 ΔL。因此仅用轴向圆跳动来评定垂直度是不正确的。

测量端面垂直度时，必须经过两个步骤。首先要测量轴向圆跳动是否合格，如果符合要求，再用第二个方法测量端面的垂直度。对于精度要求较低的工件，可用刀口形直尺透光检查，如图 3-41c 所示。如果必须测出垂直度误差值，可把工件 2 装夹在 V 形架 1 的小锥度心轴 3 上，并放在精度很高的平板上检查端面的垂直度。检查时，先找正心轴的垂直度，然后用杠杆式百分表 4 从端面的最里一点向外拉出，如图 3-41d 所示。百分表指示的读数差就是端面对内孔轴线的垂直度误差。

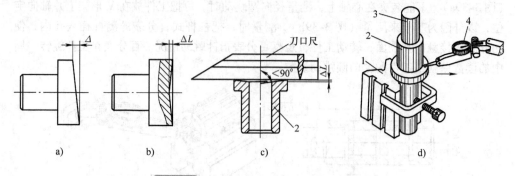

图3-41 端面对轴线垂直度误差的检测

a）倾斜面 b）凹面 c）用刀口尺测量垂直度 d）测量端面垂直度的方法

1—V形架 2—工件 3—心轴 4—杠杆式百分表

3.5.3 车削套类工件的质量分析

车削套类工件时，可能产生废品的原因及预防措施见表3-9。

表3-9 车削套类工件时产生废品的原因及预防措施

废品种类	产生原因	预防措施
孔的尺寸大	1. 车孔时，没有仔细测量 2. 铰孔时，主轴转速太高，铰刀温度上升，切削液供应不足 3. 铰孔时，铰刀尺寸大于要求，尾座偏移	1. 仔细测量和进行试车削 2. 降低主轴转速，加注充足的切削液 3. 检查铰刀尺寸，找正尾座轴线，采用浮动套筒
孔的圆柱度超差	1. 车孔时，刀柄过细，切削刃不锋利，造成让刀现象，使孔径外大内小 2. 车孔时，主轴中心线与导轨在水平面内或垂直面内不平行 3. 铰孔时，由于尾座偏移等原因使孔口扩大	1. 增加刀柄刚度，保证车刀锋利 2. 调整主轴轴线与导轨的不平行度 3. 找正尾座，或采用浮动套筒
孔的表面粗糙度大	1. 车孔时与"车轴类工件时，表面粗糙度值达不到要求的原因"相同，其中内孔车刀磨损和刀柄产生振动尤其突出 2. 铰孔时，铰刀磨损或切削刃上有崩口、毛刺 3. 铰孔时，切削液和切削速度选择不当，产生积屑瘤 4. 铰孔余量不均匀和铰孔余量或大或小	1. 关键要保持内孔车刀的锋利和采用刚度较大的刀柄 2. 修磨铰刀，刃磨后保管好，防止碰毛 3. 铰孔时，采用 5m/min 以下的切削速度，并正确选用和加注切削液 4. 正确选择铰孔余量

（续）

废品种类	产 生 原 因	预 防 措 施
同轴度和垂直度超差	1. 用一次装夹方法车削时，工件移位或机床精度不高 2. 用软卡爪装夹时，软卡爪没有车好 3. 用心轴装夹时，心轴中心孔碰毛，或心轴本身同轴度超差	1. 工件装夹牢固，减小切削用量，调整车床精度 2. 软卡爪应在本车床上车出，直径与工件装夹尺寸基本相同 3. 心轴中心孔应保护好，如碰毛可研修中心孔，如心轴弯曲可校直或更换

3.6 车削套类工件综合技能训练

*技能训练一 车固定套

固定套图样如图 3-42 所示。

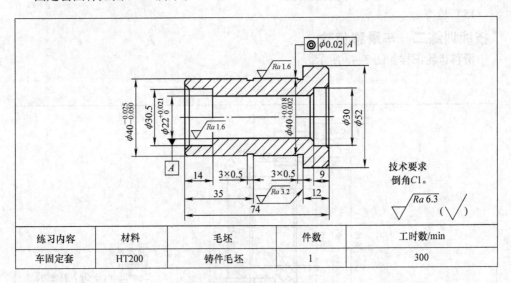

练习内容	材料	毛坯	件数	工时数/min
车固定套	HT200	铸件毛坯	1	300

图 3-42 车固定套

1. 工艺分析

1）$\phi 40k6$（$^{+0.018}_{+0.002}$）mm 外圆柱面的轴线对基准孔 $\phi 22H7$（$^{+0.021}_{0}$）mm 轴线的同轴度误差要求为 $\phi 0.02$mm，因此，此外圆与内孔应在一次装夹中加工至要求尺寸。

2）内孔 $\phi 22H7$（$^{+0.021}_{0}$）mm 的精度，可以采用精车或铰削的方法保证，因是单件生产，本例采用精车方案。如果是批量生产，则可选用铰削，以提高生产效率，在铰削前应对孔进行半精车，并留余量为 0.1~0.15mm。

3）精车外圆时，可用回转顶尖轻轻顶住孔口，以防止发生振动。

2. 加工步骤

1）用自定心卡盘夹持 ϕ52mm 的毛坯外圆，找正并夹紧。

2）粗车小端平面（车平即可）和台阶外圆 ϕ42mm、长 62mm。

3）钻 ϕ20mm 通孔。

4）粗车台阶孔至 ϕ28mm、深 14mm，孔口倒角 C1。

5）工件调头，夹持 ϕ42mm 外圆，找正并夹紧。

6）粗、精车端面，保持总长 74.5mm；粗、精车大外圆 ϕ52mm 全部至要求尺寸。

7）车台阶孔、深 9mm 至要求尺寸，孔口和外圆处倒角 C1，台阶处倒角 C2。

8）工件调头，夹持 ϕ52mm 外圆（垫铜皮），找正并夹紧。

9）精车小端面，保证总长 74mm 至要求尺寸。

10）车孔 ϕ22H7（$^{+0.021}_{0}$）mm 至要求尺寸。

11）车台阶孔 ϕ30.5mm、深 14mm 至要求尺寸，台阶处去毛刺，孔口处倒角 C1。

12）车退刀槽 3mm×0.5mm，切中间槽 3mm×0.5mm，保证尺寸 35mm。

13）精车台阶外圆 ϕ40$^{-0.025}_{-0.050}$mm 和 ϕ40k6（$^{+0.018}_{+0.002}$）mm 至要求尺寸。

14）外圆倒角 C1，大外圆去锐角。

15）检查。

*技能训练二 车滑移齿轮

滑移齿轮图样如图 3-43 所示。

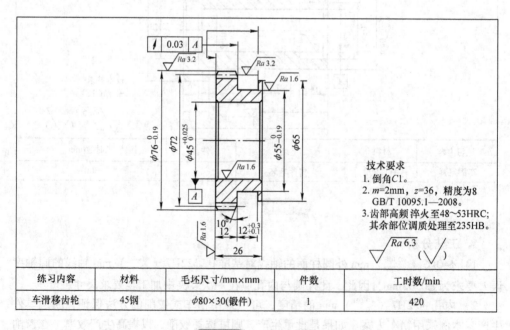

技术要求
1. 倒角C1。
2. m=2mm，z=36，精度为8
GB/T 10095.1—2008。
3. 齿部高频淬火至48～53HRC；
其余部位调质处理至235HB。

$\sqrt{Ra\ 6.3}$
（$\sqrt{}$）

练习内容	材料	毛坯尺寸/mm×mm	件数	工时数/min
车滑移齿轮	45钢	ϕ80×30(锻件)	1	420

图 3-43 车滑移齿轮

1. 工艺分析

（1）滑移齿轮为机器中的重要零件之一，毛坯采用 45 钢锻造，以提高其力学性能，训练时允许用棒料。

（2）滑移齿轮需经调质处理，粗车时，应留一定的余量，用于纠正热处理变形。

（3）滑移齿轮的大端面、拨叉槽两侧面对基准孔轴线的轴向圆跳动，可采用以下方法保证：

1）单件生产时，齿轮顶圆、大端面和内孔在一次装夹中车出，拨叉槽加工时以齿顶圆和大端面为基准，用软卡爪装夹。软卡爪应按 $\phi 76 mm \times 10 mm$ 在本车床上车出。

2）批量生产时，可用专用心轴以 $\phi 45^{+0.025}_{0} mm$ 孔定位进行车削。

2. 操作步骤

（1）调质前粗车

1）用自定心卡盘夹持毛坯外圆，找正并夹紧。

2）车端面，车平即可。

3）粗车外圆至 $\phi 78.5 mm$，长 15mm。

4）钻通孔 $\phi 30 mm$。

5）车孔至 $\phi 42 mm$，各处锐边倒圆。

6）调头夹持 $\phi 78.5 mm$ 处，找正并夹紧。

7）车端面，保证总长 28.5mm。

8）粗车台阶外圆至 $\phi 67.5 mm$，长 14mm，各处锐边倒圆。

（2）调质后车削

1）用自定心卡盘夹持 $\phi 67.5 mm$ 处，找正并夹紧。

2）精车大端面，车平即可。

3）精车齿顶外圆 $\phi 76^{0}_{-0.19} mm$ 至要求尺寸（全部）。

4）精车通孔 $\phi 45^{+0.025}_{0} mm$ 至要求尺寸。

5）外圆和孔口处各倒角 $C1$。

6）工件调头用软卡爪夹持，找正并夹紧（夹紧力应适当，防止内孔变形）。

7）车小端面，保证总长 26mm。

8）精车台阶外圆 $\phi 65 mm$，保证轮齿厚度 12mm。

9）车拨叉槽宽 $12^{+0.3}_{+0.1} mm$，槽底直径 $\phi 55^{0}_{-0.19} mm$ 至要求尺寸，槽宽、槽底应平直。

10）台阶侧齿轮外圆倒角 $10°$，深 4.5mm（径向）。

11）孔口倒角 $C1$，槽口及小端外圆去锐角。

12）检查。

*技能训练三　车轴承套

轴承套图样如图 3-44 所示。

1. 工艺分析

（1）轴承套的尺寸精度和几何公差要求较高。

（2）轴承套的车削工艺方案较多，可以单件或多件加工。单件加工生产率较低，

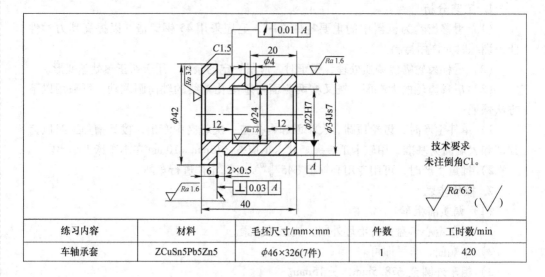

练习内容	材料	毛坯尺寸/mm×mm	件数	工时数/min
车轴承套	ZCuSn5Pb5Zn5	φ46×326(7件)	1	420

图 3-44　车轴承套

由于每件都要切去用于工件装夹的余料，所以材料浪费多。当生产有一定批量时，宜采用多件加工工艺。

（3）轴承套的材料为ZCuSn5Pb5Zn5，两处外圆直径相差不大，故毛坯可选用铜棒料，根据工件尺寸，采用6~8件连续加工较为合适。

（4）为保证内孔 φ22H7 ($^{+0.021}_{0}$) mm 的加工质量和提高生产效率，其精加工以铰削最为合适。

（5）外圆对内孔轴线的径向圆跳动为0.01mm，用软卡爪无法保证。此外，φ42mm右端面对内孔轴线垂直度的公差为0.03mm。因此，精车外圆以及车 φ42mm 右端面时，应以内孔为定位基准套在小锥度心轴上，用两顶尖装夹以保证这两项位置精度。

（6）φ24mm×16mm 内沟槽应在 φ22H7 ($^{+0.021}_{0}$) mm 孔精加工（铰孔）之前完成，外沟槽 2mm×0.5mm 应在精车 φ34Js7mm 外圆之前完成，这都是为了保证这些精加工表面的精度。

2. 操作步骤

（1）工件采用一夹一顶装夹，按工艺草图（图3-45）车至要求尺寸，7件连续加工，尺寸均相同。

（2）逐个用软卡爪夹持 φ42mm 外圆，找正并夹紧，钻孔 φ20.5mm 成单件。

（3）用软卡爪夹持 φ35mm 外圆，夹紧后，车 φ42mm 左端面，保证总长40mm，端面表面粗糙度值为 Ra3.2μm，倒角 C1.5。

（4）车内孔至 φ22$^{-0.08}_{-0.12}$mm。

（5）车内槽 φ24mm×16mm 至要求尺寸，前后两端倒角 C1。

（6）铰孔 φ22H7 ($^{+0.021}_{0}$) mm 至要求尺寸。

（7）工件套在心轴上，装夹于两顶尖之间，车 φ34Js7(±0.012)mm 外圆至要求尺寸，表面粗糙度值为 $Ra1.6\mu m$。

（8）车 $\phi42mm$ 右端面，保证厚度 $6mm$，表面粗糙度值为 $Ra1.6\mu m$。

（9）车槽，宽 $2mm$，深 $0.5mm$。

（10）倒角 $C1$。

（11）检查合格后钻 $\phi4mm$ 孔。

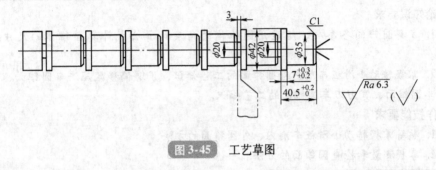

图 3-45 工艺草图

☆**考核重点解析**

　　本章考核的重点是套类工件的加工，套类工件的主要加工表面是内孔、外圆和端面。这些表面不仅有尺寸精度和表面粗糙度的要求，而且彼此间还有较高的形状精度和位置精度要求。因此应选择合理的装夹方法和车削工艺。

复习思考题

1. 麻花钻由哪几个部分组成？

2. 麻花钻的顶角通常为多少度？怎样根据切削刃形状来判别顶角大小？

3. 如何刃磨麻花钻？刃磨时要注意哪些问题？

4. 为什么要对普通麻花钻进行修磨？一般修磨方法有哪几种？

5. 车孔的关键技术是什么？怎样改善车孔刀的刚性？

6. 通孔车刀与不通孔车刀有什么区别？

7. 车不通孔时，用来控制孔深的方法有几种？

8. 怎样保证套类工件内外圆的同轴度和端面与孔轴线的垂直度？

9. 常用的心轴有哪几种？各用在什么场合？

10. 怎样选择铰刀尺寸？

11. 怎样确定铰削余量？为什么要采用浮动刀杆？

12. 利用内径百分表（千分表）检测内孔时，要注意什么问题？

13. 怎样控制内沟槽的尺寸？

14. 铰孔时，孔的表面粗糙度值大是什么原因？

第4章　圆锥面加工

☺**理论知识要求**

1. 了解圆锥的各参数，能运用圆锥体的角度计算公式计算圆锥体的尺寸及角度。

2. 掌握转动小滑板车削内外圆锥面的工艺知识，了解偏移尾座法车圆锥面、仿形法车圆锥面、宽刃刀车圆锥面的工艺知识。

☺**操作技能要求**

1. 熟练掌握转动小滑板车削内、外圆锥面的方法。

2. 掌握测量和检查圆锥面的方法。

4.1　圆锥面零件加工

圆锥面具有配合紧密、定位准确、装卸方便等优点，并且即使发生磨损，仍能保持精密地定心和配合效果，当圆锥角较小（在3°以下）时，可以传递很大的转矩。加工圆锥时，除了尺寸精度、几何精度和表面粗糙度具有较高要求外，还有角度（或锥度）的精度要求。

4.1.1　圆锥面的尺寸组成

圆锥表面是由与轴线成一定角度且一端相交于轴线的一条直线段，绕该轴线旋转一周所形成的表面（图4-1）。圆锥面又可分为外圆锥面和内圆锥面。

圆锥体各部分名称如图4-2所示。D 为圆锥大端直径，d 为圆锥体小端直径，L 为锥体部分长度（最大直径与最小直径间的垂直距离），α 为圆锥角（圆锥角是在通过圆

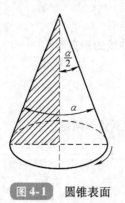

图 4-1　圆锥表面

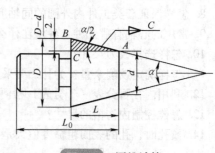

图 4-2　圆锥计算

锥轴线的截面内，两条素线的夹角），$\alpha/2$ 为圆锥半角，C 为锥度（圆锥大、小端直径之差与长度之比），锥度一般用比例或分数形式表示，如 1：7 或 1/7，公式表达为：$C = \dfrac{D-d}{L}$。注意：圆锥半角与锥度属于同一参数，不能同时标注。

4.1.2　尺寸计算

一个圆锥由 4 个基本参数 $\alpha/2$（或 C）、D、d 和 L 确定。在四个基本量中，只要知道任意三个量，其他一个未知量就可以计算出来。

1. 圆锥体大端直径

$$D = d + 2L\tan\frac{\alpha}{2} \tag{4-1}$$

2. 圆锥体小端直径

$$d = D - 2L\tan\frac{\alpha}{2} \tag{4-2}$$

3. 圆锥半角的计算

（1）用三角函数计算

$$\tan\frac{\alpha}{2} = \frac{D-d}{2L} = \frac{C}{2} \tag{4-3}$$

知道公式中的任意三个参数就可以计算出其他的一个未知参数。

（2）近似计算法　当圆锥半角 $\alpha/2 < 6°$ 时，可以采用近似公式计算法

$$\frac{\alpha}{2} = 28.7° \times \frac{D-d}{L} = 28.7° \times C \tag{4-4}$$

式（4-4）要求圆锥半角在 6°以内。还要求计算结果是度数，度的小数部分是十进位，应将含有小数部分的计算结果转化成度、分、秒的形式。要将小数部分乘以 $60'$，例如 $3.12° = 3° + 0.12 \times 60' = 3°7'$。

例 4-1　有一外圆锥，已知 $D = 70\text{mm}$、$d = 60\text{mm}$、$L = 100\text{mm}$，分别用三角函数和近似计算法计算圆锥半角。

解：1）用三角函数计算。

$$\tan\frac{\alpha}{2} = \frac{D-d}{2L} = \frac{70-60}{2 \times 100} = 0.05$$

查表得：$\dfrac{\alpha}{2} = 2°52'$

2）用近似计算法计算。

$$\frac{\alpha}{2} \approx 28.7° \times \frac{D-d}{L} = 28.7° \times \frac{70-60}{100} = 2.87° = 2°52'$$

提示：圆锥半角在 6°以内时，用两种方法计算出的结果相同。

4.1.3　标准工具圆锥

为了制造和使用方便，降低生产成本，机床、工具和刀具上的圆锥都已标准化，即

圆锥的基本参数都符合标准规定。使用时，只要号码相同，即能互换使用。标准工具圆锥已在国际上通用，不论哪个国家生产的机床或工具，标准圆锥都具有互换性。常用标准工具圆锥有莫氏圆锥和米制圆锥两种。

1. 莫氏圆锥

莫氏圆锥是机械制造业中应用最为广泛的一种，如车床上的主轴锥孔、顶尖锥柄、麻花钻锥柄和铰刀锥柄等都是莫氏圆锥。莫氏圆锥共有0、1、2、3、4、5和6共七个号码，其中最小的是0号，最大的是6号。莫氏圆锥号码不同，圆锥的尺寸和圆锥半角均不相同，莫氏圆锥常用的数据见表4-1。

表4-1　莫氏圆锥

莫氏圆锥号	锥度 C	圆锥角 α	圆锥半角 $\dfrac{\alpha}{2}$	量规刻线间距 m/mm
0	$1:19.212 = 0.05205$	$2°58'54''$	$1°29'27''$	1.2
1	$1:20.047 = 0.04988$	$2°51'26''$	$1°25'43''$	1.4
2	$1:20.020 = 0.04995$	$2°51'41''$	$1°25'50''$	1.6
3	$1:19.922 = 0.05020$	$2°52'32''$	$1°26'16''$	1.8
4	$1:19.254 = 0.05194$	$2°58'31''$	$1°29'15''$	2
5	$1:19.002 = 0.05263$	$3°00'53''$	$1°30'26''$	2
6	$1:19.180 = 0.05214$	$2°59'12''$	$1°29'36''$	2.5

注：莫氏圆锥的其他各部分尺寸可以从工具手册中查出。

2. 米制圆锥

米制圆锥分为4、6、80、100、12、160和200共7个号码。它们的号码是指圆锥的大端直径，而锥度固定不变，即 $C = 1:20$；如100号米制圆锥的最大圆锥直径 $D = \phi100\text{mm}$，锥度 $C = 1:20$。米制圆锥的优点是锥度不变，记忆方便。

除了常用的莫氏圆锥和米制圆锥等工具圆锥外，还会遇到一般用途的圆锥和特定用途的圆锥等其他标准圆锥和专用圆锥，见表4-2。

表4-2　常用标准圆锥的锥度

锥度 C	圆锥角 α	圆锥半角 $\alpha/2$	应用举例
1:4	$14°15'$	$7°7'30''$	车床主轴及法兰盘
1:5	$11°25'16''$	$5°42'38''$	易于拆卸的连接，砂轮主轴与砂轮法兰的结合，锥形摩擦离合器
1:7	$8°10'16''$	$4°5'8''$	管件的开关塞、阀等
1:12	$4°46'19''$	$2°23'9''$	部分滚动轴承内环锥孔
1:15	$3°49'6''$	$1°54'23''$	主轴与齿轮的配合部分
1:16	$13°34'47''$	$1°47'24''$	55°密封管螺纹
1:20	$12°51'51''$	$1°25'56''$	米制工具圆锥、锥形主轴颈

（续）

锥度 C	圆锥角 α	圆锥半角 α/2	应用举例
1:30	1°54′35″	0°57′17″	锥柄的铰刀和扩孔钻与柄的配合
1:50	1°8′45″	0°34′23″	圆锥定位销及锥铰刀
7:24	16°35′39″	8°17′50″	铣床主轴孔及连杆的锥体
7:64	6°15′38″	3°7′49″	刨齿机工作台的心轴孔

4.1.4 圆锥面的车削方法

圆锥面既有尺寸精度，又有角度要求，因此，在车削中要同时保证尺寸精度和圆锥角度。一般先保证圆锥角，然后精车控制其尺寸精度。车削圆锥面方法有很多种，如转动小滑板车圆锥、偏移尾座法、利用靠模法和样板刀法等。

1. 转动小滑板车削锥度面

车削长度较短和锥度较大的圆锥体和圆锥孔时常采用转动小滑板，这种方法操作简单，能保证一定的加工精度，所以应用广泛。转动小滑板法车锥面的原理，就是小滑板的运动方向与圆锥素线平行，所以车床上小滑板转动的角度就是圆锥半角 $\alpha/2$，如图 4-3 所示。将小滑板转盘上的螺母松开，调整角度值与基准零线对齐，然后固定转盘上的螺母，摇动小滑板手柄开始车削，使车刀沿着锥面素线移动，即可车出所需的圆锥面。

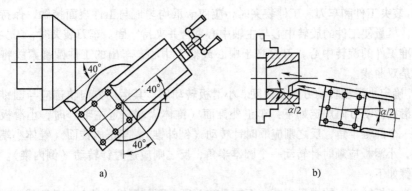

图 4-3　转动小滑板法车锥面

a）车外圆锥　b）车内圆锥

（1）小滑板的转动方向　车外圆锥时，如果最大圆锥直径靠近主轴，最小圆锥直径靠近尾座方向，小滑板应逆时针方向转动一个圆锥半角（$\alpha/2$）；反之，则应顺时针方向转动一个圆锥半角。车内圆锥工件时，如果最小圆锥直径靠近主轴，小滑板应顺时针方向转动一个圆锥半角；反之应逆时针转动一个圆锥半角，见表4-3。

表4-3　加工锥齿轮上的圆锥面时小滑板的转动方向与转动角度

工件锥齿轮	车锥齿轮的圆锥		
	车 A 锥面	车 B 锥面	车 C 锥面
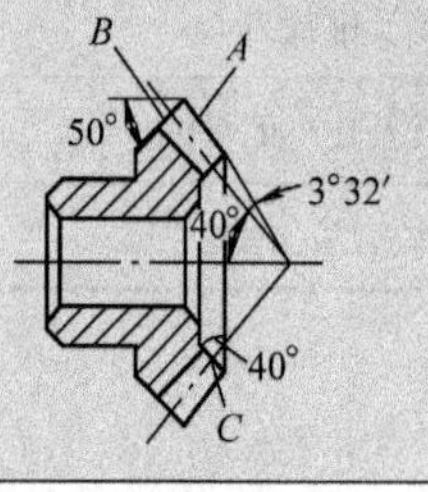	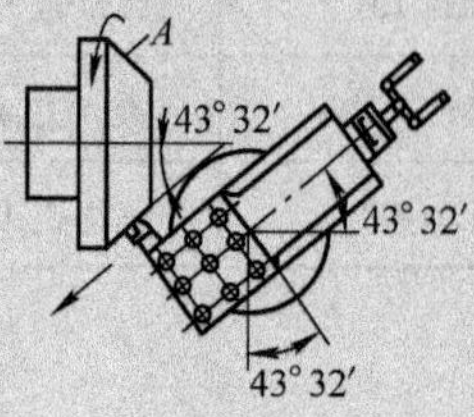	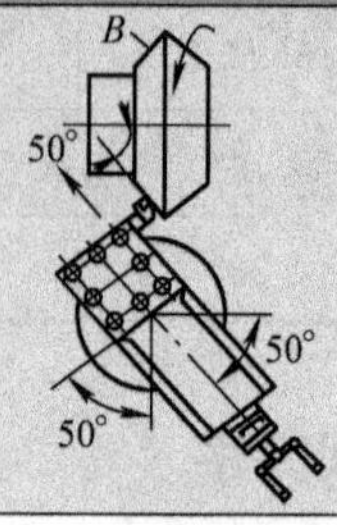	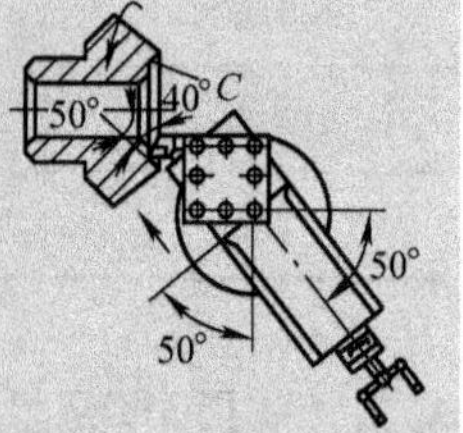
转动方向	逆时针	顺时针	顺时针
转动角度	43°32′	50°	50°

（2）小滑板的转动角度　由于圆锥的角度标注方法不同，有时图样上没有直接标注出圆锥半角，这时就必须经过换算，才能得出小滑板应转动的角度。换算的原则是把图样上所标注的角度，换算成圆锥素线与车床主轴轴线的夹角（α/2）。α/2 就是车床小滑板应转过的角度，见表4-3。

（3）转动小滑板法车外圆锥面的方法和步骤

1）调整小滑板的镶铁，使小滑板导轨与镶铁的配合间隙松紧合适。过紧时手动进给费力，小滑板移动不均匀；过松时则小滑板间隙大，车削时刀纹时深时浅，表面粗糙度值增大。

2）装夹工件和车刀。工件装夹时，应使卡爪均匀地与工件表面接触，保持最小的跳动量，尽量使工件的旋转中心与主轴中心重合并夹持牢固。车刀装夹时，刀尖必须严格地对准工件的旋转中心，刀尖高于中心或低于中心，车出的工件圆锥素线将不是直线，而是双曲线。

3）确定小滑板转动方向及角度。小滑板转动后，其运动方向轨迹应与圆锥素线平行。小滑板转动方向规定如下：车正外锥面（锥体大端靠近主轴）时，小滑板应逆时针转动一个圆锥半角，反之则应顺时针转动（倒外锥）。车正内锥面（锥体小端靠近主轴）时，小滑板应顺时针转动一个圆锥半角，反之则应逆时针转动（倒内锥）。角度调整的步骤如下：

将小滑板转盘上的螺母松开，把转盘转至所需要的圆锥半角 α/2 的刻线上，与基准刻线对齐，然后固定转盘上的螺母。但车削圆锥体的圆锥半角往往都不是整数，即便是整数，一次调整合格的可能性很小，一般可在圆锥角附近估计一个值，试运行后逐步找正。估计时的原则：车外圆锥时，调整角度值可以大于标准值10′～20′，但不能小于标准值，以防将圆锥素线车长或圆锥直径车小而无法修复。

4）粗车圆锥面。车圆锥面与车外圆一样，也分粗、精车，通常先按圆锥大端直径车成圆柱体，然后再车圆锥面。应根据工件圆锥面的长度确定小滑板车削的起始点，防止车削时行程不够。此外，最好在圆锥长度处做好标记，保证留有精车余量。

粗车时首先移动中、小滑板，使刀尖与轴端外圆接触后，小滑板后退，将中滑板刻度调至零位或某一整数值，作为切削深度的起始点。逐次粗车，当车削长度大约至锥体长度的1/2时，检测圆锥角度。

5）校正圆锥角度。用样板或游标万能角度尺通过透光法检查，校正圆锥角度，先判断外圆锥面角度的大小，确定小滑板的微调方向和大小，小心放松小滑板锁紧螺母（不要全松，留有一定的余力，保证小滑板位置不动），左手食指、中指接触小滑板的前端，无名指、小指接触中滑板右侧面，眼睛目测小滑板刻度线。右手用铜棒沿微调方向轻轻敲击小滑板，调整完后，锁紧小滑板。再试车削，再测量、校正，直到角度合格。

6）精车圆锥面。因锥度已经校正，精车外圆锥面主要是提高工件的表面质量、控制圆锥面尺寸精度。因此精车外圆锥面时，车刀必须锋利、耐磨，按精加工要求选择好切削用量。首先用钢直尺或游标卡尺测量出工件小端面至套规过端界面线的距离 a，用计算法算出背吃刀量 a_p：

$$a_p = a\tan\frac{\alpha}{2} \quad\text{或}\quad a_p = \frac{aC}{2} \tag{4-5}$$

方法一：床鞍不动，移动中、小滑板，使刀尖轻轻接触圆锥的小端外圆处，中滑板不动，小滑板后退，让车刀离开工件，车刀向前移动背吃刀量 a_p，后摇小滑板开始精车，如图4-4所示。

方法二：床鞍不动，移动中、小滑板，使刀尖轻轻接触圆锥的小端外圆处，中滑板不动，小滑板后退，使车刀沿圆锥素线离开工件端面 a 的距离，移动床鞍沿圆锥轴线进给，使车刀与工件端面接触，此时车刀已切入一个背车刀量 a_p，然后摇动小滑板开始精车，如图4-5所示。

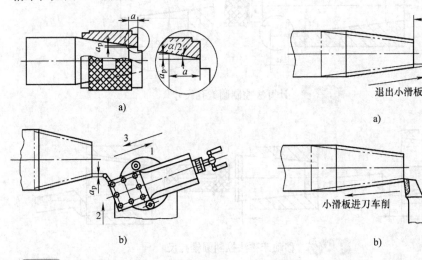

图 4-4　计算背吃刀量 a_p 精车圆锥面
a）用套规测量　b）用中滑板调整背吃刀量 a_p

图 4-5　用工件端面与刀尖距离 a 精车圆锥面
a）退出小滑板调整背吃刀量 a_p　b）移动床鞍调整背吃刀量 a_p

（4）转动小滑板法车内圆锥面的方法和步骤

1）钻孔。用小于锥孔小端直径 1～2mm 的麻花钻钻底孔。

2）内圆锥车刀的选择及装夹。由于圆锥孔车刀刀柄尺寸受圆锥孔小端直径的限制，为了增大刀柄刚度，宜选用圆锥形刀柄，且使刀尖与刀柄中心对称平面等高。装刀时，可以用车平面或平面划线的方法调整车刀，使刀尖严格对准工件中心。刀柄伸出长度应保证其切削行程，刀柄与工件锥孔周围应留有一定空隙。车刀装夹好后还须停机在孔内摇动床鞍至终点，检查刀柄是否会产生碰撞。

3）如果要加工配合的圆锥表面，可以先转动小滑板车好外圆锥面，然后不要变动小滑板角度，将内圆锥车刀反装，使切削刃向下，主轴仍正转，便可以加工出与圆锥体相配合的圆锥孔。或者使用左镗孔刀，刀柄加工成圆锥形以提高刚性，主轴反转，也可以加工出配套锥面，这种方法适于车削数量较少的配套圆锥，可以获得比较理想的配合精度。

4）粗车锥面。与转动小滑板法车外圆锥面一样，在加工前也须调整好小滑板导轨与镶条的配合间隙，并确定小滑板的行程长度。加工时，车刀从外边开始切削（主轴仍正转），当塞规能塞进工件约 1/2 时检查校准圆锥角。

5）校正圆锥角度。用涂色法检测圆锥孔角度，根据擦痕情况调整小滑板转动的角度。经几次试切和检查后逐步将角度找正。

6）精车内圆锥面。精车内圆锥面控制尺寸的方法，与精车外圆锥面控制尺寸的方法相同，也可以采用计算法或移动床鞍法确定 a_p 值，如图 4-6、图 4-7 所示。

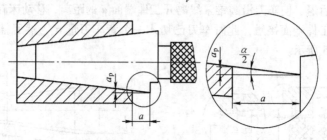

图 4-6　计算法控制圆锥孔尺寸

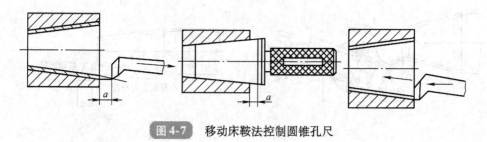

图 4-7　移动床鞍法控制圆锥孔尺

7）切削用量的选择

① 切削速度比车外圆锥面时低 10%～20%。

② 手动进给要始终保持均匀，不能有停顿与快慢不均匀的现象。最后一刀的切削深度一般取 0.1~0.2mm 为宜。

③ 精车钢件时，可以加切削液或机油，以减小表面粗糙度 Ra 值，提高表面质量。

（5）转动小滑板法车圆锥的特点

1）可以车削各种角度的内外圆锥，适用范围广。

2）操作简便，能保证一定的车削精度。

3）由于小滑板法只能用手动进给，故劳动强度较大，表面粗糙度值也较难控制；而且车削锥面的长度受小滑板行程限制。

4）转动小滑板法适用于加工圆锥半角较大且锥面不长的工件。

（6）转动小滑板车外圆锥面的注意事项

1）车刀刀尖用试切法严格对准工件旋转中心，避免产生双曲线误差。

2）工件圆锥的大端直径（小端直径）圆柱面与圆锥面表面应一刀车出，保证同轴度。

3）用圆锥套规检查时，套规和工件表面均用绢绸擦干净；工件表面粗糙度值 Ra 必须小于 3.2μm，并应去毛刺；涂色要薄而均匀，转动量应在半圈以内，不可来回旋转。

4）车削过程中，锥度一定要严格、精确地计算，在要求长度前把锥度调整准确。长度尺寸必须严格控制。

5）取出圆锥塞规时注意安全，不能敲击，以防工件移位。

6）精车锥孔时要以圆锥塞规上的刻线来控制锥孔尺寸。

7）车刀切削刃要始终保持锋利。

2. 偏移尾座法

采用偏移尾座法车外圆锥面，必须将工件用两顶尖装夹，把尾座向里（用于车正外圆锥面）或者向外（用于车倒外圆锥面）横向移动一段距离 s 后，使工件回转轴线与车床主轴轴线相交，并使其夹角等于工件圆锥半角 $\alpha/2$。由于床鞍是沿平行于主轴轴线的进给方向移动的，工件就被车成一个圆锥体，如图 4-8 所示。偏移尾座法加工工件时，工件是由两顶尖装夹，所以不能加工内圆锥。

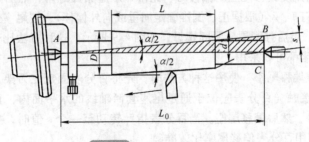

图 4-8 偏移尾座车锥面

（1）尾座偏移量 s 的计算 用偏移尾座法车外圆锥面时，尾座的偏移量不仅与圆锥

长度 L 有关，而且还与两顶尖之间的距离有关。两顶尖之间的距离一般可近似看作工件全长 L_0。尾座偏移量 s 可以根据下列近似公式计算：

$$s \approx L_0 \tan \frac{\alpha}{2} = L_0 \times \frac{D-d}{2L} \tag{4-6}$$

$$\text{或} \quad s = \frac{C}{2} L_0 \tag{4-7}$$

式中 s——尾座偏移量（mm）；

　　D——最大圆锥直径（mm）；

　　d——最小圆锥直径（mm）；

　　L——圆锥长度（mm）；

　　L_0——工件全长（mm）；

　　C——锥度。

例 4-2 在两顶尖之间，用偏移尾座法车一外圆锥工件，已知 $D = 80mm$，$d = 76mm$，$L = 600mm$，$L_0 = 1000mm$，求尾座偏移量 s。

解：根据式（4-6）得

$$s = L_0 \times \frac{D-d}{2L} = 1000 \times \frac{80-76}{2 \times 600} mm = 3.3mm$$

例 4-3 用偏移尾座法车一外圆锥工件，已知 $D = 30mm$，$C = 1:50$，$L = 480mm$，$L_0 = 500mm$，求尾座偏移量 s。

解：根据式（4-7）得

$$s = \frac{C}{2} L_0 = \frac{1/50}{2} \times 500mm = 5mm$$

（2）装夹工件　前后顶尖对齐（尾座上、下层零线对齐），在工件两中心孔内加润滑脂，用两顶尖装夹工件，将两顶尖距离调整至工件总长 L_0（尾座套筒在尾座内伸出长度应小于套筒总长的 1/2）。工件在两顶尖间的松紧程度，以手不用力能拨动工件，而工件无轴向窜动为宜。

（3）偏移尾座　尾座偏移量计算出来后，偏移尾座的几种方法如下：

1）用尾座的刻度偏移尾座。偏移时，先松开尾座紧固螺母，然后用六角扳手转动尾座上层两侧螺钉 1、2（根据正、倒锥确定向里或向外偏移），按尾座刻度把尾座上层移动一个 s 距离。最后拧紧尾座紧固螺母，如图 4-9 所示。这种方法比较方便，一般尾座上有刻度的车床都可以采用。

2）用百分表偏移尾座。使用这种方法时，先将百分表固定在刀架上，使百分表的测头与尾座套筒接触（百分表应位于通过尾座套筒轴线的水平面内，且百分表测量杆垂直于套筒表面），然后偏移尾座。当百分表指针转动至一个 s 值时，把尾座固定，如图 4-10 所示。利用百分表偏移尾座比较准确。

3）用锥度量棒或试件偏移尾座。先把锥度量棒或试件装夹在两顶尖之间，在刀架上装一百分表，使百分表测头与量棒或试件表面接触。百分表的测量杆要垂直于量棒或试件表面，且测头位于通过量棒或试件轴线的水平面内。然后偏移尾座，纵向移动床鞍，使百分表在两端的读数一致后，固定尾座即可，如图 4-11 所示。使用这种方法偏移尾座，选用的锥度棒或试件总长须与所加工工件的总长相等，否则加工出的锥度是不正确的。

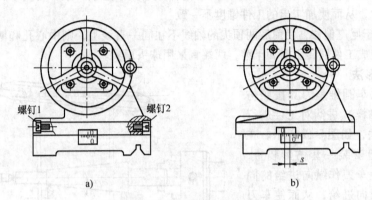

a)　　　　　　　　　　　b)

图 4-9　用尾座的刻度偏移尾座
a）"0"线对齐　b）偏移距离 s

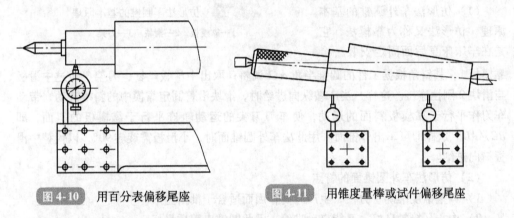

图 4-10　用百分表偏移尾座　　　　**图 4-11**　用锥度量棒或试件偏移尾座

提示：无论采用哪一种方法偏移尾座，都有一定的误差，必须通过试切，逐步修正，而达到比较精确的圆锥角，满足工件的要求。

（4）偏移尾座法车圆锥的特点

1）可以采用纵向机动进给，使表面粗糙度值 Ra 减小，圆锥的表面质量较好。

2）顶尖在中心孔中是歪斜的，因而接触不良，顶尖和中心孔磨损不均匀，故可采用球头顶尖。

3）不能加工整锥体或内圆锥。

4）偏移尾座法适宜于加工锥度小、精度不高、锥体较长的外圆锥工件，因受尾座偏移量的限制，不能加工锥度大的工件。

（5）偏移尾座法车圆锥的注意事项

1）粗车时，进刀不宜过深，首先找正锥度，以防止工件报废；精车圆锥面时，a_p 和 f 都不能太大，否则影响锥面的加工质量。

2）随时注意两顶尖间松紧和前顶尖的磨损情况，以防工件飞出伤人。

3）偏移尾座时应仔细、耐心调整，熟练掌握偏移方向。

4）若工件数量较多，其长度和中心孔的深浅、大小必须一致，否则都将引起工件总长的变化，从而使加工出的工件锥度不一致。

5）由于尾座偏移，使前后两顶尖的轴线不在同一直线上，则中心孔和两顶尖接触不吻合，造成工件回转阻滞和干涉，两端宜采用球头顶尖。

3. 仿形法

仿形法车圆锥是刀具按照仿形装置（靠模）进给对工件进行加工的方法，如图4-12所示。在卧式车床上安装一套仿形装置，该装置能使车刀作纵向进给的同时，又作横向进给，从而使车刀的运动轨迹与圆锥面的素线平行，加工出所需的圆锥面。

（1）仿形法车外圆锥的基本原理 仿形法又称为靠模法，它是在车床床身后面固定安装一个

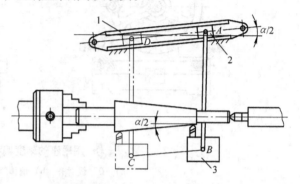

图 4-12 仿形法车圆锥的基本原理

1—靠模板 2—滑块 3—刀架

靠模板1，其斜角根据工件的圆锥半角 $\alpha/2$ 调整；取出中滑板丝杠，刀架3通过中滑板与滑块2刚性连接。这样，当床鞍纵向进给时，滑块沿着固定靠模中的斜槽滑动，带动车刀作平行于靠模板斜面的运动，使车刀刀尖的运动轨迹平行于靠模板的斜面，即 $BC /\!/ AD$。这样即可车出外锥面。用此法车外圆锥面时，小滑板需旋转90°，以代替中滑板横向进给。

（2）仿形法车外圆锥面的特点

1）调整锥度准确、方便，生产率高，因而适合于批量生产。

2）中心孔接触良好，又能自动进给，因此圆锥表面质量好。

3）靠模装置角度调整范围较小，一般适用于车削圆锥半角 $\alpha/2 < 12°$ 的工件。

4. 靠模法

（1）靠模的结构 靠模的结构如图4-13所示，底座1固定在车床床鞍上，它下面的燕尾导轨和靠模体5上的燕尾槽均为滑动配合。当需要加工圆锥工件时，用螺钉11通过挂脚8、调节螺母9及拉杆10把靠模体固定在车床床身上。靠模体上标有角度刻度，它上面装有可以绕中心旋转到与车床主轴轴线相交成所需圆锥半角 $\alpha/2$ 的锥度靠模板2。螺钉6用来调整靠模板与车床主轴轴线相交的斜角，当调整到所需的圆锥半角 $\alpha/2$ 时用螺钉7固定。抽出中滑板丝杠，使连接板3的一端与中滑板相连，另一端与滑块4连接，滑块可以沿靠模板中的斜槽自由滑动。当床鞍作纵向移动时，滑块4沿靠模板的斜槽滑动，同时通过连接板带动中滑板沿靠模横向进给，使车刀合成斜进给运动，从而加工出所需的圆锥面。小滑板需旋转90°，以便于横向进给以控制锥体尺寸。当不需

要使用靠模时，将两只螺钉 11 松开，取下连接板，装上中滑板丝杠，床鞍将带动整个附件一起移动，从而使靠模失去作用。

此外，还可以通过特殊结构的中滑板丝杠与滑块 4 相连，使中滑板既可以手动横向进给，又可以通过滑块沿靠模板横向进给。

（2）靠模法车外圆锥面的特点

1）调整锥度准确、方便，生产率高，因而适合于批量生产。

2）能够自动进给，表面粗糙度值 Ra 较小，表面质量好。

3）靠模装置角度调整范围较小，一般适用于圆锥半角 $\alpha/2$ 在 12° 以内的工件。

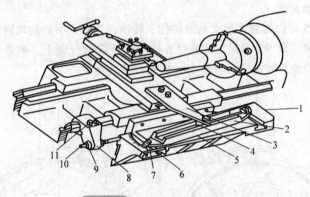

图 4-13　靠模法车外圆锥面

1—底座　2—靠模板　3—连接板　4—滑块　5—靠模体　6、7、11—螺钉　8—挂脚　9—调节螺母　10—拉杆

5. 宽刃刀车削法

宽刃刀车圆锥面，实质上属于成形法车削，即用成形刀具对工件进行加工。它是在车刀装夹时，把主切削刃与主轴轴线的夹角调整到与工件的圆锥半角 $\alpha/2$ 相等后，采用横向进给的方法加工出外圆锥面，如图 4-14 所示。同样的方法用车孔刀可以加工内圆锥面。

宽刃刀车外圆锥面时，切削刃必须平直，应取刃倾角 $\lambda_s = 0°$，车床、刀具和工件等组成的工艺系统必须具有较高的刚度，而且背吃刀量应小于 0.1mm，切削速度宜低些，否则容易引起振动。

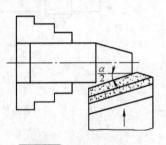

图 4-14　宽刃刀车圆锥

宽刃刀车削法主要适用于较短圆锥面的精车工序。当工件的圆锥表面长度大于切削刃长度时，可以采用多次接刀的方法加工，但接刀处必须平直。

4.2　圆锥的检测

对于相配合的锥度或角度工件，根据用途不同，规定不同的锥度和角度公差。角度的精度用加、减角度的分和秒表示。圆锥的检测主要是指圆锥角度和尺寸精度的检测。

4.2.1 角度和锥度的检测

常用的圆锥角度和锥度的检测方法有：用游标万能角度尺测量，用角度样板检验，用正弦规测量等方法。对于精度要求较高的圆锥面，常用涂色法检验，其精度以接触面的大小来评定。

1. 用游标万能角度尺测量

（1）游标万能角度尺的结构 游标万能角度尺简称万能角度尺，主要由尺身、90°角尺、游标、制动器、基尺、直尺、卡块等组成，如图4-15所示，它可以测量0°～320°范围内的任意角度。

测量时基尺5可以带着主尺1沿着游标3转动，当转到所需的角度时，可以用锁紧装置4锁紧。卡块7将90°角尺2和直尺6固定在所需的位置上。测量时，转动背面的捏手8，通过小齿轮9转动扇形齿轮10，使基尺改变角度。

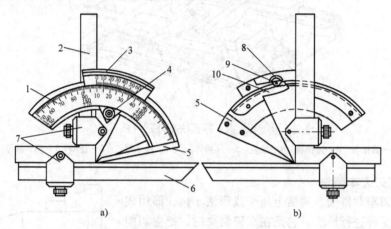

图4-15 游标万能角度尺

a）主视图 b）后视图

1—主尺 2—直角尺 3—游标 4—锁紧装置 5—基尺 6—直尺 7—卡块

8—捏手 9—小齿轮 10—扇形齿轮

（2）刻线原理 游标万能角度尺的分度值一般分为2′和5′两种。下面仅介绍分度值为2′的原理。

主尺的刻度每格为1°，游标上总角度为29°，并等分为30格，如图4-16a所示，每格所对的角度为：

$$\frac{29°}{30} = \frac{60' \times 29}{30} = 58'$$

因此，主尺一格与游标一格相差：

$$1° - \frac{29°}{30} = 60' - 58' = 2'$$

即游标万能角度尺的分度值为2′。

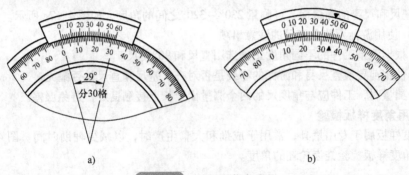

a)   b)

图 4-16 游标万能角度尺

（3）读数方法 游标万能角度尺的读数方法与游标卡尺相似，游标万能角度尺 $1° = 60'$，下面以常用的分度值为 $2'$ 的游标万能角度尺为例，介绍其读数方法，如图 4-16b 所示。

1）先从尺身上读出游标"0"线左边角度的整度数（°），尺身上每一格为 $1°$，即读出整度数为 $10°$。

2）然后用游标"0"线与尺身刻线对齐的游标上的刻线格数，乘以游标万能角度尺的分度值，得到角度的"'"值，即 $25 × 2' = 50'$。

3）两者相加就是被测圆锥的角度值，即 $10° + 50' = 10°50'$。

提示：工件与直尺和角尺接触，判断角度是否准确时常采用漏光法。

（4）测量方法的选择 用游标万能角度尺检测外圆锥角度时，应根据被侧角度大小，选择不同的测量方法，游标万能角度尺的测量范围及方法如图 4-17 所示。测量 $0° \sim 50°$ 的角度，如图 4-17a 所示；测量 $50° \sim 140°$ 的角度，如图 4-17b 所示；测量 $140° \sim 230°$ 的角度，可选图 4-17c 或图 4-17d 所示的方法；将游标万能角度尺的直尺和 $90°$ 角尺卸

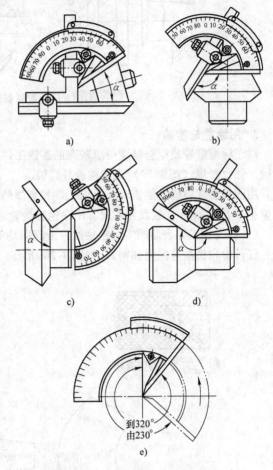

a)   b)

c)   d)

到320°
由230°

e)

图 4-17 游标万能角度尺的测量范围

a) 测量 $0° \sim 50°$ 的角度   b) 测量 $50° \sim 140°$ 的角度
c)、d) 测量 $140° \sim 230°$ 的角度   e) 测量 $230° \sim 320°$ 之间的角度

下，用基尺和尺身的测量面，可测量 230°～320°之间的角度，如图 4-17e 所示。

（5）使用游标万能角度尺的注意事项

1）根据测量工件的不同角度正确选用直尺和 90°角尺。

2）使用前要检查尺身和游标的零线是否对齐，基尺和直尺是否漏光。

3）测量时，工件应与角度尺的两个测量面全长上接触良好，避免误差。

2. 用角度样板检验

角度样板属于专用量具，常用于成批和大量生产时，以减少辅助时间。图 4-18 所示为用角度样板检验锥齿轮坯的角度。

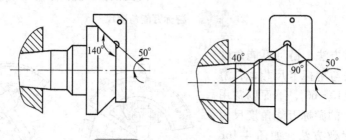

图 4-18 用角度样板测量工件

3. 用涂色法检验

对于标准圆锥或配合精度要求较高的圆锥工件，一般可以使用圆锥套规和圆锥塞规检验。圆锥套规（图 4-19）用于检验外圆锥。

用圆锥套规检验外圆锥时，要求工件和套规的表面清洁，工件外圆锥面的表面粗糙度值小于 $Ra3.2\mu m$ 且表面无毛刺。用涂色法检验的步骤如下：

1）首先在工件表面顺着圆锥轴线，沿周向均等地涂上薄而均匀的三条显示剂（印油、红丹粉和机油等的调和物），如图 4-20 所示。

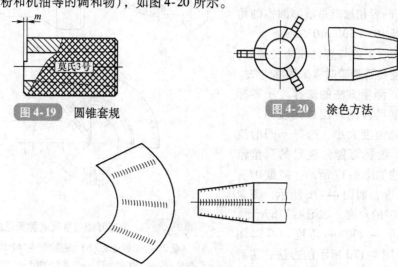

图 4-19 圆锥套规

图 4-20 涂色方法

图 4-21 用圆锥套规检验外圆锥合格圆锥面展开图

2）然后手握套规轻轻地套在工件上，稍加周向推力，并将套规转动半圈。图 4-21 所示为合格圆锥面展开图。

3）最后取下套规，观察工件表面显示剂擦去的情况。若三条显示剂全长擦痕均匀，圆锥表面接触良好，说明锥度正确；若小端擦着，大端未擦去，说明工件圆锥角小了；若大端擦着，小端未擦去，说明工件圆锥角大了。

4.2.2　圆锥线性尺寸的检测

1. 用卡钳和千分尺测量

圆锥的精度要求较低或需要在加工中粗测最大或最小圆锥直径时，可以使用卡钳和千分尺测量。测量时必须要求卡钳脚或千分尺测量杆和工件的轴线垂直，测量位置必须在圆锥的最大或最小圆锥直径处。

2. 用圆锥套规综合检验

1）外圆锥面。圆锥的最大或最小圆锥直径可以用圆锥套规来检验，如图 4-22 所示。它除了有一个精确的圆锥表面外，在塞规和套规的端面上分别有一个台阶（或刻线）。台阶长度（或刻线之间的距离）m 就是最大或最小圆锥直径的公差范围。检验圆锥时，当工件 1 的小端端面位于圆锥套规 2 的台阶之间，就说明圆锥的最小圆锥直径为合格，如图 4-22a 所示；当工件 1 的小端端面未能进入圆锥套规 2 的台阶之间就说明外圆锥的最小圆锥直径太大，如图 4-22b 所示。若锥体小端超出了止端缺口，说明小端直径太小，如图 4-22c 所示。

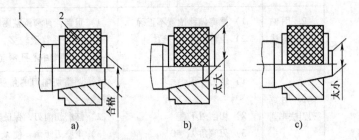

图 4-22　用圆锥套规综合检验

1—工件　2—圆锥套规

2）内圆锥面。检测内圆锥面的角度或锥度主要是使用圆锥塞规，如图 4-23a 所示。根据工件的直径尺寸及公差在圆锥塞规大端开有一个轴向距离为 m 的台阶（刻线），分别表示过端和止端。测量锥孔时，若锥孔的大端平面在台阶两刻线之间，说明锥孔尺寸合格，如图 4-23b 所示。若锥孔的大端平面超过了止端刻线，说明锥孔尺寸太大了，如图 4-23c 所示；若两刻线都没有进入锥孔，说明锥孔尺寸太小了，如图 4-23d 所示。

4.2.3　圆锥面的车削质量分析

车削内外圆锥面时，由于对操作者技能要求较高，在生产实践中，难免会因为种种原因而产生缺陷。表 4-4 为车圆锥时产生废品的原因及预防措施。

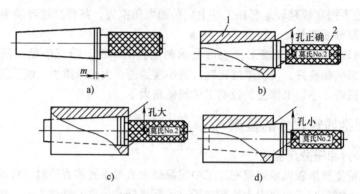

图 4-23　用圆锥塞规综合检验

1—工件　2—圆锥塞规

表 4-4　车圆锥时产生废品的原因及预防措施

废品种类		产生原因	预防措施
角度（锥度）不正确	1. 用转动小滑板法车削	1）小滑板转动的角度计算差错或小滑板角度调整不当 2）车刀没有装夹牢固 3）小滑板移动时松紧不均匀	1）仔细计算小滑板应转动的角度和方向，反复试切削并找正 2）紧固车刀 3）调整小滑板的镶条间隙，使小滑板移动均匀
	2. 用偏移尾座法车削	1）尾座偏移位置不正确 2）工件长度不一致	1）重新计算和调整尾座的偏移量 2）若工件数量较多，其长度必须一致，且两端中心孔深度也应一致
	3. 用宽刃刀法车削	1）装刀不正确 2）切削刃不直 3）刃倾角 $\lambda_s \neq 0°$	1）调整切削刃的角度和对准工件轴线 2）修磨切削刃，保证其直线度 3）重磨刃倾角，使 $\lambda_s = 0°$
	4. 铰内圆锥	1）铰刀的角度不正确 2）铰刀的轴线与主轴轴线不重合	1）更换、修磨铰刀 2）用百分表和试棒，调整尾座套筒轴线与主轴轴线重合
最大和最小圆锥直径不正确		1. 未经常测量最大和最小圆锥直径 2. 未控制车刀的背吃刀量	1. 经常测量最大和最小圆锥直径 2. 及时测量，用计算法或移动床鞍法控制背吃刀量 a_p
双曲线误差		车刀刀尖未严格对准工件轴线	车刀刀尖必须严格对准工件轴线
表面粗糙度值达不到要求		1. 与"车轴类工件时，表面粗糙度值达不到要求的原因"相同 2. 小滑板镶条间隙不当 3. 未留足精车或精铰削余量 4. 手动进给忽快忽慢	1. 与"车轴类工件时，表面粗糙度值达不到要求的预防措施"相同 2. 调整小滑板镶条间隙 3. 要留有适当的精车或精铰削余量 4. 手动进给要均匀，快慢一致

车圆锥时,虽经多次调整小滑板的转角,但仍不能找正;用圆锥套规检测外圆锥时,发现两端显示剂被擦去,而中间未被擦去;用圆锥塞规检测内圆锥时,发现中间部位显示剂被擦去,而两端未被擦去。出现以上情况的原因,是由于车刀刀尖没有对准工件回转轴线而产生双曲线误差,如图 4-24 所示。

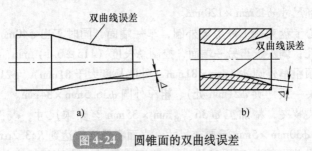

图 4-24　圆锥面的双曲线误差

a) 外圆锥　b) 内圆锥

注意事项:车圆锥时,一定要使车刀刀尖严格对准工件的回转中心。车刀在中途经刃磨后再装刀时,必须调整垫片厚度,重新对准回转中心。

4.3　圆锥面加工技能训练实例

技能训练一　圆锥轴的加工

加工图 4-25 所示的圆锥轴,毛坯尺寸为 $\phi45\text{mm} \times 120\text{mm}$,材料为 45 钢。

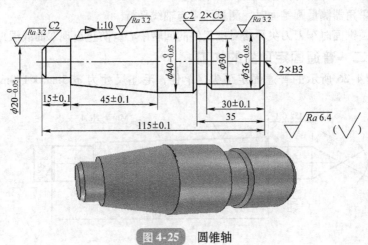

图 4-25　圆锥轴

1. 图样分析　圆锥轴有外圆、平面、台阶、沟槽、圆锥面、倒角、两端 B3 中心孔组成。工件总长为 (115 ± 0.1) mm;右端为 $\phi36_{-0.05}^{0}$ mm 的外圆,其左右两端倒角 $C3$; $\phi36_{-0.05}^{0}$ mm 的外圆左端为宽 5mm 的槽,槽底直径为 $\phi30$ mm;工件中间为 $\phi40_{-0.05}^{0}$ mm 的外圆,其长度尺寸由总长和其他尺寸保证。$\phi40_{-0.05}^{0}$ mm 的外圆左端与锥度为 1:10、长度为（45±0.1）mm 的圆锥面相连；工件左端为 $\phi 20_{-0.05}^{0}$ mm 的外圆，长度为（15±0.1）mm；工件表面粗糙度值为 $Ra3.2\mu m$。工件尺寸精度和表面质量要求不高，适合应用卧式车床进行加工。

2. 加工步骤

1）测量毛坯尺寸 $\phi 45mm \times 120mm$。

2）用自定心卡盘夹持工件毛坯外圆，车一端面，同时车出 $\phi 40mm \times 10mm$ 限位台肩，钻 B3 中心孔；调头，车另一端面，控制总长度（115±0.1）mm，钻 B3 中心孔。

3）一夹一顶粗车外圆 $\phi 41mm \times 81mm$（外圆长度大于81mm）、$\phi 21mm \times 14mm$。

4）调头一夹一顶（夹 $\phi 21mm$ 处）、粗车外圆 $\phi 36.5mm \times 34mm$。

5）用两顶尖装夹，精加工 $\phi 36_{-0.05}^{0}$ mm $\times 35mm$ 至要求尺寸，表面粗糙度值达到 $Ra3.2\mu m$，切槽 $\phi 30mm \times 5mm$ 至要求尺寸，表面粗糙度值达到 $Ra3.2\mu m$，倒角 $C3$。

6）用两顶尖装夹精加工 $\phi 20_{-0.05}^{0}$ mm 至要求尺寸，表面粗糙度值达到 $Ra3.2\mu m$；车外圆 $\phi 40_{-0.05}^{0}$ 至要求尺寸，表面粗糙度值达到 $Ra3.2\mu m$。

7）加工圆锥面，小滑板逆时针转动 $2°51'19''$，粗车、精车 1:10 圆锥面，采用游标万能角度尺测量圆锥半角或全角，表面粗糙度值达到 $Ra3.2\mu m$，加工至合格。

8）倒角。

9）检查。

3. 注意事项

1）加工时，应分粗车、精车加工工件。

2）圆锥大端外圆与圆锥面应一刀车出。

3）用量角器测量圆锥面时，测量尺应与轴线平行。

4）车圆锥面时车刀刀尖严格对准工件的回转中心，防止出现双曲线误差。

技能训练二 普通固定顶尖的加工

加工图 4-26 所示的普通固定顶尖，单件，毛坯尺寸为 $\phi 35mm \times 170mm$，材料为45钢。

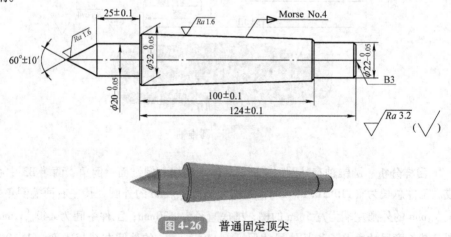

图 4-26 普通固定顶尖

1. 图样分析 普通固定顶尖由外圆、平面、台阶、圆锥面、倒角、一端 B3 中心孔组成。长度精度为 ±0.1mm，外圆精度为 −0.05mm，长锥面锥度为莫氏 4 号，小圆锥面为圆锥角 60°，右端外圆有倒角两处，表面粗糙度值 $Ra1.6\mu m$ 两处，两圆锥的圆锥轴线有同轴度要求。

2. 加工步骤

1）测量毛坯尺寸 $\phi35mm \times 170mm$。

2）用自定心卡盘夹持工件毛坯外圆，车一端面，同时车出 $\phi33mm \times 10mm$ 的限位台肩，调头，车另一端面，控制总长度（169 ± 0.1）mm，钻 B3 中心孔。

3）一夹一顶粗车外圆 $\phi21mm \times 45mm$（保证另一端长度 124mm ± 0.1mm）。

4）调头一夹一顶，先粗车、精车 $\phi22_{-0.05}^{\ 0}mm$，表面粗糙度值达到 $Ra3.2\mu m$，后粗车、精车 $\phi32_{-0.05}^{\ 0}mm$。

5）粗车、精车莫氏 4 号圆锥面，小滑板逆时针转动 1°29′15″，圆锥角度小，每次试切削时的背吃刀量不能太大，以免使工件作废。达到锥度、尺寸和表面粗糙度值要求。

6）检查、倒角。

7）将工件调头用莫氏锥套过渡，插入主轴孔内并夹紧。

8）加工 $\phi20_{-0.05}^{\ 0}mm$ 至要求尺寸，加工 60° ±10′ 圆锥面达到要求尺寸及表面粗糙度值要求。

9）倒角。

10）检查。

3. 注意事项

1）车圆锥面时车刀刀尖严格对准工件的回转中心。

2）莫氏 4 号圆锥的表面粗糙度值 $Ra1.6\mu m$ 应达到要求，防止内外圆锥配合时打滑。

3）注意加工的顺序。

4）用圆锥套规涂色法检验外圆锥面时，应在工件左右两侧均匀涂色，并注意左右两侧用力均匀，套规转动不超过半周。

技能训练三 内锥车削训练

1. 转动小滑板车锥套（图 4-27）

1）计算锥孔小端直径 d 和圆锥半角 $\alpha/2$。

由 $C = \dfrac{D-d}{L}$ 得 $d = D - CL = 30mm - \dfrac{1}{5} \times 50mm = 20mm$

由 $\tan(\alpha/2) = \dfrac{C}{2} = \dfrac{1}{2} \times \dfrac{1}{5} = 0.1$ 得 $\alpha/2 = 5°42′38″$

2）技能训练步骤。

① 夹持毛坯外圆长 15mm 左右，找正并夹紧，车端面，车外圆至 $\phi40mm$，长 30 ~ 35mm，倒角 C1.5。

② 调头夹住外圆 $\phi40mm$，长 20 ~ 25mm，找正并夹紧，车端面，保证总长 50mm，

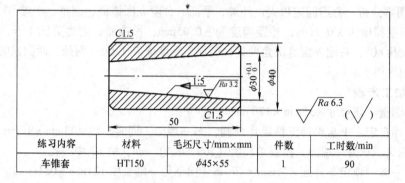

练习内容	材料	毛坯尺寸/mm×mm	件数	工时数/min
车锥套	HT150	$\phi45×55$	1	90

图 4-27 转动小滑板车锥套

车外圆 $\phi40$mm，并接平外圆，倒角 C1.5。

③ 钻通孔 $\phi18$mm。

④ 将小滑板顺时针转动 5°42′38″，粗车内圆锥面。

⑤ 将圆锥半角调整准确。

⑥ 精车内圆锥面，并保证尺寸 $\phi30^{+0.1}_{0}$mm。

2. 转动小滑板车内、外圆锥配合件（图 4-28）

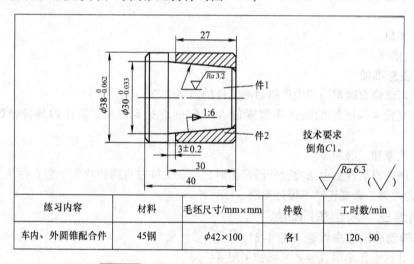

练习内容	材料	毛坯尺寸/mm×mm	件数	工时数/min
车内、外圆锥配合件	45钢	$\phi42×100$	各1	120、90

图 4-28 转动小滑板车内、外圆锥配合件

1）件 1 加工步骤。

① 用自定心卡盘夹住棒料外圆，伸出长度 50mm，找正并夹紧。

② 车端面（车平即可）。

③ 粗车、精车外圆 $\phi30^{0}_{-0.033}$mm、长 30mm 至要求尺寸，并车平台阶面。

④ 粗车、精车外圆 $\phi38^{0}_{-0.062}$mm、长大于 10mm（工件总长 40mm）至要求尺寸。

⑤ 调整小滑板转角，粗车外圆锥面，并保证圆锥角。

⑥ 精车外圆锥面，锥面大端处应离台阶面不大于 1.5mm。

⑦ 倒角 C1，去毛刺。

⑧ 切断，保证工件总长 41mm。

⑨ 调头，垫铜皮夹住外圆 $\phi 38_{-0.062}^{0}$ mm，找正并夹紧。

⑩ 车端面，保证总长 40mm；倒角 C1。

2）件 2 加工步骤。

① 用自定心卡盘夹住棒料外圆，伸出长度 35~40mm，找正并夹紧。

② 车端面（车平即可）。

③ 粗车、精车外圆 $\phi 38_{-0.062}^{0}$ mm，使长度尺寸符合 30mm，倒角 C1。

④ 钻 $\phi 23$ mm 孔，深 30mm 左右。

⑤ 切断，控制总长 28mm。

⑥ 调头，垫铜皮夹住外圆 $\phi 38_{-0.062}^{0}$ mm，找正并夹紧。

⑦ 车端面，保证总长 27mm；倒角 C1。

⑧ 粗车、精车内圆锥面，保证圆锥角和配合距离（3±0.2）mm。

☆考核重点解析

　　锥度、圆锥全角、圆锥半角的计算；圆锥面的测量方法，各种测量用具的正确使用方法，能准确判断角度的大小并正确调整；如何避免双曲线误差。

复习思考题

1. 什么是锥度？

2. 车外圆锥面一般有哪几种方法？分别适用于何种情况？

3. 用转动小滑板车圆锥有什么优缺点？

4. 用偏移尾座法车圆锥有什么优缺点？偏移尾座主要有哪几种方法？

5. 圆锥角度检测有几种方法？

6. 车圆锥时，装夹的车刀尖没有对准工件轴线，对工件质量有什么影响？

7. 试述车圆锥时锥度不正确的原因及预防方法。

第5章 成形面和表面修饰加工

☺**理论知识要求**

　　1. 掌握车削成形面的方法和技巧。

　　2. 掌握表面修饰的方法和技巧。

　　3. 掌握滚花加工的方法和技巧。

☺**操作技能要求**

　　1. 学会刃磨成形刀具。

　　2. 学会双手熟练、配合协调地操纵车床车削各类成形面。

　　3. 学会修光、抛光、滚花等表面修饰加工操作。

5.1　成形面和表面修饰加工方法

　　在机器制造中，经常会遇到有些零件表面素线不是直线而是曲线，如图5-1所示的单球手柄、三球手柄、橄榄球手柄，这些带有曲线的零件表面称作成形面，也称作特形面。

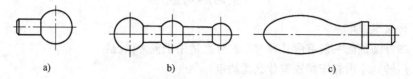

a)　　　　　　　　　　b)　　　　　　　　　　c)

图 5-1　带有成形面的手柄

a）单球手柄　b）三球手柄　c）橄榄球手柄

5.1.1　成形面的车削方法

　　在车床上加工成形面时，应根据工件的表面特征、精度的高低和生产批量大小等情况，采用不同的车削方法。加工成形面的方法有双手控制法、成形法、仿形法（靠模仿形）和采用专用工具车削等方法。

　　1. 双手控制法

　　用双手控制中、小滑板或中滑板与床鞍的合成运动，使刀尖的运动轨迹与工件表面曲线重合，以达到车削成形面的目的。

　　（1）双手操作中、小滑板的方法　具体操作方法是左手控制中滑板手柄，右手控制小滑板手柄，两手配合，左、右手控制中、小滑板手柄要熟练，配合要协调。也可在车削前先做个和工件表面曲线重合的样板，对照样板来进行车削，如图 5-2 所示。当车好以后，如果表面粗糙度值达不到要求，可先用锉刀修光，再用砂布进行抛光。

（2）运动速度分析 用双手控制法车成形面时，首先要分析曲面上各点的斜率，根据各点斜率来确定各点纵、横进给速度。例如车图 5-3 所示的单球手柄，车削 a 点处时，中滑板的横向进给速度比小滑板的纵向进给速度慢；车削 b 处时，横向与纵向的进给速度基本相等；车削 c 处时横向进给速度要比纵向进给速度快。如此经过多次合成运动进给，才能使车刀刀尖移动轨迹逐渐接近所要求的曲线。

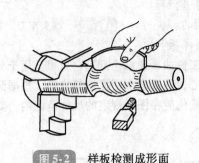

图 5-2 样板检测成形面

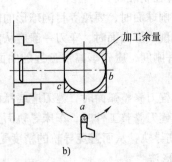

图 5-3 车刀刀尖移动轨迹分析

（3）单球手柄的车削

1）单球手柄圆球部分长度 L 的计算。

$$L = (D + \sqrt{D^2 - d^2})/2 \tag{5-1}$$

式中 L——圆球部分的长度（mm）；

    D——圆球的直径（mm）；

    d——柄部直径（mm）。

2）单球手柄的车削方法。

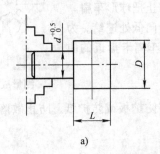

a)

b)

图 5-4 车单球手柄示意图

a）车球面前 b）车圆球

① 用自定心卡盘夹毛坯一端车外圆、端面，保证长度 L。

② 调头车球面大外圆（比标注尺寸大 0.5mm）。

③ 车球面，用图 5-5 所示的圆头车刀，由 a 点→c 点及 a 点→b 点逐步把余量车去

而形成球头。

3）修整。由于双手控制法为手动进给车削，工件表面不可避免地会留下高低不平的刀痕，因此必须用细齿纹平面锉来修光，再用1号或0号砂布并加机油进行表面抛光。

（4）成形面的检测 在车削成形面的过程中，要边车边检测。为了保证成形面外形和尺寸的正确，可根据不同的精度要求选用样板、游标卡尺或千分尺等进行检测。精度要求不高的成形面可用样板检测。检测时，样

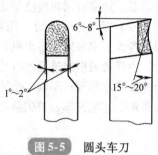

图5-5 圆头车刀

板中心应对准工件中心，如图5-6所示，并根据样板与工件之间的间隙大小来修整球面，最终使样板与工件曲面轮廓全部重合方可。用千分尺检测时，千分尺测微螺杆轴线应通过工件球面中心，并应多次变换测量方向，根据测量结果进行修整。合格的球面，各测量方向所得的量值应在图样规定的尺寸范围内，如图5-7所示。

图5-6 用样板检测成形面

（5）双手控制法车成形面的注意事项

1）用双手控制法车成形面时，双手配合应协调、熟练。车刀切入深度应控制准确。

2）车削球面时，要培养目测球形的能力，防止把球形车扁。

3）车削成形曲面时，车刀一般应从曲面高处向低处进给。为了增加工件刚度，应先车离卡盘远的曲面段，后车离卡盘近的曲面段。

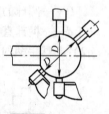

图5-7 千分尺测量成形面

4）用锉刀修整弧面时，锉刀应绕弧面进行。

5）用锉刀修整工件时，车床导轨面上应垫有防护板或防护纸，防止散落在床面上的锉屑损伤导轨，从而避免导轨的精度受影响。

2. 成形法

成形法是用成形刀对工件进行加工的方法。切削刃的形状与工件成形表面轮廓形状相同的车刀称为成形刀，又称样板刀。数量较多、轴向尺寸较小的成形面可用成形法车削。常用的成形刀有整体式成形刀、棱形成形刀和圆形成形刀等几种。以下介绍整体式成形刀和棱形成形刀。

（1）整体式成形刀 这种成形刀与普通车刀相似，其特点是将切削刃磨成和成形面表面轮廓素线相同的曲线形状，如图5-8和图5-9所示。对车削精度不高的成形面，

其切削刃可用手工刃磨；对车削精度要求较高的成形面，切削刃应在工具磨床上刃磨。

图5-8　凹球面成形刀　　　　图5-9　凸球面成形刀

（2）棱形成形刀　这种成形刀由刀头 1 和弹性刀柄 2 两部分组成，如图 5-10 所示。刀头的切削刃按工件的形状在工具磨床上磨出，刀头后部的燕尾块装夹在弹性刀柄的燕尾槽中，并用紧固螺栓紧固。

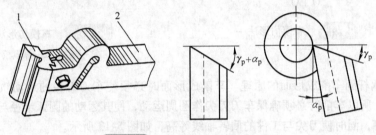

图5-10　棱形成形刀及使用方法
1—刀头　2—弹性刀柄

3. 仿形法

刀具按照仿形装置进给对工件进行加工的方法称为仿形法。仿形法车成形面是一种加工质量好、生产效率高的先进车削方法，特别适合质量要求较高、批量较大的生产。仿形车成形面的方法很多，下面介绍两种尾座靠模仿形法。

（1）靠模仿形法一　车床上常用的简单靠模装置如图 5-11 所示。拆除中滑板丝杠使小滑板转过 90°，以代替中滑板横向进给。靠模板由托脚固定在床身上，滚柱固定在中滑板的接长板上，并在弹簧力或重力作用下使滚柱始终紧贴在靠模板的曲面上，如图5-11 所示，适当调整小滑板控制刀尖到工件回转中心的距离，当床鞍作纵向移动时，在滚柱沿靠模板作曲线运动的同时，刀尖就车削出与靠模板轨迹完全相同的工件。此法适合于切削力不大的有色金属加工及零件的成形面精加工。

（2）靠模仿形法二　这种靠模仿形法车成形面与用靠模车圆锥面的方法大体相同。不同的是须将带有曲线槽的靠模代替锥度靠模板，并将滚柱代替滑块。与车圆锥面类似，须拆去中滑板丝杠，小滑板转过 90°以代替中滑板横向进给，如图 5-12 所示。这种方法操作方便，生产效率高，质量稳定可靠，但只适合加工成形表面起伏较平稳的工件。

4. 用专用工具车成形面

用专用工具车成形面的方法很多，在此只介绍用蜗杆副车削成形面。

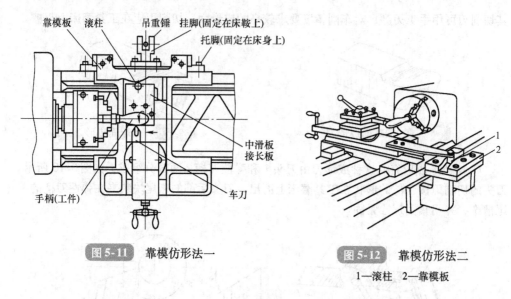

图 5-11　靠模仿形法一

图 5-12　靠模仿形法二
1—滚柱　2—靠模板

（1）蜗杆副车削成形面的原理　车削成形面时必须使车刀刀尖的运动轨迹是一个圆弧曲线，所以车削时必须确保车刀刀尖作圆周运动，使其运动的圆弧半径与成形面圆弧半径相等，同时使刀尖与工件的回转轴线等高，如图 5-13 所示。

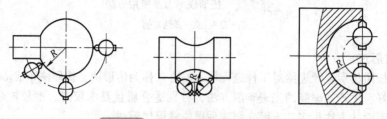

图 5-13　内、外成形面的车削原理

（2）蜗杆副车削内、外成形面的结构和原理

如图 5-14 所示，车削时，先拆下车床小滑板，安装车成形面工具，刀架 1 装在圆盘 2 上，刀尖应与工件的回转中心等高。圆盘内装有蜗杆副，当转动手柄 3 时，蜗杆带动蜗轮转动，从而使车刀围绕圆盘中心旋转，刀尖作圆周运动，即可以车出成形面。

5.1.2　表面修饰加工

1. 抛光

利用机械、化学或电化学的作用，使工件获

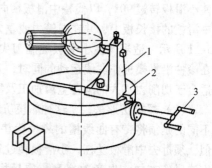

图 5-14　蜗杆副车削成形面
1—刀架　2—圆盘　3—手柄

得光亮、圆滑表面的方法称为抛光。抛光的目的就是去除工件表面的刀痕、减小表面粗

糙度值。在车床上抛光通常采用锉刀修光和砂布抛光两种方法。

（1）锉刀修光　通常选用细齿纹的平锉、整形锉和特细齿纹的油光锉。在车床上用锉刀修光时，为保证安全，应以左手握住锉刀柄，右手扶锉刀前端，如图 5-15 所示。纵向进给时动作轻缓均匀，不可过大或过猛，以防把工件表面锉出较深的沟纹或产生形状误差。另外，锉削时要选择合理的转速，转速过高锉刀容易磨钝；转速过低，易使工件产生形状误差。

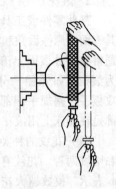

图 5-15　锉刀修光

（2）砂布抛光　抛光时常选用的细粒度砂布有 0 号或 1 号，砂布越细，抛光后的表面粗糙度值越小。常用的操作方法如下：

1）将砂布垫在锉刀下面，采用锉刀修饰的方法抛光。

2）用双手捏住砂布的两端，右手在前、左手在后进行抛光，如图 5-16a 所示。采用此法时，两手压力不可过大，防止砂布因摩擦过度而被拉断。

3）用抛光夹抛光。将砂布夹在抛光夹内，然后套在工件上，手握抛光夹纵向移动抛光工件，如图 5-16b 所示。此法比手捏砂布抛光要安全，但仅适合形状简单的工件的抛光。

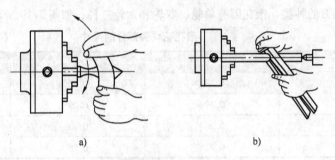

a)　　　　　　　　　　　　b)

图 5-16　砂布抛光

a) 手捏砂布抛光　b) 用抛光夹抛光

4）用砂布抛光内孔时，可选用抛光木棒，将砂布一端插入木棒槽内，并按顺时针方向缠绕在木棒上，然后放在孔内进行抛光，如图 5-17 所示。

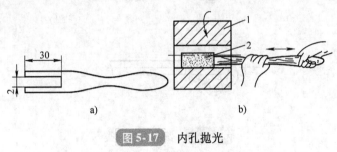

a)　　　　　　　　　　　b)

图 5-17　内孔抛光

a) 抛光棒　b) 用抛光棒抛光内孔

1—工件　2—抛光棒

2. 滚花

某些零件或工具的捏手部位，为增加其表面的摩擦因数和零件表面的美观程度，通常在零件表面上滚压出不同的花纹，称为滚花。如外径千分尺的微分套管，铰攻板手，塞规手握部位等。这些花纹一般都是在车床上用滚花刀滚压而成的。

（1）花纹的种类 滚花的花纹有直纹和网纹两种。花纹有粗细之分，并用模数 m 表示。模数越大花纹越粗，花纹的粗细由齿距的大小来确定。滚花时选择的模数与工件直径大小成正比。选择花纹的形状和各部分的尺寸见图5-18和表5-1。

滚花的标记示例：模数 $m = 0.2$mm，直纹滚花，其标记为：直纹 m0.2 GB/T 6403.3—2008。模数 $m = 0.3$mm，网纹滚花，其标记为：网纹 m0.3 GB/T 6403.3—2008。

（2）滚花刀的种类 滚花刀有单轮、双轮和六轮三种，如图5-19所示。

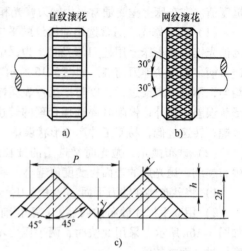

图 5-18 滚花的种类

a）直纹滚花 b）网纹滚花 c）花纹的形状

表 5-1 滚花花纹各部分的尺寸　　　　　　　（单位：mm）

模数	h	r	节距 $P = \pi m$
0.2	0.132	0.06	0.628
0.3	0.198	0.09	0.942
0.4	0.264	0.12	1.257
0.5	0.326	0.16	1.571

注：表中 $h = 0.785m - 0.414r$。

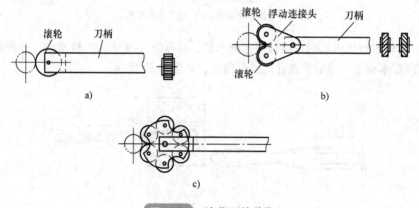

图 5-19 滚花刀的种类

a）单轮滚花刀（直纹） b）双轮滚花刀（网纹） c）六轮滚花刀

（3）滚花的方法　滚花前，应根据工件材料的性质和节距的大小，将工件滚花表面的直径车小（0.8～1.6）m（m为模数）。

滚花刀装夹在车床刀架上，使滚花刀的装刀中心与工件的回转中心等高。滚压有色金属或滚花表面要求较高的工件时，滚花刀的滚轮轴线与工件回转轴线应平行。滚压碳素钢或滚花表面要求一般的工件时，可使滚轮轴线向左倾斜与工件轴线成3°～5°的夹角，如图5-20所示。

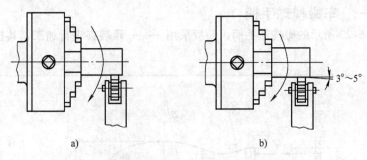

图 5-20　滚花刀的装夹方法

a）平行装夹滚花刀　b）倾斜装夹滚花刀

（4）滚花时的技术要点

1）在滚花刀开始滚压时，挤压力要大且猛一些，使工件圆周上一开始就形成较深的花纹，这样就不易产生乱纹。

2）为了减少滚花开始时的径向压力，可以使滚轮表面宽度的1/3～1/2与工件接触，使滚花刀容易切入工件表面，如图5-21所示。在停机检查花纹符合要求后，即可纵向机动进给。如此反复滚压1～3次，直至花纹凸出符合图样要求为止。

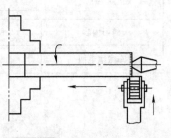

图 5-21　滚花刀切入工件

3）滚花时，应选低的切削速度，一般为5～10mm/min。纵向进给量选得大些，一般为0.3～0.6mm/r。

4）滚花时，应充分浇注切削液以润滑滚轮和防止滚轮发热损坏，并经常清除滚压产生的切屑。

（5）滚花时注意事项

1）滚花时，滚花刀和工件均受到较大的径向压力，因此，滚花刀和工件必须装夹牢固。

2）滚压过程中，不能用手或棉纱去接触滚压表面，以防绞手伤人。

3）浇注切削液或清除碎屑时，应避免毛刷接触工件与滚轮咬合处，以防毛刷被卷入。

4）车削有滚花表面的工件时，粗车之后进行滚花，然后找正工件，再精车其他部位。

5）车削带有滚花表面的薄壁套类工件时，先滚花，再钻孔和车孔，减少工件的变形。

6）滚花时，若发现乱纹应及时退刀，查找原因，及时纠正。

5.2　成形面和表面修饰加工技能训练实例

技能训练一　车橄榄球手柄

加工图 5-22 所示的橄榄球手柄，一般采用一夹一顶装夹进行加工，其技能训练步骤见表 5-2。

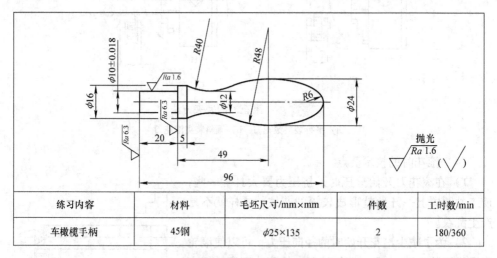

练习内容	材料	毛坯尺寸/mm×mm	件数	工时数/min
车橄榄手柄	45钢	φ25×135	2	180/360

图 5-22　橄榄球手柄

表 5-2　橄榄球技能训练步骤

内容	图例	说明
粗车各外圆		1. 夹住棒料外圆，伸出长度 30mm 左右，车平端面，钻中心孔 2. 一夹一顶装夹工件，伸出长度约 110mm 3. 粗车外圆 φ24mm，长 100mm；粗车 φ16mm，长 45mm；粗车 φ10mm，长 20mm，各处均留精车余量约 0.1mm
车定位槽		从 φ16 外圆的台阶面量起，长 17.5mm 处为中心线，用小圆头车刀车出 φ12.5mm 的定位槽

（续）

内容	图例	说明
车削凹圆弧面	R40　5	从 φ16mm 外圆的台阶面量起，大于 5mm 处开始切削，向 φ12.5mm 定位槽处移动，车削 R40mm 圆弧面
车凸圆弧面及外圆	R48　17.5　49	1. 从 φ16mm 外圆的台阶面量起，长 49mm 处为中心线，在外圆上向左、右方向车 R48mm 圆弧面，如左图所示 　　2. 精车 φ（10±0.018）mm，长 20mm 至要求尺寸，精车 φ16mm 外圆 　　3. 用锉刀、砂布修整砂光（用专用样板检查） 　　4. 松去顶尖，用圆头车刀车 R6mm 圆弧面，并切下工件
修整圆弧面	R6	调头，夹持外圆 φ24mm（垫调皮），找正并夹紧，用锉刀修整 R6mm 圆弧面，并用砂布砂光

技能训练二　车三球手柄

　　加工图 5-23 所示的三球手柄，一般有两种方法：一夹一顶和两顶尖装夹加工。现介绍两顶尖装夹的加工方法，其技能训练步骤见表 5-3。

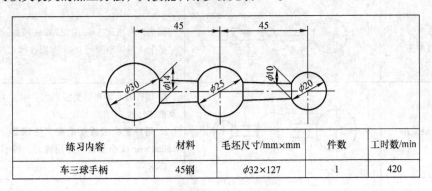

练习内容	材料	毛坯尺寸/mm×mm	件数	工时数/min
车三球手柄	45钢	φ32×127	1	420

图 5-23　三球手柄

表 5-3　三球手柄技能训练步骤

内容	图例	说明
车平面、台阶，钻中心孔	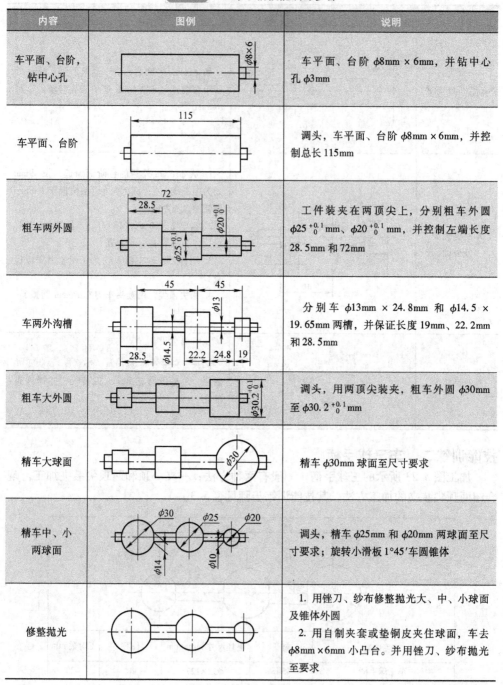	车平面、台阶 $\phi8mm \times 6mm$，并钻中心孔 $\phi3mm$
车平面、台阶		调头，车平面、台阶 $\phi8mm \times 6mm$，并控制总长 115mm
粗车两外圆		工件装夹在两顶尖上，分别粗车外圆 $\phi25 {}^{+0.1}_{0}mm$、$\phi20 {}^{+0.1}_{0}mm$，并控制左端长度 28.5mm 和 72mm
车两外沟槽		分别车 $\phi13mm \times 24.8mm$ 和 $\phi14.5 \times 19.65mm$ 两槽，并保证长度 19mm、22.2mm 和 28.5mm
粗车大外圆		调头，用两顶尖装夹，粗车外圆 $\phi30mm$ 至 $\phi30.2 {}^{+0.1}_{0}mm$
精车大球面		精车 $\phi30mm$ 球面至尺寸要求
精车中、小两球面		调头，精车 $\phi25mm$ 和 $\phi20mm$ 两球面至尺寸要求；旋转小滑板 $1°45'$ 车圆锥体
修整抛光		1. 用锉刀、纱布修整抛光大、中、小球面及锥体外圆 2. 用自制夹套或垫铜皮夹住球面，车去 $\phi8mm \times 6mm$ 小凸台。并用锉刀、纱布抛光至要求

技能训练三　滚花轴

加工图 5-24 所示的滚花轴，其技能训练步骤如下：

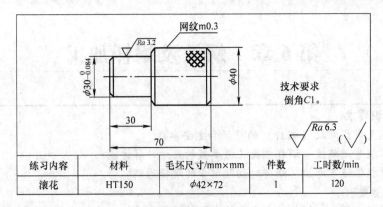

练习内容	材料	毛坯尺寸/mm×mm	件数	工时数/min
滚花	HT150	$\phi42×72$	1	120

图 5-24　滚花轴

1）用自定心卡盘夹持工件毛坯外圆，找正并夹紧。

2）车端面（车平即可）。

3）粗车外圆至 $\phi31.2$mm，长 30mm。

4）调头夹持 $\phi31.2$mm 外圆，长 20mm，找正并夹紧。

5）车端面保持总长 70.5mm。

6）车外圆至 $\phi39.8$mm。

7）滚压网纹 m0.3，倒角 $C1$。

8）调头夹持滚花表面，找正并夹紧；车端面保证总长 70mm。

9）精车外圆 $\phi30_{-0.084}^{0}$mm，长 30mm 至要求尺寸；倒角 $C1$（2 处）。

☆考核重点解析

考核的重点是双手控制车成形面的方法，掌握车单球手柄圆球部分长度的计算公式和车削方法（车成形面时，车刀一般从曲面的高点向低处进给）。滚花部分重点掌握滚花刀的选择和滚花时切削用量的选择。

复习思考题

1. 滚花时产生乱纹的原因有哪些？

2. 滚花刀花纹的有几种？分别用于滚压加工何种花纹？

3. 什么是成形面？成形面有哪些加工方法？

4. 什么是双手控制法？其特点和适用场合是什么？

5. 什么是抛光？抛光的目的是什么？

6. 什么是成形法？什么情况下不用双手控制法车成形面？

7. 成形刀可分为哪几种？各适用于什么场合？

8. 用成形法车削成形面时应如何防止振动？

9. 用成形法车成形面时，成形面轮廓不正确的原因是什么？

第6章 螺纹及蜗杆加工

6.1 三角形螺纹加工

6.1.1 螺纹的形成及其分类

1. 螺纹的形成

　　在圆柱或圆锥母体表面上制出的螺旋线形的、具有特定截面的连续凸起部分，称为螺纹。在车床上车削螺纹，是常见的形成螺纹的一种加工方法。如图6-1所示，将工件装夹在与车床主轴相连的夹具上，使它随主轴作等速旋转，同时使车刀沿主轴轴线方向作等速移动，当车刀切入工件达一定深度时，就在工件表面上车制出螺纹。

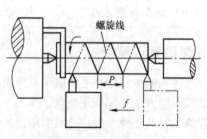

图6-1 车削外螺纹示意图

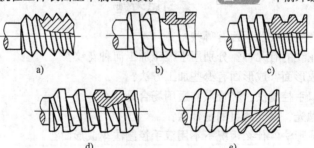

图6-2 螺纹的分类

a）三角形螺纹　b）矩形螺纹　c）梯形螺纹　d）锯齿形螺纹　e）圆形螺纹

2. 螺纹的种类

螺纹的种类很多，按其母体形状分为圆柱螺纹和圆锥螺纹；按其在母体所处位置分为外螺纹、内螺纹；按其截面形状（牙型）分为三角形螺纹、矩形螺纹、梯形螺纹、锯齿形螺纹及其他特殊形状螺纹，如图 6-2 所示；按螺旋线方向分为左旋螺纹和右旋螺纹，如图 6-3 所示；按螺旋线的数量分为单线螺纹、双线螺纹及多线螺纹，如图 6-4 所示；按牙的大小分为粗牙螺纹和细牙螺纹等；按用途不同，可分为联接螺纹和传动螺纹。

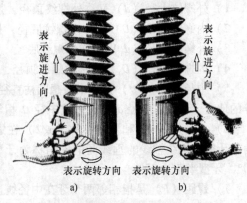

图 6-3　螺纹的旋向

a) 左旋螺纹　b) 右旋螺纹

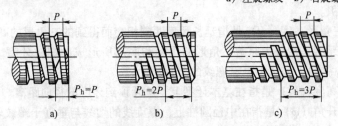

图 6-4　单线和多线螺纹

a) 单线螺纹　b) 两线螺纹　c) 三线螺纹

6.1.2　三角形螺纹的基本计算

1. 三角形螺纹的基本要素

三角形螺纹各部分名称的代号如图 6-5 所示。

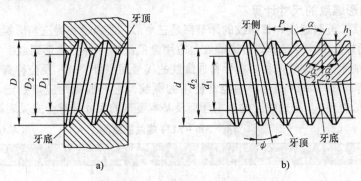

图 6-5　三角形螺纹的基本要素

a) 内螺纹　b) 外螺纹

1）外螺纹大径（d）又称外螺纹顶径，是指通过外螺纹牙顶的假想圆柱面直径。

2）内螺纹大径（D）又称内螺纹底径，是指通过内螺纹牙底的假想圆柱面直径。

3）外螺纹小径（d_1）又称外螺纹底径，是指通过外螺纹牙底的假想圆柱面直径。

4）内螺纹小径（D_1）又称内螺纹顶径，是指通过内螺纹牙顶的假想圆柱面直径。

5）中径（d_2 和 D_2）是一个假想圆柱直径，该圆柱的素线通过牙型上牙厚和槽宽相等的地方，外螺纹中径 d_2 和内螺纹中径 D_2 相等。

6）牙型角（α）和牙型半角（$\alpha/2$）在螺纹牙型上，相邻两侧间的夹角称为牙型角，牙侧与螺纹轴线的垂线间的夹角称为牙型半角。如普通三角形螺纹，其牙型角为 $60°$，牙型半角为 $30°$。

7）螺距（P）是指相邻两个牙在中径线上对应两点间的轴向距离。

8）导程（P_h）是指在同一条螺旋线上，相邻两个牙在中径线上对应两点间的轴向距离。如图 6-4 所示，对于单线螺纹，其导程等于螺距；对于多线螺纹，其导程等于线数与螺距的乘积。

9）原始三角形高度（H）是指延长牙型两侧相交而得到的三角形的高度。

10）基本牙型是指截去原始三角形的顶部和底部所形成的螺纹牙型（截去部分的高度称为削平高度），该牙型具有螺纹的公称尺寸。

11）牙型高度（h_1）是指在基本牙型上，从牙顶到牙底的径向距离。

12）螺纹升角（φ）是指在中径圆柱上，螺旋线的切线与垂直于螺纹轴线的平面之间的夹角（图 6-5）。螺纹升角可由下式计算：

$$\tan\varphi = P_h/(\pi d_2) = nP/(\pi d_2) \qquad (6-1)$$

式中　φ——螺纹升角（$°$）；

　　　P——螺距（mm）；

　　　d_2——螺纹中径（mm）；

　　　n——线数；

　　　P_h——螺纹的导程。

2. 三角形螺纹的尺寸计算

普通螺纹、英制螺纹和管螺纹的牙型都是三角形，所以通称为三角形螺纹。

1）普通螺纹的尺寸计算。普通螺纹是应用最广泛的一种三角形螺纹。它分为粗牙普通螺纹和细牙普通螺纹两种。粗牙普通螺纹的代号用字母"M"及公称直径表示，如 M16、M24 等。M6~M24 是生产中经常使用的螺纹，它们的螺距应该熟记。M6~M24 螺纹的螺距见表 6-1。普通螺纹的基本牙型及基本要素的尺寸计算公式见表 6-2。

表 6-1　M6~M24 螺纹的螺距　　　　　　（单位：mm）

公称直径	螺距（P）	公称直径	螺距（P）
6	1	16	2
8	1.25	18	2
10	1.5	20	2.5
12	1.75	22	2.5
14	2	24	3

表6-2　普通螺纹的牙型及其计算公式

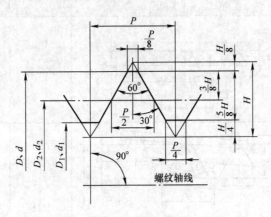

基本参数	外螺纹	内螺纹	计算公式
牙型角	α		$\alpha = 60°$
螺纹大径（公称直径）/mm	d	D	$d = D$
螺纹中径/mm	d_2	D_2	$d_2 = D_2 = d - 0.6495P$
牙型高度/mm	h_1		$h_1 = 0.5413P$
螺纹小径/mm	d_1	D_1	$D_1 = d_1 = d - 1.0825P$

2）英制螺纹。在我国设计新产品时不使用英制螺纹，只有在某些进口设备中和维修旧设备时应用。英制螺纹的牙型如图6-6所示，它的牙型角为55°（美制螺纹为60°），公称直径是指内螺纹的大径，用英寸（in）表示。螺距 P 以 1in（25.4mm）中的牙数 n 表示，如1in中有12牙，则螺距为1/12in。英制螺距与米制螺距的换算如下：

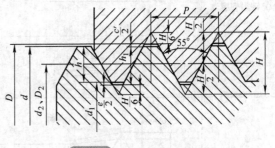

图6-6　英制螺纹的牙型

$$P = \frac{1\text{in}}{n} = \frac{25.4}{n}\text{mm}$$

英制螺纹1in内的牙数及各基本要素的尺寸，可从有关手册中查出。

3）管螺纹。管螺纹是一种特殊的寸制细牙螺纹，其牙型角有55°和60°两种。常见的管螺纹有55°非密封管螺纹、55°密封管螺纹、60°密封管螺纹、米制锥螺纹四种。其中55°非密封管螺纹用得最多，用字母 G 和公称直径表示。管螺纹的公称直径是指所连接的管道直径，用英寸表示。管螺纹的牙型和应用见表6-3。

表6-3 管螺纹

管螺纹	管螺纹的牙型	锥度	用途
55°非密封管螺纹	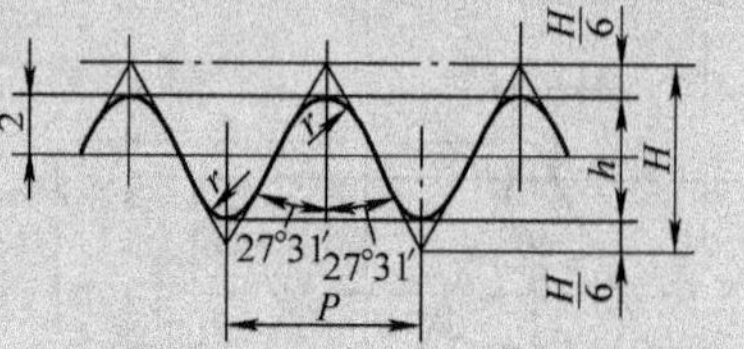	无锥度	适用于管接头、旋塞、阀门及其附件
55°密封管螺纹	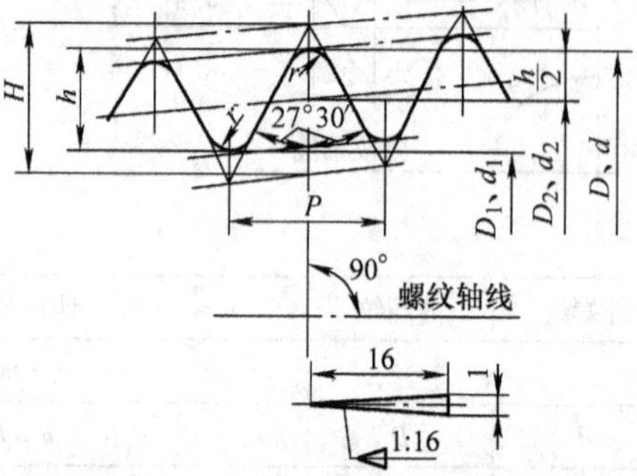	1:16	适用于管子、管接头、旋塞、阀门及其附件
60°密封管螺纹	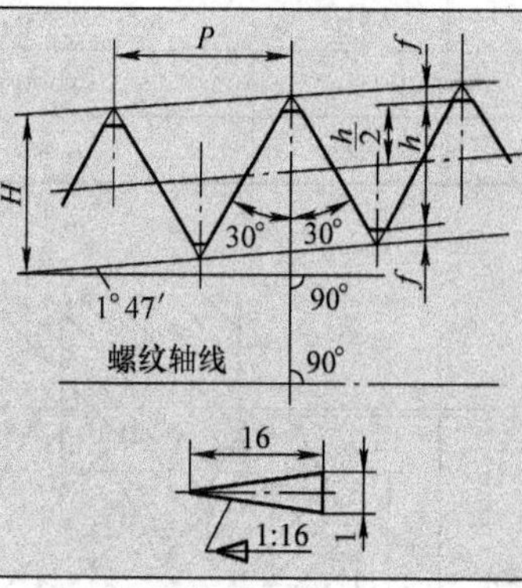	1:16	适用于机床上的油管、水管、气管的联接
米制锥螺纹	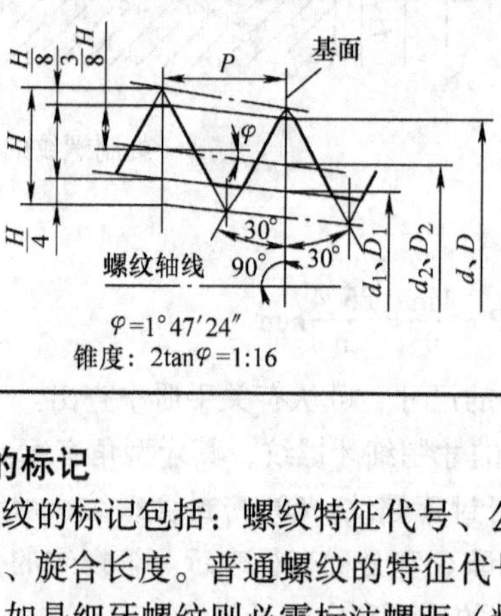 $\varphi=1°47'24''$ 锥度：$2\tan\varphi=1:16$	1:16	适用于气体或液体管路系统依靠螺纹密封的联接螺纹（水、煤气管道用螺纹除外）

3. 普通螺纹的标记

完整的普通螺纹的标记包括：螺纹特征代号、公称直径、螺距（导程）、线数、螺纹公差代号、旋向、旋合长度。普通螺纹的特征代号用 M 表示；公称直径和螺距（导程）用数字表示。如是细牙螺纹则必需标注螺距（粗牙螺纹不标注）；多线螺纹需标明线数；左旋螺纹必须注出"LH"字样；螺纹公差代号包括中径公差带代号与顶径公差带代号。公差带代号由表示其大小的公差等级数字和表示其位置的字母所组成；旋合长度分为短旋合长度（S）、中等旋合长度（N）和长旋合长度（L），一般在公差带代号之后标注旋合长度代号（旋合长度有时用数字表示）。示例：$M24 \times 2 - 5g6g - S - LH$；$M16 \times 1.5 - 6H - 30$。

6.1.3　三角形螺纹车刀及其刃磨

1. 螺纹车刀切削部分材料的选用

一般情况下，螺纹车刀切削部分的材料有高速钢和硬质合金两种，在选用时应注意以下问题：

1）低速车削螺纹时，用高速钢车刀；高速车削螺纹时，用硬质合金车刀。

2）如果工件材料是有色金属、铸钢或橡胶，可选用高速钢或 K 类硬质合金（如K30）；若工件材料是钢料，则选用 P 类（如 P10）或 M 类硬质合金（M10 类）。

2. 螺纹升角 ϕ 对车刀角度的影响

车螺纹时，由于螺纹升角的影响，引起切削平面和基面位置的变化，从而使车刀工作时的前角和后角与车刀静止时的前角和后角的数值不同。螺纹升角越大，对工作时的前角和后角的影响越明显。因此，必须考虑螺纹升角对螺纹车刀工作角度的影响。

（1）螺纹升角 ϕ 对螺纹车刀工作前角的影响　如图 6-7a 所示，车削右旋螺纹时，

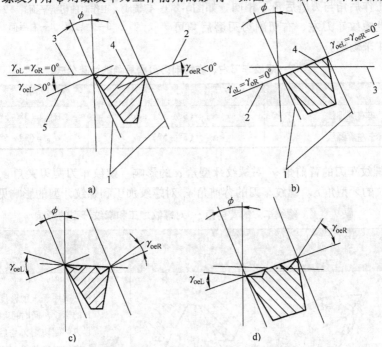

图 6-7　螺纹升角对螺纹车刀工作前角的影响

a）水平装刀　b）法向装刀　c）水平装刀且磨有较大前角的卷屑槽　d）法向装刀且磨有较大前角的卷屑槽
1—螺旋线（工作时切削平面）　2、5—工作时的基面　3—基面　4—前角

如果车刀左右侧切削刃的刃磨前角均为 0°，即 $\gamma_{oL} = \gamma_{oR} = 0°$，螺纹车刀水平装夹时，左切削刃在工作时是正前角（$\gamma_{oeL} > 0°$），切削比较顺利；而右切削刃在工作时是负前角（$\gamma_{oeR} < 0°$），切削不顺利，排屑也困难。为了改善上述情况，可采用以下措施：

1）将车刀左右两侧切削刃组成的平面垂直于螺旋线装夹（法向装刀），这时两侧切削刃的前角都为 0°，如图 6-7b 所示。

2）车刀仍然水平装夹，但在前刀面上沿左右两侧的切削刃上磨有较大前角的卷屑槽，如图 6-7c 所示。这样可使切削顺利，并有利于排屑。

3）法向装刀时，在前面上也可磨出有较大前角的卷屑槽，如图 6-7d 所示，这样切削更顺利。

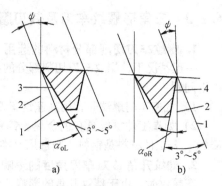

图 6-8 车右旋螺纹时螺纹升角对螺纹车刀工作后角的影响
a）左切削刃 b）右切削刃
1—螺旋线（工作时的切削平面） 2—切削平面
3—左后面 4—右后面

（2）螺纹升角 ϕ 对螺纹车刀工作后角的影响 螺纹车刀的工作后角一般为 3°~5°，当不存在螺纹升角时（如横向进给车槽），车刀左、右切削刃的工作后角与刃磨后角相同。但在车削螺纹时，由于螺纹升角的影响，车刀左、右切削刃的工作后角与刃磨后角不相同，如图6-8所示。因此螺纹车刀左、右切削刃刃磨后角可查阅表6-4来确定。

表 6-4 螺纹车刀左、右切削刃刃磨后角的计算公式

螺纹车刀的刃磨后角	左侧切削刃的刃磨后角 α_{oL}	右侧切削刃的刃磨后角 α_{oR}
车右旋螺纹	$\alpha_{oL} = (3° \sim 5°) + \phi$	$\alpha_{oR} = (3° \sim 5°) - \phi$
车左旋螺纹	$\alpha_{oL} = (3° \sim 5°) - \phi$	$\alpha_{oR} = (3° \sim 5°) + \phi$

（3）螺纹车刀的背前角 γ_p 对螺纹牙型角 α 的影响 螺纹车刀两刃夹角 ε_r' 的大小，取决于螺纹的牙型角 α。螺纹车刀的背前角 γ_p 对螺纹加工和螺纹牙型的影响见表6-5。

表 6-5 螺纹车刀的背前角 γ_p 对螺纹加工和螺纹牙型的影响

背前角 γ_p	螺纹车刀的两刃夹角 ε_r' 和螺纹牙型角 α 的关系	车出的螺纹牙型角 α 螺纹车刀的两刃夹角 ε_r' 的关系	螺纹牙侧	应用
0°	$\varepsilon_r' = \alpha = 60°$	$\alpha = \varepsilon_r' = 60°$	直线	适用于车削精度要求较高的螺纹，同时可增大螺纹车刀两侧切削刃的后角，来提高切削刃的锋利程度，减小螺纹牙型两侧的表面粗糙度值

（续）

背前角 γ_p	螺纹车刀的两刃夹角 $\varepsilon_r{}'$ 和螺纹牙型角 α 的关系	车出的螺纹牙型角 α 螺纹车刀的两刃夹角 $\varepsilon_r{}'$ 的关系	螺纹牙侧	应用
>0°	$\gamma_p>0°$ $\varepsilon_r{}'=60°$ α_{oL} $\varepsilon_r{}'=\alpha=60°$	$60°$ α $\alpha>\varepsilon_r{}'$，即 $\alpha>60°$， 前角 γ_p 越大， 牙型角的误差也越大	曲线	不允许，必须对车刀两切削刃夹角 ε' 进行修正
5°~15°	$\gamma_p=5°\sim15°$ $\varepsilon_r{}'=59°\pm30'$ α_{oL} $\varepsilon_r{}'<\alpha$，选 $\varepsilon_r{}'$ 等于 $58°30'\sim$ $59°30'$	$\alpha=60°$ $\alpha=\varepsilon_r{}'=60°$	曲线	车削精度要求不高的螺纹或粗车螺纹

因此，精车刀的背前角应取得较小（$\gamma_p=0°\sim5°$），才能达到理想的效果。

3. 三角形螺纹车刀

一般情况下，螺纹车刀切削部分的材料有高速钢和硬质合金两种，图 6-9 所示为常用三角形螺纹车刀。

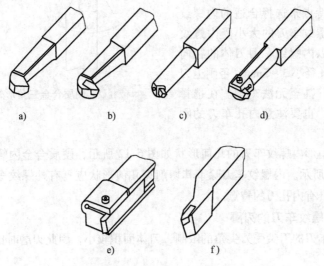

a)   b)   c)   d)

e)   f)

图 6-9 常用三角形螺纹车刀

a)、b) 整体式内螺纹车刀　c)、d) 装配式内螺纹车刀　e) 装配式外螺纹车刀　f) 整体式外螺纹车刀

（1）三角形外螺纹车刀 高速钢三角形外螺纹车刀的几何形状如图 6-10 所示。为了车削顺利，粗车刀应选用较大的背前角（$\gamma_p = 15°$）。为了获得较精确的牙型，精车刀应选用较小的背前角（$\gamma_p = 6° \sim 10°$）。

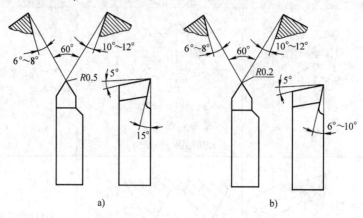

图 6-10 高速钢三角形外螺纹车刀

a）粗车刀 b）精车刀

硬质合金三角形螺纹车刀的几何形状如图 6-11 所示，在车削较大螺距（$P > 2mm$）以及材料硬度较高的螺纹时，在车刀两侧切削刃上磨出宽度为 0.2 ～ 0.4mm、$\gamma_{oL} = -5°$的倒棱。

（2）三角形内螺纹车刀 根据所加工内孔的结构特点来选择合适的内螺纹车刀。由于内螺纹车刀的大小受内螺纹孔的限制，所以内螺纹车刀刀体的径向尺寸应比螺纹孔径小 3 ～ 5mm，否则退刀时易碰伤牙顶，甚至无法车削。在选择内螺纹车刀时，也要注意内孔车刀的刚性和排屑问题。

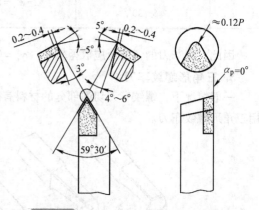

图 6-11 硬质合金三角形外螺纹车刀

高速钢三角形内螺纹车刀的几何形状如图 6-12 所示，硬质合金内螺纹车刀的几何角度如图 6-13 所示。内螺纹车刀除了其切削刃几何形状应具有外螺纹车刀的几何形状特点外，还应具有内孔刀的特点。

4. 三角形螺纹车刀的刃磨

由于螺纹车刀的刀尖受刀尖角的限制，刀体面积较小，因此刃磨时比一般车刀难以准确掌握。

（1）刃磨螺纹车刀的四点要求

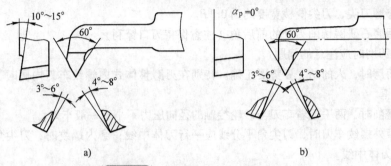

图 6-12　高速钢三角形内螺纹车刀

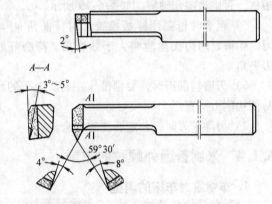

1）当螺纹车刀背前角 $\gamma_p = 0°$ 时，刀尖角等于牙型角；当螺纹车刀背前角 $\gamma_p > 0°$ 时，刀尖角必须修正。

2）螺纹车刀两侧切削刃必须是直线。

3）螺纹车刀切削刃应具有较小的表面粗糙度值。

4）螺纹车刀两侧后角是不相等的，应考虑车刀进给方向的后角受螺纹升角的影响而加减一个螺纹升角 ϕ。

（2）螺纹车刀刃磨的具体步骤

1）先粗磨前刀面。

图 6-13　硬质合金三角形内螺纹车刀

2）磨两侧后刀面，以初步形成两刃夹角。其中先磨进给方向侧刃（控制刀尖半角 $\varepsilon_r/2$ 及后角 $\alpha_o + \phi$），再磨背进给方向侧刃（控制刀尖角 ε_r 及后角 $\alpha_o - \phi$）。

3）精磨前刀面，以形成前角。

4）精磨后刀面，刀尖角用螺纹车刀样板来测量，能得到正确的刀尖角（图 6-14）；测量时，使刀杆低平面与样板平面平行，用观察切削刃与样板间的透光来判断刃磨的刀尖角是否正确。

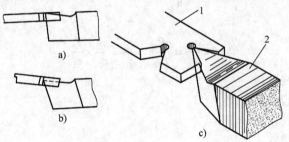

图 6-14　用样板修正两刃夹角

a）正确　b）错误　c）测量示意

1—样板　2—螺纹车刀

5）修磨刀尖，刀尖侧棱宽度约为 0.1P。

6）用磨石研磨切削刃处的前后角（注意保持刃口锋利）。

（3）刃磨时应注意的问题

1）刃磨时，人的站立姿势要正确。特别在刃磨整体式内螺纹车刀内侧时，容易将刀尖角磨歪。

2）磨削时，两手握着车刀与砂轮接触的径向压力不小于一般车刀。

3）磨外螺纹车刀时，刀尖角平分线应平行刀体中线；磨内螺纹时，刀尖角平分线应垂直于刀体中线。

4）车削高台阶的螺纹车刀，靠近高台阶一侧的切削刃应短些，否则易擦伤轴肩，如图 6-15 所示。

5）粗磨时也要用样板检查。对背前角 $\gamma_p > 0°$ 的螺纹车刀，粗磨时两刃夹角应略大于牙型角。待磨好后，在修磨两刃夹角。

6）刃磨切削刃时，要稍带作左右、上下的移动，这样容易使切削刃平直。

7）刃磨车刀时，一定要注意安全。

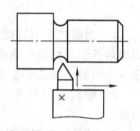

图 6-15　车削高台阶的螺纹车刀

6.1.4　米制普通外螺纹的车削

1. 车螺纹时车床的调整

（1）传动比的计算　图 6-16 所示为 CA6140 型卧式车床车螺纹时的传动示意图。从图中可以看出，当工件旋转一周时，车刀必须沿工件轴线方向移动一个螺纹的导程 $nP_工$。在一定的时间内，车刀的移动距离等于工件转数 $n_工$ 与工件螺纹导程 $nP_工$ 的乘积，也等于丝杠转数 $n_丝$ 与丝杠螺距 $P_丝$ 的乘积。即

$$n_工 \, nP_工 = n_丝 \, P_丝$$

$$\frac{n_丝}{n_工} = \frac{nP_工}{P_丝}$$

$\dfrac{n_丝}{n_工}$ 称为传动比，用 i 表示。由于 $\dfrac{n_丝}{n_工} = \dfrac{z_1}{z_2} = i$，所以可以得出车螺纹时的交换齿轮计算公式，即

$$i = \frac{n_丝}{n_工} = \frac{nP_工}{P_丝} = \frac{z_1}{z_2} = \frac{z_1}{z_0} \times \frac{z_0}{z_2}$$

式中　n——螺纹线数；

z_1——主动齿轮齿数；

z_0——中间轮齿数；

z_2——动轮齿数。

（2）车床的调整　在 CA6140 型车床上车削常用螺距的螺纹时，变换手柄位置分三个步骤：

1）变换主轴箱外手柄的位置见表 6-6。

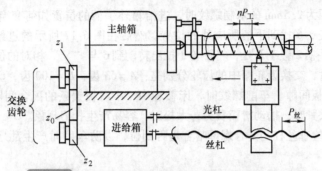

图 6-16　CA6140 型卧式车床车螺纹时的传动示意图

表 6-6　车削螺纹时主轴箱外的手柄位置

手柄位置	位置 1	位置 2	位置 3	位置 4
	右旋正常螺距（或导程）	右旋扩大螺距（或导程）	左旋扩大螺距（或导程）	左旋正常螺距（或导程）

2）调整进给箱外手柄的位置。可按照车床进给箱上的铭牌（表 6-7）所示的螺距范围，变换手柄的位置。

表 6-7　CA6140 型车床进给箱铭牌（部分）

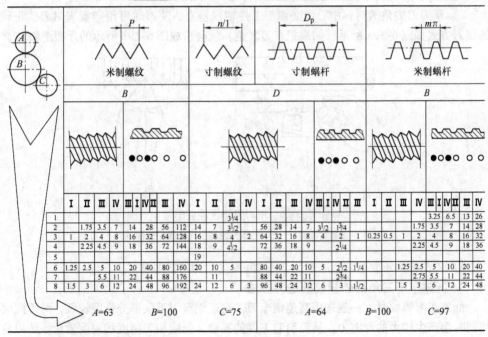

注：1. ● 主轴转速为 40 ~ 125r/min。
　　2. ○ 主轴转速为 10 ~ 32r/min。
　　3. 应用此表时，应和主轴箱上加大螺距的手柄及进给箱外手柄 1、2、3 上的各标牌符号配合使用。

如车削螺距为2.5mm的米制螺纹时，进给箱外手柄的位置如何交换呢？按图6-17所示，并根据表6-6找到手柄所应处的位置，然后在图6-17所示的进给箱上将手柄1置于B上，将手柄2置于Ⅱ处，将手轮3拉出转动到6与"▽"相对的位置后，便可以开始车削。此时，交换齿轮箱中的齿轮分别是：$A = 63$齿，$B = 100$齿，$C = 75$齿。

3）调整滑板间隙。车削螺纹时，床鞍和中、小滑板镶条的配合间隙既不能太松，又不能太紧。太紧时，摇动滑板费力；太松时，容易产生扎刀现象。

4）检查。检查丝杠与开合螺母啮合是否到位，以防车削时产生乱牙，开合螺母如图6-18所示。

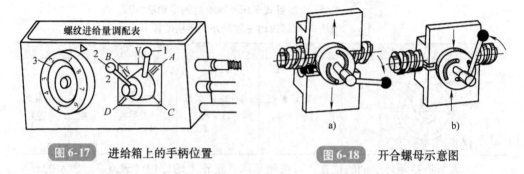

图 6-17　进给箱上的手柄位置　　　　图 6-18　开合螺母示意图

2. 三角形螺纹车刀的装夹

1）装夹车刀时，刀尖一般应对准工件中心（可根据尾座顶尖高度检查）。

2）车刀刀尖角的对称中心线必须与工件轴线垂直，装刀时可用样板来对刀，正确的装刀方式如图6-19a所示；如果把车刀装歪，就会造成图6-19b所示的牙型歪斜。

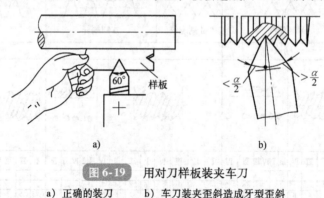

图 6-19　用对刀样板装夹车刀

a）正确的装刀　　　b）车刀装夹歪斜造成牙型歪斜

3）刀头伸出不要过长，一般为$20 \sim 25$mm（约为刀杆厚度的1.5倍）。

3. 低速车削三角形外螺纹的进刀方法

低速车削螺纹时，一般选用高速钢车刀。高速钢车刀刀尖部分强度较低，两刃同时切削时会产生较大的背向力，从而引起工件的振动，影响加工精度和表面质量。所以应根据不同的加工要求、工件的材质和螺距的大小来选择合适的进刀方法。低速车削进刀方法见表6-8。

表6-8　　低速车削三角形外螺纹的进刀方法

进刀方法	直进法	斜进法	左右切削法
图示			
方法	车削时只用中滑板横向进给	在每次往复行程后，除中滑板横向进给外，小滑板只向一个方向作微量进给	除中滑板作横向进给外，同时用小滑板将车刀向左或向右作微量进给
加工性质	双面切削	单面切削	
加工特点	容易产生扎刀现象，但是能够获得正确的牙型角	不易产生扎刀现象，用斜进法粗车螺纹后，必须用左右切削法精车	不易产生扎刀现象，但小滑板的左右移动量不宜太大
使用场合	车削螺距较小（$P <$ 2.5mm）的三角形螺纹	车削螺距较大（$P > 2.5$mm）的三角形螺纹	车削螺距较大（$P > 2.5$mm）的三角形螺纹

4. 高速车削三角形外螺纹

用硬质合金车刀高速车削三角形螺纹时，切削速度可比低速车削螺纹提高 $15 \sim 20$ 倍，而且行程次数可以减少 2/3 以上，如低速车削螺距为2mm的中碳钢材料的螺纹时，一般 12 个行程左右；而高速车削螺纹仅需 $3 \sim 4$ 个行程即可，因此，可以大大提高生产率，在工厂中已被广泛采用。

高速车削螺纹时，为了防止切屑使牙侧起毛刺，不易采用斜进法和左右切削法，只能用直进法车削。高速切削三角形外螺纹时，受车刀挤压后会使外螺纹大径尺寸变大。因此，车削螺纹前的外圆直径应比螺纹大径小些。当螺距为 $1.5 \sim 3.5$mm 时，车削螺纹前的大径一般可以减小 $0.2 \sim 0.4$mm。

例 6-1　螺距 $P = 2$mm，总牙型高 $h_1 \approx 0.6P = 1.2$mm，其背吃刀量分配情况如下（图6-20）：

第一次背吃刀量：$a_{p1} = 0.6$mm。

第二次背吃刀量：$a_{p2} = 0.3$mm。

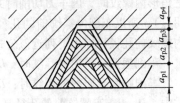

图 6-20　背吃刀量分配情况

第三次背吃刀量：$a_{p3} = 0.2\text{mm}$。

第四次背吃刀量：$a_{p4} = 0.1\text{mm}$。

用硬质合金车刀高速车削中碳钢或中碳合金钢螺纹时，进给次数可参考表6-9。

表6-9　高速车削三角形螺纹的进刀次数

螺距 P/mm		1.5~2	3	4	5	6
进给次数	粗车	2~3	3~4	4~5	5~6	6~7
	精车	1	2	2	2	2

5. 米制普通内螺纹的车削方法

车削三角形内螺纹的方法和车削三角形外螺纹的方法基本相同，只是进、退刀方向与车外螺纹相反。三角形内螺纹工件形状常见的有三种，即通孔、不通孔和台阶孔，如图6-21所示。其中通孔内螺纹容易加工。

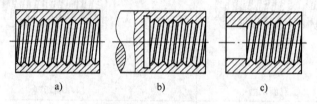

图6-21　内螺纹的形状

a）通孔内螺纹　b）不通孔内螺纹　c）台阶孔内螺纹

（1）内螺纹车刀的装夹要求

1）刀柄伸出长度不宜过长，一般比内螺纹长度长10~20mm即可。

2）刀尖应与工件的回转轴线等高或略高于工件回转轴线。

3）将螺纹对刀样板的侧面靠紧工件端面，刀尖进入样板相对应的角度槽内，调整车刀并夹紧。对刀示意图如6-22a所示。

4）装夹好的车刀在车螺纹前应在孔内手动试进给一次，以检查刀柄与内孔是否相碰而影响正常车削，如图6-22b所示。

（2）车三角形内螺纹前孔径的确定　车削

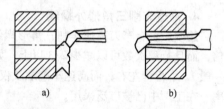

a）　　　　　b）

图6-22　普通内螺纹车刀装夹示意图

三角形内螺纹时，因车刀切削时的挤压作用，内孔直径会缩小（车削塑性金属时尤为明显），所以车削内螺纹前的孔径（$D_{孔}$）应比内螺纹小径（D_1）略大些。车削三角形内螺纹前孔径可以用下列近似公式计算：

车削塑性金属的内螺纹时：$D_{孔} \approx D - P$

车削脆性金属的内螺纹时：$D_{孔} \approx D - 1.05P$

式中　$D_{孔}$——车螺纹前的孔径（mm）；

　　　D——内螺纹的大径（mm）；

P——螺距（mm）。

例6-2　车削 M30×1.5 的内螺纹，工件材料为铸铜，求车削内螺纹前的孔径尺寸。

解：铸铜为脆性材料，应用公式 $D_{孔} \approx D - 1.05P$ 计算。

$$D_{孔} \approx d - 1.05P = 30\text{mm} - 1.05 \times 1.5\text{mm} = 28.43\text{mm}$$

（3）车内螺纹时的注意事项

1）车削螺纹前，调整好床鞍和中、小滑板的松紧程度及开合螺母的间隙。

2）安装内螺纹车刀时，车刀刀尖应与工件的回转中心等高。

3）车削底孔直径较小的内螺纹时，由于孔径限制了刀柄的截面积，所以背吃刀量应尽量小些。

4）车削不通孔内螺纹时，应在刀柄上做好深度标记或用床鞍手轮刻度盘控制长度，以免车刀与孔底相碰撞。

5）退刀要及时、正确，车刀不能与螺纹牙顶发生碰撞。

6）车螺纹前，孔口要倒角且边缘直径要略大于内螺纹大径。

7）工件在回转时禁止用棉纱擦拭内螺纹表面，以防手指旋入而发生事故。

8）更换车刀时应重新对刀，以防乱牙。

6. 车削三角形螺纹时切削用量的选择

（1）车削三角形螺纹时的切削用量　车削三角形螺纹时的切削用量的推荐值见表6-10。

表6-10　车削三角形螺纹时的切削用量

工件材料	刀具材料	螺距/mm	切削速度 v_c/（m/min）	背吃刀量 a_p/mm
45 钢	P10	2	60 ~ 90	余量 2~3 次完成
45 钢	W18Cr4V	2.5	粗车：15 ~ 30 精车：5 ~ 7	粗车：0.15 ~ 0.30 精车：0.05 ~ 0.08
铸铁	K20	2	粗车：15 ~ 30 精车：15 ~ 25	粗车：0.20 ~ 0.40 精车：0.05 ~ 0.10

（2）车削三角形螺纹时的切削用量的选择原则

1）工件材料。加工塑性金属时，切削用量应相应增大；加工脆性金属时，切削用量应相应减小。

2）加工性质。粗车螺纹时，切削用量可选得较大；精车时切削用量宜选小些。

3）螺纹车刀的刚度。车外螺纹时，切削用量可选得较大；车内螺纹时，刀柄刚度较低，切削用量宜取小些。

4）进刀方式。直进刀法车削时，切削用量可取小些；斜进刀法和左右切削法车削时，切削用量可取大些。

7. 三角形螺纹的测量

标准的螺纹应具有互换性，特别对螺距、中径尺寸要严格控制，否则螺纹副无法配合。

根据不同的质量要求和生产批量的大小，合理选择不同的测量方法。常见的测量方法有单项测量法和综合测量法两种。

（1）单项测量法

1）螺纹顶径的测量。测量螺纹顶径一般选用游标卡尺或千分尺。

2）螺距测量。车螺纹时，螺距是否正确与先前车床齿轮的调整有直接的关系，所以在第一次纵向进给时可在工件表面上划出一条很浅的螺旋线，用游标卡尺、螺纹样板、螺距规、钢直尺测量螺距正确与否，如图6-23所示。螺纹加工完成后也可用同样的方法检测。

用游标卡尺或钢直尺检测时，可多取几个螺距（导程）长度，然后取其平均值，如图6-24所示。用螺距规测量时把螺纹样板沿着通过工件轴线的平面方向嵌入牙槽中，如完全吻合，则说明被测螺距（导程）正确。

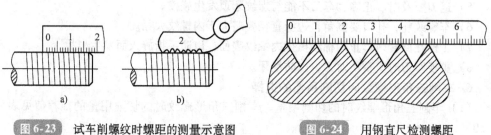

图6-23 试车削螺纹时螺距的测量示意图
a）钢直尺测量螺距 b）螺距规测量螺距

图6-24 用钢直尺检测螺距

3）牙型角测量。螺纹牙型角可用螺距规或螺纹牙型角样板测量，如图6-25所示。

4）中径测量。普通螺纹的中径可用螺纹千分尺测量，螺纹千分尺的读数原理与外径千分尺相同。不同之处，它有两个可以调整的测头，并且适用于不同牙型角和螺距的测量，测量时可根据需要选择。上、下测头分别插入千分尺的测杆和砧座的孔中，更换测头后必须重新调整砧座的位置，使千分尺重新对准零位，如图6-26所示用螺纹千分尺测量螺纹中径。此外，也可以用三针测量法测量中径（见梯形螺纹中径的测量方法）。

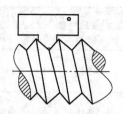

图6-25 用牙型角样板检测牙型角

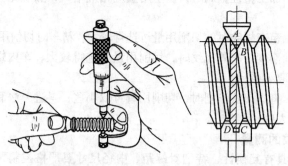

图6-26 螺纹千分尺测量螺纹中径示意图

（2）综合测量法　综合测量法是用螺纹量规对螺纹各基本要素进行综合性测量。螺纹量规（图 6-27）包括螺纹塞规和螺纹环规，螺纹塞规用来测量内螺纹，螺纹环规用来测量外螺纹。它们分别有通规和止规，在使用中要注意区分，不能搞错。如果通规难以拧入，应对螺纹的各直径尺寸、牙型角、牙型半角和螺距等进行检查，经修正后再用通规测量。当通规全部拧入，止规不能拧入时，说明螺纹各基本要素符合要求。

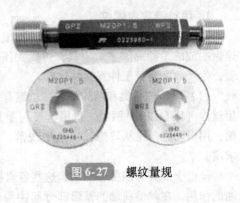

图 6-27　螺纹量规

8. 车螺纹乱牙的原因及预防

车螺纹时，要经过多次进给才能完成螺纹车削。当第一次工作行程结束后，快速退刀，提起开合螺母，使其与丝杠脱离，并将车刀退回起始点，进刀后合上开合螺母开始第二次工作行程。在车削时，如果刀尖偏离第一次进给车出的螺旋槽，把螺旋槽车乱，称为乱牙（也称乱扣）。

（1）产生乱牙的原因　产生乱牙的原因：当丝杠转过一转时，工件未转过整数转而造成的。

车削螺纹时，工件和丝杠都在旋转，如提起开合螺母之后，至少要等丝杠转过一转，才能重新合上开合螺母。当丝杠转过一转时，工件转过整数转，车刀刚好进入原来切削过的螺旋槽内，这时不会产生乱牙。如果丝杠转过一转，工件未转过整数转，车刀则不在原来的螺旋槽内，就会产生乱牙。

（2）预防乱牙的方法　预防车螺纹时乱牙的方法一般采用正反车法。即在一次行程结束时，不提起开合螺母，把车刀沿径向退出后，将主轴反转，使螺纹车刀沿纵向退回，再进行第二次车削。这样反复来回车削螺纹过程中，因主轴、丝杠和刀架之间的传动没有分离，车刀刀尖始终在原来的螺旋槽中，所以不会产生乱牙。

用正反车法车螺纹时应注意以下几点：

1）换向。正反车换向不能太快，否则机床传动机构将受到瞬时冲击，容易损坏机床零件。

2）终止位置。在切削前，应注意螺纹终止位置与卡爪、滑板与尾座之间的间隔不能太小，以避免由于惯性造成车刀与卡爪、滑板与尾座相碰。

3）保险装置。卡盘一定要装好保险块（图 6-28），防止因开反车时卡盘脱落而发生事故。

6.1.5　在车床上攻螺纹和套螺纹

对于直径和螺距较小的三角形螺纹，可以直接在已加工好的螺纹外圆上或内孔里，使用圆板牙或丝锥加工出螺纹来。

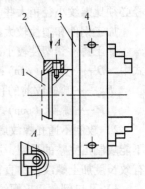

图 6-28　卡盘保险装置

1—车床主轴　2—保险块
3—法兰盘　4—卡盘

1. 用丝锥攻内螺纹

攻螺纹是用丝锥切削内螺纹的一种加工方法（丝锥也称为"丝攻"）。丝锥是用高速钢制成的一种成形多刃刀具，可以加工车刀无法车削的小直径内螺纹，而且操作方便，生产效率高，工件互换性也好。

（1）丝锥的种类和结构形状　丝锥有很多种，可归纳为手用丝锥（图6-29b）和机用丝锥（图6-29c）两类。机用丝锥与手用丝锥形状基本相似，只是在柄部多一环形槽，用以防止丝锥从攻螺纹工具中脱落，其尾柄部和工作部分的同轴度比手用丝锥要求高。

丝锥上面开有四条容屑槽，这些容屑槽形成了切削刃，同时也起到排屑和通入润滑油的作用。在丝锥前端的锥形部分起主要切削作用（L_1），后部圆柱部分是完整刀齿，对工件牙形起校正修光作用（L_2），同时也为主要切削部分导向。

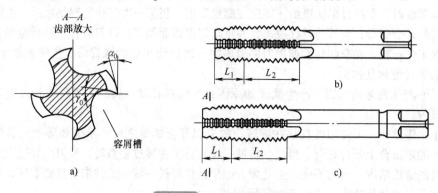

图6-29　丝锥的结构形状

a）齿部放大图　b）手用丝锥　c）机用丝锥

（2）攻螺纹前的工艺要点

1）攻螺纹前的孔径 D_1 的确定。为了减小背向力和防止丝锥折断，攻螺纹前的孔径必须比螺纹小径稍大些，普通螺纹攻螺纹前的孔径可根据经验公式计算：

加工钢件和塑性较大的材料：$D_{孔} \approx D - P$

加工铸件和塑性较小的材料：$D_{孔} \approx D - 1.05P$

式中　D——大径（mm）；

$\quad D_{孔}$——攻螺纹前的孔径（mm）；

$\quad P$——螺距（mm）。

2）攻制不通孔螺纹底孔深度的确定。攻制不通孔螺纹时，由于丝锥前端的切削刃不能攻制出完整的牙型，所以钻孔深度要大于规定的孔深。通常钻孔深度约等于螺纹的有效长度加上螺纹公称直径的0.7倍。

3）孔口倒角。攻螺纹前应用60°锪孔钻或用车刀在孔口倒角，其直径要大于螺纹大径尺寸。

（3）攻螺纹的方法　在车床攻螺纹前，先找正尾座轴线，使之与主轴轴线重合。攻小于M16的内螺纹，先钻底孔，倒角后直接用丝锥一次攻成。如攻螺距较大的螺纹，钻底孔后粗车螺纹，再用丝锥进行攻制，也可以用丝锥切削法，即先用头锥，再用二锥和三锥分次切削。

常用攻螺纹工具有简易攻螺纹工具（图 6-30）和摩擦杆攻螺纹工具（图 6-31）两种。前者由于没有防止背向力过大的保险装置，所以容易使丝锥折断，适用于通孔及精度较低的内螺纹攻制；后者适用于不通孔螺纹的攻制，在攻螺纹过程中，当切削力矩超过所调整的摩擦力矩时，摩擦杆则打滑，丝锥随工件一起转动，不再切削，因而能有效地防止丝锥折断。

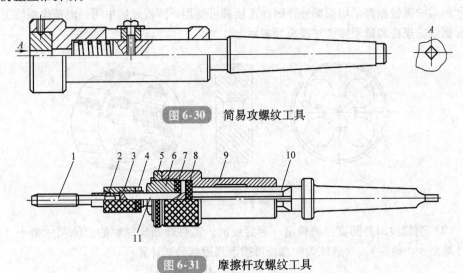

图 6-30　简易攻螺纹工具

图 6-31　摩擦杆攻螺纹工具

1—丝锥　2—钢球　3—内锥套　4—锁紧螺母　5—并紧螺母　6—调节螺母　7、8—尼龙垫片
9—花键套　10—花键心轴　11—摩擦杆

使用攻螺纹工具时，先将工具锥柄装入尾座锥孔中，再将丝锥装入攻螺纹夹具中，然后移动尾座至工件近处固定。攻螺纹时，开车（低速）并充分浇注切削液，缓慢地摇动尾座手柄，使丝锥切削部分进入工件孔内，当丝锥已切入几牙后，停止摇动手轮，让丝锥工具随丝锥进给，当攻至所需要的尺寸时（一般螺纹深度控制可在攻螺纹工具上作标记），迅速开反车退出丝锥。

（4）切削用量　钢件和塑性较大的材料：2 ~ 4m/min；铸件和塑性较小的材料：4 ~ 6m/min。

（5）攻螺纹时的注意事项

1）选用丝锥时，要检查丝锥是否缺齿。

2）装夹丝锥时，要防止歪斜。

3）攻螺纹时，要分多次进刀，即攻进一段深度后随即退出丝锥，待清除切屑后再向里攻一段深度，直至攻好为止。

4）攻制不通孔时，应在攻螺纹工具上作好深度记号，以防丝锥顶到孔底面而折断。

5）用一套丝锥攻螺纹时，要按正确的顺序选用丝锥。在使用二锥和三锥前要消除螺孔内的切屑。

6）严禁车削工件时用手或棉纱清除螺纹孔内的切屑，避免发生事故。

2. 用圆板牙套外螺纹

（1）圆板牙的结构　套螺纹是指用圆板牙切削外螺纹的一种加工方法。圆板牙大多用合金钢制成，它是一种标准的多刃螺纹加工工具，其结构形状如图6-32所示。它像一个圆螺母，板牙上有4~6个排屑孔，排屑孔与圆板牙内螺纹相交处为切削刃，圆板牙两端的圆锥角都是切削部分，因此正反都可使用。圆板牙的中间一段是齿深校正部分。螺纹的规格和螺距标注在圆板牙端面上。

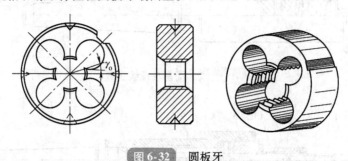

图 6-32　圆板牙

（2）套螺纹时外圆直径的确定　套螺纹时，工件外圆比螺纹的公称尺寸略小（按工件螺距大小确定）。套螺纹圆杆直径可按下列近似公式计算：

$$d_0 = d - (0.13 \sim 0.15)P$$

式中　d_0——圆柱直径（mm）；

　　　d——螺纹大径（mm）；

　　　P——螺距（mm）。

（3）套螺纹的工艺要求

1）用圆板牙套螺纹，通常适用于公称直径不大于M16或螺距小于2mm的外螺纹。

2）外圆车至要求尺寸后，端面倒角要小于或等于45°，使板牙容易切入。

3）套螺纹前必须找正尾座，使之与车床主轴轴线重合，水平方向的偏移量不得大于0.05mm。

4）板牙装入套丝工具时，必须使板牙平面与主轴轴线垂直。

（4）套螺纹的方法　用套螺纹工具套螺纹（图6-33），其操作步骤如下。

1）先将套丝工具体1的锥柄部装在尾座套筒锥孔内。

2）板牙4装入滑动套筒2内，待螺钉3对准板牙上的锥坑后拧紧。

3）将尾座移到距工件一定距离（约20mm）后固定。

4）转动尾座手轮，使板牙靠近工件端面。

5）然后开动车床和冷却泵加注切削液。

6）再转动尾座手轮使板牙切入工件，当板牙已切入工件就不再转动手轮，仅由滑动套筒在工具体的导向键槽中随着板牙沿着工件轴线向前切削螺纹。

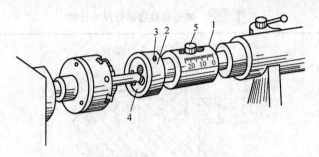

图 6-33　在车床上套螺纹

1—工具体　2—滑动套筒　3—螺钉　4—板牙　5—销钉

7）当板牙进入工件到所需要的位置时，开反车使主轴反转，退出板牙，销钉 5 用来防止滑动套筒在切削时转动。

（5）切削用量　钢件：$3 \sim 4m/min$；铸件：$2 \sim 3m/min$；黄铜：$6 \sim 9m/min$。

（6）套螺纹时的注意事项

1）检查板牙的齿形是否有损坏。

2）装夹板牙不能歪斜。

3）塑性材料套螺纹时，应充分加注切削液。

4）套螺纹工具在尾座套筒中要装紧，以防套螺纹时，切削力矩过大，使套螺纹工具锥柄在尾座内打转，从而损坏尾座锥孔表面。

*6.2　梯形、矩形和锯齿形螺纹加工

矩形螺纹、梯形螺纹和锯齿形螺纹是应用很广泛的传动螺纹，其工作长度较长，精度要求较高，而且导程和螺纹升角较大，所以要比车削三角形螺纹困难。

6.2.1　矩形螺纹的车削

1. 矩形螺纹基本要素的尺寸计算

矩形螺纹也称方牙螺纹，是一种非标准螺纹。矩形螺纹的标记方法为"矩形公称直径×螺距"，如"矩形 40×6"。矩形螺纹的理论牙型为正方形，但由于内、外螺纹配合时必须有间隙，所以实际牙型不是正方形的，而是矩形的。其牙型及各部分的尺寸计算见表 6-11。

2. 矩形螺纹车刀

矩形螺纹车刀的几何形状如图 6-34 所示。在刃磨矩形螺纹车刀时，应注意以下几点：

1）刃磨两侧后角时，应考虑到螺纹升角的影响，必须根据计算出的数值刃磨。

2）为了使刀头有足够的强度，刀头长度一般取 $L = 0.5P + (2 \sim 4)$ mm。

表 6-11 矩形螺纹各部分尺寸计算

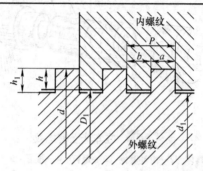

名称	代号	计算公式
大径	d	设计时依情况确定
螺距	P	
外螺纹牙底宽	b	$b = 0.5P + (0.02 \sim 0.04\text{mm})$
外螺纹牙宽	a	$a = P - b$
螺纹接触高度	h_1	$h_1 = 0.5P$
牙型高度	h	$h = 0.5P + (0.1 \sim 0.2\text{mm})$
外螺纹小径	d_1	$d_1 = d - 2h$
内螺纹小径	D_1	$D_1 = d - P$

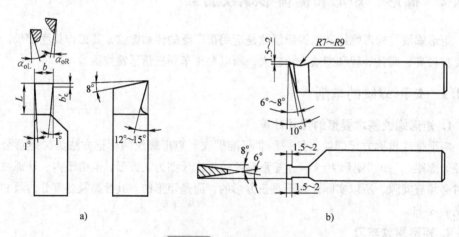

图 6-34 矩形螺纹车刀

a）矩形螺纹车刀 b）矩形螺纹精车刀

3）精车刀的刀头宽度应刃磨准确，其宽度 $b = 0.5P + (0.02 \sim 0.04)$ mm。

4）为了减小牙侧的表面粗糙度值，精车刀的两侧副切削刃应磨有 $b'_\varepsilon = 0.3 \sim 0.5$mm

的修光刃。

5）精车刀的前角为圆弧形（半径为 7 ~ 9mm），两侧后角具有 1.5 ~ 2mm 的过渡刃。车刀强度高，便于排屑，适用于精车。

6）精车时，切削速度 v_c 一般取 4 ~ 10m/min，背吃刀量 a_p 一般取 0.02 ~ 0.1mm。

3. 矩形螺纹的车削方法

车削螺距较小的矩形螺纹（$P < 4mm$）一般不分粗、精车，用直进法以一把车刀切削完成。车削螺距在 4 ~ 8mm 的螺纹时，先用粗车刀以直进法粗车，两侧各留 0.2 ~ 0.4mm 余量，再用精车刀采用直进法精车（图6-35a）。

车削螺距较大（$P > 8mm$）的矩形螺纹时，粗车一般用直进法，精车用左右切削法（图6-35b）。粗车时，刀头宽度要比牙底槽宽（b）小 0.5 ~ 1mm，采用直进法把小径（d_1）车到要求尺寸。然后采用较大前角的两把精车刀，左右切削螺纹槽的两侧面。但是在切削过程中，要严格控制和测量牙底槽宽，以保证内、外螺纹规定的配合间隙。

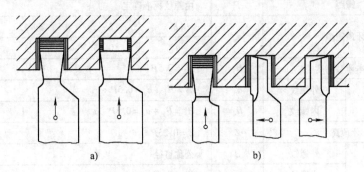

图 6-35 矩形螺纹车削方法

a）直进法 b）左右切削法

6.2.2 梯形螺纹的车削

梯形螺纹是传动螺纹中应用最广泛的一种，机床丝杠上的螺纹大多是梯形螺纹。梯形螺纹有米制和寸制两种，我国常采用米制梯形螺纹（牙型角为30°）。

1. 梯形螺纹的主要参数、计算公式及标记

（1）梯形螺纹的主要参数、计算公式 30°米制梯形螺纹的基本牙型与尺寸计算见表6-12。

（2）梯形螺纹的标记 30°米制梯形螺纹标记由螺纹种类代号"Tr"和螺纹"公称直径×螺距"表示；左旋螺纹需在尺寸之后加注"LH"，右旋则不标注；梯形螺纹的公差代号只标注中径公差带，标注在旋向之后；旋合长度标注在最后，如"Tr36 × 6LH - 8H - L"。内外配合梯形螺纹副标记示例：Tr40 × 7 - 7H/7e。

2. 梯形螺纹车刀

梯形螺纹车刀有高速钢螺纹车刀和硬质合金螺纹车刀两类。

表 6-12 梯形螺纹基本牙型与尺寸计算

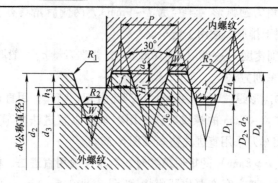

名称		代号	计算公式			
牙型角		α	$\alpha = 30°$			
螺距		P	由螺纹标准确定			
牙顶间隙		a_c	P	$2 \sim 5$	$6 \sim 12$	$14 \sim 44$
			a_c	0.25	0.5	1
基本牙型高度		H_1	$H_1 = 0.5P$			
牙型高度	外螺纹	h_3	$h_3 = H_1 + a_c = 0.5P + a_c$			
	内螺纹	H_4	$H_4 = H_1 + a_c = 0.5P + a_c$			
牙顶高		Z	$Z = 0.25P$			
大径	外螺纹	d	公称直径			
	内螺纹	D_4	$D_4 = d + 2a_c$			
中径		d_2、D_2	$d_2 = D_2 = d - 0.5P$			
小径	外螺纹	d_3	$d_3 = d - 2h_3$			
	内螺纹	D_1	$D_1 = d - 2H_1 = d - P$			
外螺纹牙顶圆角		R_1	$R_{1max} = 0.5a_c$			
牙底圆角		R_2	$R_{2max} = a_c$			
牙顶宽		f	$f = 0.366P$			
齿根槽宽		W	$W = 0.366P - 0.536a_c$			

（1）高速钢梯形外螺纹粗车刀　高速钢梯形外螺纹粗车刀几何形状如图 6-36 所示，车刀刀尖角 ε_r 应小于牙型角 30′，为了便于左右切削并留有精车余量，刀头宽度应小于牙底槽宽 W。

（2）高速钢梯形外螺纹精车刀　高速钢梯形外螺纹精车刀几何形状如图 6-37 所示。车刀背前角 γ_p 等于 0°，车刀刀尖角 ε_r 等于牙型角 α，为了保证两侧切削刃切削顺利，都磨有较大前角（$\gamma_o = 12° \sim 16°$）的卷屑槽。但在使用时必须注意，车刀前端切削刃不能参加切削。该车刀主要用于精车梯形外螺纹牙型两侧面。

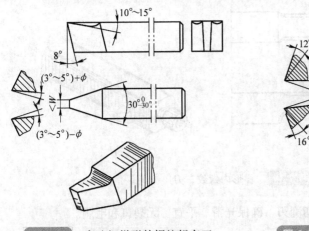

图 6-36　高速钢梯形外螺纹粗车刀

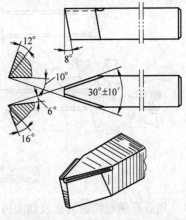

图 6-37　高速钢梯形外螺纹精车刀

　　（3）硬质合金梯形外螺纹车刀　为了提高生产效率，在加工一般精度的梯形螺纹时，可采用硬质合金螺纹车刀进行高速车削。图 6-38 所示为硬质合金梯形螺纹车刀的几何形状。高速车削时，由于三个切削刃同时切削，切削力较大，易引起振动；并且当刀具前面为平面时，切屑呈带状排出，操作很不安全。为此，可在前面上磨出两个圆弧，如图 6-39 所示。

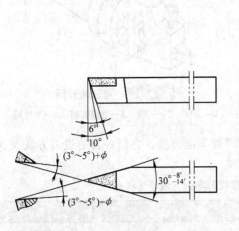

图 6-38　硬质合金梯形外螺纹车刀

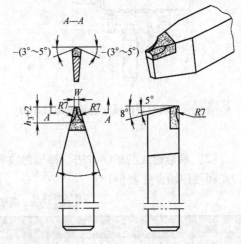

图 6-39　双圆弧硬质合金梯形外螺纹车刀

　　（4）梯形内螺纹车刀　图 6-40 所示为梯形内螺纹车刀，其几何形状和三角形内螺纹车刀基本相同，只是刀尖应刃磨成 30°。

　　（5）梯形螺纹车刀的刃磨步骤

　　1）粗磨两侧后面，初步形成刀尖角。

　　2）粗、精磨前刀面，控制好背前角。

　　3）精磨两侧后面，控制刀头宽度，刀尖角应随时用角度样板修正。

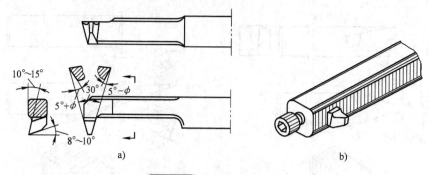

图 6-40　梯形内螺纹车刀

4）用磨石精研前后刀面及切削刃，确保光滑、平直、无裂口和毛刺。

3. 梯形螺纹的车削

（1）梯形螺纹车刀的装夹方法

1）梯形螺纹车刀刀尖应与工件的回转中心等高。

2）车刀刀尖角的平分线应与工件的轴线垂直，如图 6-41 所示。

3）采用可回转刀柄时（图 6-42），车刀刀尖应略高于工件回转中心 0.2mm 左右。

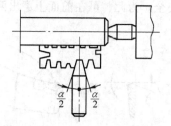

图 6-41　用对刀样板安装梯形螺纹车刀

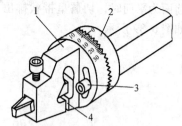

图 6-42　可回转刀柄

1—刀体　2—刀柄　3—紧固螺钉　4—弹性槽

（2）梯形螺纹的车削方法　梯形螺纹有两种车削方法，它们各自的进刀方法及其特点和使用场合见表 6-13。

表 6-13　梯形螺纹的车削方法

车削方法	进刀方法	图示	车削方法说明	使用场合
低速车削	左右车削法		在每次横向进给时，都必须把车刀向左或向右作微量移动，很不方便。但是可防止因三个切削刃同时参加切削而产生振动和扎刀现象	车削 $P \leqslant 8$mm 的梯形螺纹

（续）

车削方法	进刀方法	图示	车削方法说明	使用场合
低速车削	车直槽法	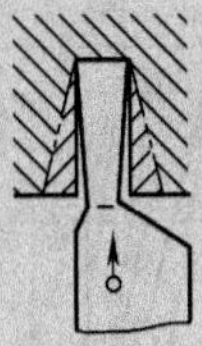	可先用主切削刃宽度等于牙槽底宽 W 的矩形螺纹车刀车出螺旋直槽，使槽底直径等于梯形螺纹的小径，然后用梯形螺纹精车刀精车牙型两侧	粗车 $P \leqslant 8\mathrm{mm}$ 的梯形螺纹
	车阶梯槽法	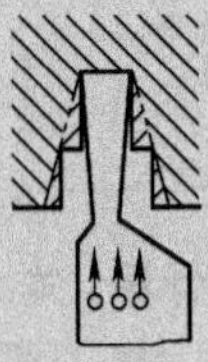	可用主切削刃宽小于 $P/2$ 的矩形螺纹车刀，用车直槽法车至接近螺纹中径处，再用主切削刃宽度等于牙槽底宽 W 的矩形螺纹车刀把槽车至接近螺纹牙高 h_3，这样就车出了一个阶梯槽。然后用梯形螺纹精车刀精车牙型两侧	精车 $P > 8\mathrm{mm}$ 的梯形螺纹
高速车削	直进法		可用图 6-39 所示的双圆弧硬质合金车刀粗车，再用硬质合金车刀精车	车削 $P \leqslant 8\mathrm{mm}$ 的梯形螺纹
	车直槽法和车阶梯槽法	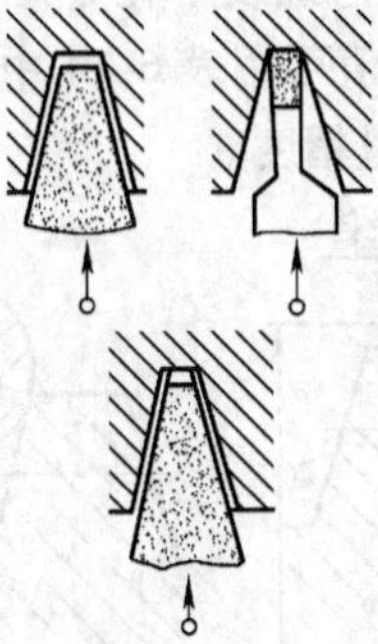	为了防止振动，可用硬质合金车槽刀，采用车直槽法和车阶梯槽法进行粗车，然后用硬质合金梯形车刀精车	车削 $P > 8\mathrm{mm}$ 的梯形螺纹

4. 梯形螺纹的测量

（1）单项测量法　外梯形螺纹的检测一般采用单项测量法，螺纹的大径、螺距的检测方法与普通螺纹相似，牙型角可用牙型角样板或用游标万能角度尺测量。梯形螺纹中径可用单针法和三针法进行测量。

1）三针测量螺纹中径。用三针测量螺纹中径是一种比较精密的测量方法。测量时将三根量针放置在螺纹两侧相对应的螺旋槽内，用千分尺量出两边量针顶点之间的距离 M（图6-43）。根据 M 值可以计算出螺纹中径的实际尺寸。三针测量时，M 值和中径 d_D 的计算公式见表6-14。

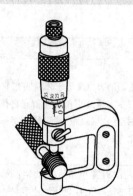
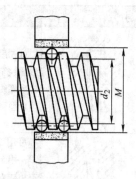

图 6-43　三针测量螺纹中径

表 6-14　**三针测量螺纹中径 d_2 的计算公式**

螺纹	牙型角 α	M 值计算公式	量针直径 d_D		
			最大值	最佳值	最小值
普通螺纹	60°	$M = d_2 + 3d_D - 0.866P$	$1.01P$	$0.577P$	$0.505P$
英制螺纹	55°	$M = d_2 + 3.166d_D - 0.9605P$	$0.894P - 0.029$	$0.564P$	$0.481P - 0.016$
梯形螺纹	30°	$M = d_2 + 4.864d_0 - 1.866P$	$0.656P$	$0.518P$	$0.486P$

　　测量时所用的三根直径相等的圆柱形量针，是由量具制造厂专门制造的。量针直径 d_D 不能太大或太小。最佳量针直径是指量针横截面与螺纹中径处牙侧相切时的量针直径（图 6-44b）。量针直径的最大值、最佳值和最小值可用表 6-14 中的公式计算出。选用量针时，应尽量接近最佳值，以便获得较高的测量精度。

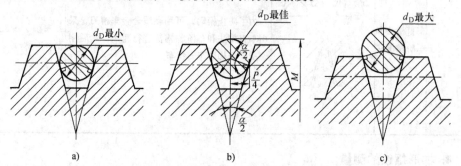

图 6-44　**量针直径的选择**

a）最小量针直径　b）最佳量针直径　c）最大量针直径

　　2）单针测量法。这种方法只需要使用一根符合要求的量针，将其放在螺旋槽中，用千分尺量出外螺纹顶径为基准到量针顶点之间的距离 A，如图 6-45 所示。在测量前先量出螺纹的顶径的实际尺寸 d_0。其计算公式如下：

$$A = \frac{M + d_0}{2}$$

式中　A——单针测量值（mm）；

d_0——螺纹大经的实际尺寸（mm）；

M——三针测量时量针测量距的计算值（mm）。

（2）综合测量法　综合测量法是用螺纹量规对螺纹各主要参数进行综合测量。螺纹量规包括螺纹塞规和螺纹环规。

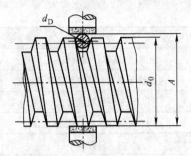

图 6-45　单针测量螺纹中径示意图

5. 梯形螺纹公差

（1）公差带位置与基本偏差　公差带的位置由基本偏差确定。根据国家标准规定，外螺纹的上极限偏差（es）及内螺纹的下极限偏差（EI）为基本偏差。对内螺纹大径 D_4、中径 D_2 及小径 D_1 规定了一种公差带位置 H，其基本偏差为零。对外螺纹中径 d_2 规定了三种公差带位置，分别为 h、e 和 c。对大径 d 和小径 d_3，只规定了一种公差带 h，h 的基本偏差为零。

（2）梯形螺纹公差带大小及公差等级

螺纹公差带的大小由公差值 T 确定，并按其大小分为若干等级。查阅相关公差表时，T_d 为外螺纹大径公差，T_{d2} 为外螺纹中径公差，T_{d3} 为外螺纹小径公差；T_{D4} 为内螺纹大径公差。T_{D2} 为内螺纹中径公差，T_{D1} 为内螺纹小径公差。查阅公差表的方法如下：

查找相对应的直径公差表→公称直径→螺距→公差带位置、公差等级→相对应的公差数据→确认公差数据的正负值。

（3）螺纹的旋合长度　梯形螺纹按公称直径和螺距的大小，将旋和长度（两个相互配合的螺纹沿螺纹轴线方向相互旋和部分的长度）分为 N、L 两组。N 代表中等旋合长度，L 代表长旋合长度。

6.2.3　锯齿形螺纹的车削

锯齿形螺纹的牙型角有 33°和 45°两种。内、外螺纹配合时，小径之间有间隙，大径之间没有间隙。这种螺纹能承受较大的单向压力，通常用于起重和压力机械设备上。

1. 锯齿形螺纹的尺寸计算

锯齿形螺纹的牙型角分别是 3°、30°。根据国家标准 GB/T 13576—2008 锯齿形螺纹的基本牙型与尺寸计算见表 6-15。

表 6-15　锯齿形螺纹的基本牙型与尺寸计算

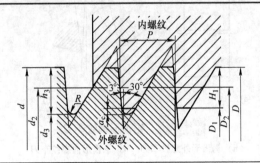

（续）

名称	代号	计算公式
基本牙型高度	H_1	$H_1 = 0.75P$
内螺纹牙顶与外螺纹牙底间的间隙	a_c	$a_c = 0.11776P$
外螺纹牙高	h_3	$h_3 = H_1 + a_c = 0.867767P$
内、外螺纹大径（公称直径）	d、D	$d = D$
内、外螺纹中径	d_2、D_2	$d_2 = D_2 = d - H_1 = d - 0.75P$
内螺纹小径	D_1	$D_1 = d - 2H_1 = d - 1.5P$
外螺纹小径	d_3	$d_3 = d - 2H_3 = d - 1.735534P$
外螺纹牙底圆弧半径	R	$R = 0.124271P$

2. 锯齿形螺纹的车削方法

锯齿形内、外螺纹的车削方法和梯形螺纹相似，所不同的是锯齿形螺纹的牙型是一个不等腰梯形牙型的一侧面与轴线垂直面的夹角为30°，另一侧面的夹角为3°。在刃磨车刀和装夹车刀时，必须注意不能将车刀的两侧刃角位置搞错，并做出一块锯齿形螺纹角度样板（图6-46），用来检查和校正车刀刃磨的角度和装夹位置。图6-47所示是常用的车削锯齿形外螺纹和内螺纹车刀。

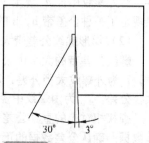

图 6-46 锯齿形螺纹样板

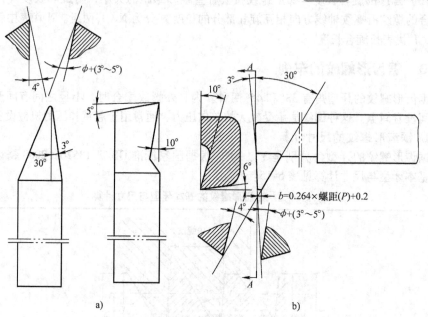

a)   b)

图 6-47 锯齿形螺纹车刀

a）锯齿形外螺纹车刀 b）锯齿形内螺纹车刀

*6.3　蜗杆和多线螺纹加工

6.3.1　车蜗杆

蜗杆、蜗轮组成的运动副常用于减速传动机构中，以传递两轴在空间成 90° 交错的运动。蜗杆的齿形与梯形螺纹相似，其轴向剖面形状为梯形。常用的蜗杆有米制（齿形角为 40°）和寸制（齿形角为 29°）两种。我国大多采用米制蜗杆，本节重点介绍米制蜗杆。

在轴向剖面内，蜗杆传动相当于齿条与齿轮间的传动，如图 6-48 所示，同时蜗杆的各项参数也是该剖面内测量的，并规定为标准值。

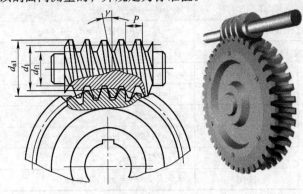

图 6-48　蜗杆传动

1. 蜗杆主要参数的名称、符号及计算

（1）米制蜗杆各部分尺寸计算　米制蜗杆的各部分名称、符号及尺寸计算见表 6-16。从图 6-48 中可以看出，蜗杆在传动时若要很好地与蜗轮相啮合，它的螺距 P（轴向齿距）必须等于蜗轮齿距 t。

表 6-16　米制蜗杆的各部分名称、符号及尺寸计算

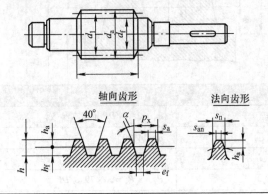

（续）

名称		计算公式
轴向模数（m_x）		基本参数
齿形角（2α）		$2\alpha = 40°$
齿距（P）		$P = \pi m_x$
导程（L）		$L = z_1 P = z_1 \pi m_x$
全齿高（h）		$h = 2.2 m_x$
齿顶高（h_a）		$h_a = m_x$
齿根高（h_f）		$h_f = 1.2 m_x$
分度圆直径（d_1）		$d_1 = q m_a$
齿顶角直径（d_a）		$d_a = d_1 + 2 m_x$
齿根圆直径（d_f）		$d_f = d_1 - 2.4 m_x$ 或 $d_f = d_a - 4.4 m_x$
导程角（γ）		$\tan\gamma = L/\pi d$
齿顶宽（s_a）	轴向	$s_a = 0.843 m_x$
	法向	$s_{an} = 0.843 m_x \cos\gamma$
齿根槽宽（W）	轴向	$W_x = 0.697 m_x$
	法向	$W_x = 0.697 m_x \cos\gamma$
齿厚（s）	轴向	$s_x = P/2 = \pi m_x/2$
	法向	$s_n = P/2\cos\gamma = \pi m_x/2 \ \cos\gamma$

（2）寸制蜗杆各部分尺寸计算　寸制蜗杆的齿形角为14°30′，它的径节以 DP 表示。寸制蜗杆各部分的尺寸计算见表6-17。

表6-17 寸制蜗杆各部分尺寸计算　　　　　　　（单位：mm）

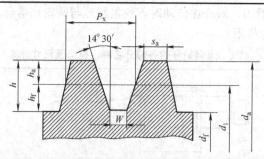

名称	计算公式
径节（DP）	$m_x = 25.4/DP$（基本参数）
齿形角（α）	$\alpha = 14°30'$
轴向齿距（P_x）	$P_x = \pi \times 25.4/DP = 79.8/DP$
导程（P_z）	$P_z = z_1 P_x = z_1 \times 79.8/DP$

（续）

名称	计算公式
全齿高（h）	$h = 2.157m_x = 54.79/DP$
齿顶高（h_a）	$h_a = m_x = 25.4/DP$
齿根高（h_f）	$h_f = 1.157m_x = 29.39/DP$
分度圆直径（d_1）	$d_1 = d_a - 2m_x$
齿顶角直径（d_a）	$d_a = d_1 + 2m_x$
齿根圆直径（d_f）	$d_f = d_1 - 2h_f = d_1 - 58.78/DP$ 或 $d_f = d_a - 2h_a = d_a - 50.8/DP$
齿顶宽（s_a）	$s_a = 1.054m_x = 26.77/DP$
齿根槽宽（W）	$W = 0.973m_x = 24.71/DP$
导程角（γ）	$\tan\gamma = P_z/\pi d_1$
轴向齿厚（s_x）	$s_x = P_z/2 = 39.9/DP$
法向齿厚（s_n）	$s_n = s_x \cos\gamma = (39.9/DP)\cos\gamma$

2. 车蜗杆时交换齿轮的计算

在卧式车床上车削蜗杆，一般不需要进行交换齿轮的计算。如在 C620-1 型车床上车削蜗杆时，使用 32 齿、100 齿和 97 齿的齿轮即可，在 CA6140 型车床上使用 64 齿、100 齿和 97 齿的齿轮即可，如图 6-49 所示。再根据被加工蜗杆的模数选择进给箱铭牌（模数螺纹一栏）中所标注的各手柄位置即可进行车削。

在无进给箱的车床上车削蜗杆时，或有时为了提高蜗杆的精度，由主轴通过交换齿轮直接带动车床丝杠，这时就需要进行交换齿轮的计算。

车蜗杆时的交换齿轮计算方法与车削一般螺纹时相同，其计算公式为：

$$i = P_z/P_丝 = (z_1\pi m_x)/P_丝 = (z_1/z_2) \times (z_3/z_4)$$

式中　P_z——蜗杆导程（mm）；

$P_丝$——丝杠螺距（mm）。

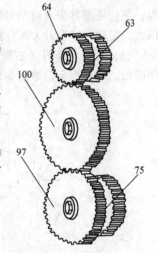

图 6-49　车蜗杆时的交换齿轮

由于蜗杆的导程是蜗杆头数 z_1 与 π 和 m_x 的乘积，不是一个整数值，因此给交换齿轮的计算带来很多麻烦。为了方便，π 值可用表 6-18 所列的近似分式来代替。

表 6-18　π 的近似分式

π 值	误差
$\pi \approx 3.14159\cdots$	—
$\pi \approx 3.14268 = 22/7$	+0.0012644
$\pi \approx 3.14182 = (32\times27)/(25\times11)$	+0.0002254
$\pi \approx 3.14473 = 19\times21/127$	+0.0001395
$\pi \approx 3.1415929 = 5\times71/113$	+0.0000002

例 6-3 在丝杠螺距为 12mm 的车床上，车削模数 $m_x = 2.5mm$ 的蜗杆，求交换齿轮。

解：选 $\pi = 22/7$ 代入公式

$$i = P_z/P_丝 = (\pi m_x)/P_丝 = (2.5 \times 22/7)/12 = (44/48) \times (50/70)$$
$$= (55/60) \times (50/70)$$

计算出的复式交换齿轮，不一定都能安装在交换齿轮架上，有时会发生干涉现象。所以复式交换齿轮必须符合下列配轮规则：

$$z_1 + z_2 > z_3 + 15$$
$$z_3 + z_4 > z_2 + 15$$

式中
$$z_1 + z_2 = 55 + 60 > z_3 + 15 = 50 + 15$$
$$z_3 + z_4 = 50 + 70 > z_2 + 15 = 60 + 15$$

3. 蜗杆车刀

蜗杆车刀与梯形螺纹车刀基本相同。但是一般蜗杆的导程角较大，在刃磨蜗杆车刀时，更应考虑导程角对车刀前角和两侧后角的影响。另外，蜗杆的精度一般要求较高，因此，目前蜗杆车刀大部分还是用高速钢制成。

（1）蜗杆粗车刀（右旋） 为了提高蜗杆的加工质量，车削时应采用粗车和精车两阶段。蜗杆粗车刀如图 6-50 所示，其刀具角度可按下列原则选择：

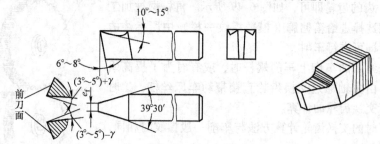

图 6-50 右旋蜗杆粗车刀

1）车刀左右切削刃之间的夹角要小于齿形角。

2）为了便于左右切削，并留有精加工余量，刀头宽度应小于齿根槽宽。

3）切削钢件时，应磨有 $10° \sim 15°$ 的背前角，即：$\gamma_p = 10° \sim 15°$。

4）背后角 $\alpha_p = 6° \sim 8°$。

5）左刃后角为 $\alpha_{fL} = (3° \sim 5°) + \gamma$，右刃后角 $\alpha_{fR} = (3° \sim 5°) - \gamma$。

6）刀尖适当倒圆。

（2）蜗杆精车刀 蜗杆精车刀如图 6-51 所示，选择车刀角度时应注意：

1）车刀切削刃夹角等于齿形角，而且要求对称，切削刃的直线度要好，表面粗糙度值小。

2）刀头宽度应等于齿根槽宽。

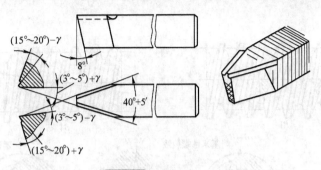

图 6-51　蜗杆精车刀

3）为了保证左右切削刃切削顺利，都应磨有较大前角（$\gamma_o = 15° \sim 20°$）的卷屑槽。

4）车削右旋蜗杆时，左刃后角 $\alpha_{fL} = (3° \sim 5°) + \gamma$，右刃后角 $\alpha_{fR} = (3° \sim 5°) - \gamma$。

需特别指出：这种车刀的前端切削刃不能进行切削，只能依靠两侧切削刃精车两侧齿面。

（3）米制蜗杆车刀刀头宽度　刃磨蜗杆精车刀时，刀头宽度可从表6-19中查出。

表 6-19　米制蜗杆车刀刀头宽度　　　　　　（单位：mm）

计算公式：$W = 0.697 m_x$（当 $h = 2.2 m_x$ 时）			
模数 m_x	刀头最大宽度 W	模数 m_x	刀头最大宽度 W
1	0.697	5	3.485
1.25	0.871	6	4.182
1.5	1.046	8	5.576
2	1.394	10	6.970
2.5	1.743	12	8.364
3	2.091	14	9.758
4	2.788	16	11.152

4. 蜗杆的车削方法

（1）车刀的装夹对蜗杆齿形的影响　米制蜗杆按齿形可以分为轴向直廓蜗杆（阿基米德螺纹 ZA 型）和法向直廓蜗杆（蜗杆 ZN 型）。轴向直廓蜗杆的齿形在蜗杆的轴向剖面内为直线，在法向剖面内为曲线，在端平面内为阿基米德螺旋线，因此又称阿基米德蜗杆（图6-52a）。法向直廓蜗杆的齿形在蜗杆的齿根的法向剖面内为直线，在蜗杆的轴向剖面内为曲线，在端平面内为延伸渐开线，因此又称延伸渐开线蜗杆（图6-52b）。工业上最常用的是阿基米德蜗杆（即轴向直廓蜗杆），因为这种蜗杆加工较为简单。若图样上没有特别标明是法向直廓蜗杆，则均为轴向直廓蜗杆。

车削这两种不同的蜗杆时，其车刀的安装方式是有区别的。车削轴向直廓蜗杆时，应采用水平装刀法。即装夹车刀时应使车刀两侧刃组成的平面处于水平状态，且与蜗杆轴线等高（图6-52a）。车削法向直廓蜗杆时，应采用垂直装刀法。即装车刀时，应使车刀两侧刃组成的平面处于既过蜗杆轴线的水平面内，又与齿面垂直的状态（图6-52b）。

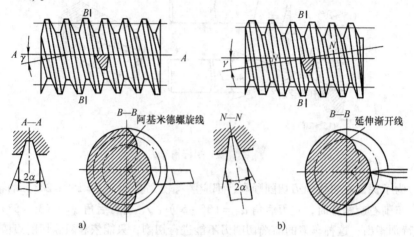

图 6-52 蜗杆齿形的种类

a）轴向直廓 b）法向直廓

加工螺纹升角较大的蜗杆，若此时采用水平装刀法，那么车刀的一侧切削刃将变成负前角，而两侧切削刃的后角一侧增大，而另一侧减小，这样就会影响加工精度和表面粗糙度值，而且还很容易引起振动和扎刀现象。为此，可采用图6-53所示按导程角γ调节刀杆装刀来进行车削。它可以很容易地满足垂直装刀的要求。操作时，只需使刀体1相对于刀柄2旋转一个蜗杆导程角γ，然后用两只螺钉3锁紧即可。由于刀体上开有弹性槽，车削时不易产生扎刀现象。

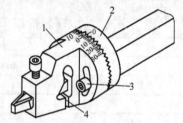

图 6-53 可根据导程角调节的刀杆

1—刀体 2—刀柄 3—螺钉 4—弹性槽

车削阿基米德蜗杆时，本应采用水平装刀法，但由于其中一侧切削刃的后角变小，为使切削顺利，在粗车时也可采用垂直装刀法，如图6-54所示，但在精车时一定要采用水平装刀法，以保证齿形正确。

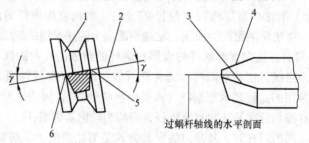

过蜗杆轴线的水平剖面

图 6-54 垂直装刀法

1—齿面 2—前刀面 3、6—左切削刃 4、5—右切削刃安装模数较小蜗杆车刀时，可用样板找正；安装模数较大的蜗杆时，通常用游标万能角度尺来找正，如图 6-55 所示。

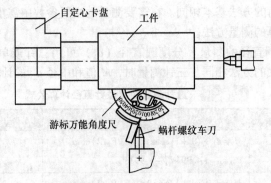

图 6-55　用万能角度尺安装车刀

（2）蜗杆的车削方法　车削蜗杆与车削梯形螺纹的方法相似，所用的车刀刃口都是直线形的，刀尖角 $2\alpha = 40°$。首先根据蜗杆的导程（单线蜗杆为齿距），在操作的车床进给箱铭牌上找到相应的数据，来调节各有关手柄的位置，一般不需进行交换齿轮的计算。

由于蜗杆的导程大、牙槽深、切削面积大，车削方法比车梯形螺纹难度高，故常选用较低的切削速度，并采用正反车的方法来车削，以防止乱牙。粗车时可根据螺距的大小，选用下述三种方法中的任一种方法：

1）左右切削法。为防止三个切削刃同时参加切削而引起扎刀现象，一般可选用图 6-50 所示的粗车刀，采取左右进给的方式，逐渐车至槽底，如图 6-56a 所示。

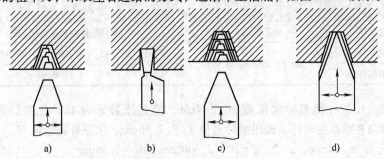

a)　　　　　b)　　　　　c)　　　　　d)

图 6-56　蜗杆的车削方法
a）左右切削法　b）车槽法　c）分层切削法　d）精车

2）车槽法。当 $m_x > 3mm$ 时，先用车槽刀将蜗杆直槽车至齿根处，然后再用粗车刀粗车成形，如图 6-56b 所示。

3）分层切削法。当 $m_x > 5mm$ 时，由于切削余量大，可先用粗车刀，按图 6-56c 所示的方法，逐层地切入直至槽底。精车时，则选用如图 6-56d 所示两边带有卷屑槽的精车刀，将齿面精车成形，达到图样要求。

5. 蜗杆的测量

在测量蜗杆的主要参数中，齿顶圆直径、轴向齿距（导程）、齿形角与测量螺纹的大径、螺距、牙型角的方法基本相同。在需要测量的主要参数中需重点掌握的是蜗杆分度圆直径和法向齿厚的测量方法。

（1）蜗杆分度圆直径的测量　分度圆直径（d_1）可用三针或单针测量，其原理及测量方法与测量螺纹的方法相同。三针测量时，M 值和中径 d_D 的计算公式见表 6-20。

表 6-20　量针测量距及量针直径计算公式

蜗杆	牙型角 α	M 值计算公式	量针直径 d_D
寸制	14°30′	$M = d_1 + (1 + 1/\sin\alpha)d_D - (P_x/2)\cos\alpha$ $= d_1 + 4.994d_D - 1.993P_x$	$d_D = 0.516P_x$
米制	20°	$M = d_1 + (1 + 1/\sin\alpha)d_D - (P_x/2)\cos\alpha$ $= d_1 + 3.924d_D - 1.374P_x$	$d_D = 0.533P_x$

例 6-4　已知一米制蜗杆的分度圆直径 d_1 为 45mm，轴向齿距 P_x 为 7.854mm，导程角 γ 为 3°10′47″，用三针测量法测量，求量针直径 d_D 及量针测量距 M。

解：已知 $d_1 = 45$mm，$P_x = 7.854$mm，$\gamma = 3°10′47″$

$d_D = 0.533P_x = 0.533 \times 7.854$mm $= 4.186$mm

$M = d_1 + 3.924d_D - 1.374P_x = (45 + 3.924 \times 4.186 - 1.374 \times 7.854)$ mm

$= 50.635$mm

当导程角大于 3°30′ 时，量针测量距修正公式见表 6-21。

表 6-21　量针测量距修正公式

修正公式 $M = d_1 + (1 + 1/\sin\alpha)d_D - (P_x/2)\cos\alpha + \Delta\phi$		
蜗杆齿形	修正值 $\Delta\phi$	量针测量距修正实用公式
轴向直廓蜗杆	$\Delta\phi = 1.2909d_D\tan^2\gamma$	$M = d_1 + 3.924d_D - 4.316m_x + 1.2909d_D\tan^2\gamma$
法向直廓蜗杆		$M = d_1 + 3.924d_D - 4.316m_x\cos\gamma$

例 6-5　用三针测量轴向模数 m_x 为 4mm，直径系数 q 为 10，分度圆直径 d_1 为 40mm 的轴向直廓双头蜗杆，选用量针直径 d_D 为 7.56mm，求三针测量值 M。

解：已知 $m_x = 4$mm，$z = 2$，$q = 10$，$d_1 = 40mm$，$d_D = 7.56$mm

$\tan\gamma = P_x/\pi d_1 = z\pi m_x/\pi d_1 = zm_x/d_1 = 2 \times 4/40 = 0.2$

$\gamma = 11°18′36″$

由于蜗杆导程角 γ 大于 3°30′，故选用三针测量修正公式计算：

$M = d_1 + 3.924d_D - 4.316m_x + 1.2909d_D\tan^2\gamma$

$= (40 + 3.924 \times 7.56 - 4.316 \times 4 + 1.2909 \times 7.56 \times \tan^2 11°18′36″)$mm

$= 52.79$mm

（2）蜗杆的齿厚测量　如图 6-57 所示，用齿厚游标卡尺进行测量，它是由相互垂直的齿高卡尺 1 和齿厚卡尺 2 组成（其刻线原理和读数方法与游标卡尺完全相同）。测量时，将齿高卡尺读数值调到 1 个齿顶高（必须排除齿顶圆直径误差的影响），使卡脚在法向卡入齿廓，并作微量往复转动，直到卡脚测量面与蜗杆齿侧平行（此时，尺杆与蜗杆轴线间的夹角恰为导程角），如图 6-57 的 B—B 放大视图所示。

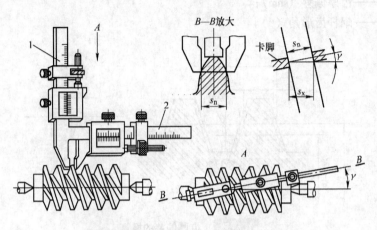

图 6-57　用齿厚游标卡尺测量法向齿厚

1—齿高卡尺　2—齿厚卡尺

此时的最小读数，即是蜗杆分度圆直径上的法向齿厚 s_n。但图样上一般注明的是轴向齿厚。由于蜗杆的导程角 γ 较大，轴向齿厚无法直接测量出来，所以在测量法向齿厚 s_n 后，再通过换算得到轴向齿厚 s_x 的方法来检验是否正确。

轴向齿厚与法向齿厚的关系：

$$s_n = s_x \cos\gamma = \frac{\pi m_x}{2}\cos\gamma$$

例 6-6　某双头蜗杆，轴向模数 m_x 为 5mm，齿顶圆直径 d_{a1} 为 60mm，导程角 γ 为 $11°18'36''$，求蜗杆分度圆处的法向齿厚 s_n 的公称尺寸。

解：已知 $m_x = 5mm$，$d_{a1} = 60mm$，$\gamma = 11°18'36''$

因为 $s_n = s_x \cos\gamma = \dfrac{\pi m_x}{2}\cos\gamma$

所以 $s_n = (3.1416 \times 5/2) \times \cos 11°18'36'' = 7.702mm$

测量时，齿厚游标卡尺应在蜗杆轴线 $11°18'36''$ 的交角位置上进行，如果测得的蜗杆分度圆处法向齿厚的实际尺寸是 7.702mm，并在齿厚公差范围内，说明该蜗杆分度圆处法向齿厚合格。

若蜗杆精度要求较高，在图样上标注的齿厚偏差，为了提高测量精度，可将齿厚偏差换算成量针测量距偏差，用三针测量法来测量，其换算方法如下：

从图 6-58 中可知

$$\Delta M/2 = (\Delta s/2)\cot\alpha$$

$$\Delta M = \Delta s\cot\alpha$$

当 $\alpha = 20°$ 时

$$\Delta M = 2.7474 \Delta s$$

式中　ΔM——三针测量时，量针测量距偏差（mm）；

　　　Δs——齿厚偏差（mm）；

　　　α——蜗杆齿形角（°）。

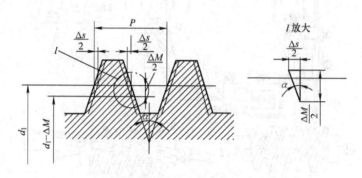

图 6-58　齿厚偏差的换算

例 6-7　车削齿形角 α 为 20° 的蜗杆，图样上标注齿厚及偏差为 $6.28_{-0.23}^{-0.12}$ mm，为了提高测量精度，现需改用三针测量，求量针测量偏差。

解：根据公式 $\Delta M = 2.7474 \Delta s$，先求出上、下极限偏差 $\Delta M_{上}$、$\Delta M_{下}$。

$\Delta M_{上} = 2.7474 \Delta s_{上}$，将 $\Delta s_{上} = -0.12$ mm 代入

则 $\Delta M_{上} = 2.7474 \times (-0.12)$ mm $= -0.3297$ mm

$\Delta M_{下} = 2.7474 \Delta s_{下}$，将 $\Delta s_{下} = -0.23$ mm 代入

则 $\Delta M_{下} = 2.7474 \times (-0.23)$ mm $= -0.6319$ mm

用三针测量时的量针测量偏差为 $6.28_{-0.6319}^{-0.3297}$ mm。

6.3.2　车多线螺纹

根据多线螺纹（蜗杆）各螺旋线在轴向等距分布和圆周方向等角度分布的特点，多线螺纹的分线方法有轴向分线法和圆周分线法两种。下面介绍几种操作简单、实用的多线螺纹的分线方法。

1. 轴向分线法

轴向分线法就是在车好第一条螺旋槽之后，车刀沿螺纹轴线分线移动一个螺距，再车第二条螺旋槽，这种方法关键是要精确控制车刀移动的距离，已达分线的目的。

（1）用小滑板刻度分线　调整小滑板导轨使其与主轴轴线平行。在车好第一条螺旋槽后，把小滑板向前或向后移动一个螺距，车另一条螺旋槽。小滑板移动的距离可用小滑板刻度控制，刻度盘转过的格数可用下面公式计算：

$$K = \frac{P}{a}$$

式中　K——小滑板刻度转过的格数；

P——螺纹螺距（mm）；

a——小滑板刻度盘每格移动的距离（mm）。

例 6-8　车削 Tr36×12（$P=6$mm）螺纹时，车床小滑板刻度每格为 0.05mm，求分线时小滑板刻度应转过的格数。

解：由题意可知 $P=6$mm，分线时小滑板应转过的格数为 $K=\dfrac{P}{a}=\dfrac{6}{0.05}=120$（格）。

这种分线方法简单，不需要辅助工具，但分线精度不高，一般用于多线螺纹的粗车，适于单件、小批量生产。

（2）利用百分表和量块分线　在对螺距精度要求较高的螺纹和蜗杆分线时，可用百分表和量块控制小滑板的移动距离（图 6-59）。把百分表固定在刀架上，并在床鞍上装一固定挡块，在车削前，移动小滑板，使百分表测头与挡块接触，并把百分表调整至零位。当车好第一条螺旋槽后，移动小滑板，使百分表指示的读数等于被车螺距。在对螺距较大的多线螺纹（或蜗杆）进行分线时，因受百分表行程的限制，可在百分表与挡块之间垫入一块（或一组）量块，其厚度最好等于工件螺距。当百分表读数与量块厚度之和等于工件的螺距时，方可车削第二条螺旋线。

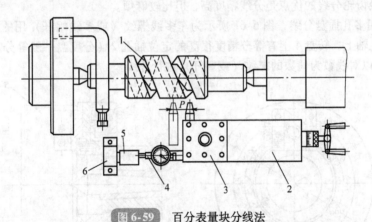

图 6-59　百分表量块分线法

1—第一条螺旋槽　2—小滑板　3—方刀架　4—百分表　5—量块　6—挡块

2. 圆周分线法

当车好第一条螺旋线后，脱开主轴与丝杠之间的传动联系，使主轴旋转一个角度 θ（$\theta=360°$/线数），然后再恢复主轴与丝杠之间的传动联系，再车削第二条螺旋线的分线方法称为圆周分线法。

（1）利用自定心卡盘、单动卡盘分线　当工件采用两顶尖装夹，并用卡盘的卡爪代替拨盘时，可利用自定心卡盘分三线螺纹，利用单动卡盘分双线和四线螺纹。车好一条螺旋槽之后，只需要松开顶尖，把工件连同鸡心卡头转过一个角度，由卡盘上的另一只卡爪拨动，再用顶尖支撑好后就可车削另一条螺旋槽。这种分线方法比较简单，由于卡爪本身分线精度不高，使得工件分线精度也不高。

（2）利用交换齿轮分线　当车床主轴上交换齿轮（即 z_1）齿数是螺纹线数的整倍时，就可利用交换齿轮进行分线。分线时，开合螺母不能提起。当车好第一条螺旋线后，在主轴交换齿轮 z_1 上根据螺纹线数等分（图 6-60 中，若 $z_1 = 60$、$n = 3$，则 3 等分齿轮于 1、2、3 点标记处），再以 1 点为起始点，在与中间齿轮上的啮合处也作一标记"0"。然后脱开主轴交换齿轮 z_1 与中间齿轮的传动，单独转动齿轮 z_1，当 z_1 转过 20 个齿，到达 2 点位置时，再使主轴交换齿轮 z_1 上的 2 点与中间齿轮上的"0"点啮合，就可以车削第二条螺旋线了。当第二条螺旋线车好后，重新脱

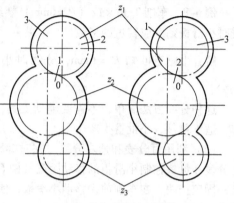

图 6-60　交换齿轮分线法

开 z_1 和齿轮的传动，再单独转动主轴交换齿轮 z_1，当 z_1 又转过 20 个齿到达 3 点位置时，将 z_1 齿轮上的 3 点与中间齿轮上的"0"点啮合，就可以车第三条螺旋线。

用交换齿轮分线的优点是分线精度高，但比较麻烦。

（3）用多孔插盘分线　图 6-61 所示为车多线螺纹（或多线蜗杆）用的多孔插盘。装在车床主轴上，转盘 4 上有等分精度很高的定位插孔 2（分度盘一般等分 12 孔或 24 孔），它可以对线数为偶数的螺纹（或蜗杆）进行分线。

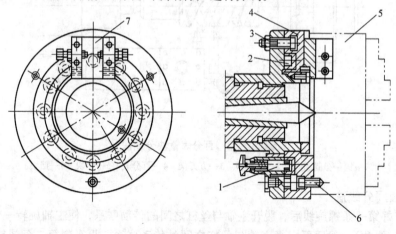

图 6-61　分度盘

1—定位插销　2—定位插孔　3—紧固螺母　4—分度盘　5—卡盘　6—螺钉　7—拨块

分线时，先停机松开紧固螺母 3 后，拔出定位插销 1，把转盘旋转一个 $360°/n$ 的角度；再把插销插入另一个定位孔中，紧固螺母，分线工作就完成。转盘上可以安装卡盘与夹持工件，也可以装上拨块 8 拨动夹头，进行两顶尖间的车削。

这种分线方法的精度主要取决于多孔转盘的等分精度。等分精确，可以使该装置获得很高的分线精度。多孔插盘分线操作简单、方便，但分线数量受插孔数量限制。

6.4 螺纹加工技能训练实例

技能训练一 低速车削 M24×1.5 细牙螺纹轴

加工图 6-62 所示的普通螺纹轴。加工数量为 1～2 件，材料为 45 圆钢，毛坯尺寸为 $\phi35mm \times 100mm$。

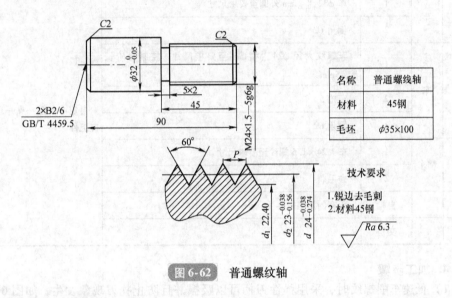

名称	普通螺线轴
材料	45钢
毛坯	$\phi35\times100$

技术要求

1. 锐边去毛刺
2. 材料45钢

图 6-62 普通螺纹轴

1. 加工前的准备

工具准备：90°粗车刀、90°精车刀、45°车刀、车槽刀、高速钢普通外螺纹车刀、游标卡尺、0～25mm 和 25～50mm 的千分尺、0～25mm 螺纹千分尺、对刀样板、B2 中心钻、钻夹头、回转顶尖。

设备：CA6140 型车床。

2. 图样工艺分析

根据图 6-61 的图样分析，图样上所有已加工完成的表面的表面粗糙度（轮廓算术平均值）值为 $Ra6.3\mu m$。C2 是指倒角。"5g6g" 中的数字代表公差等级，英文字母代号表公差带位置，5g 为中径公差代号，6g 为顶径公差代号，数据可从相关公差表查得。"5×2" 是指退刀槽的宽度是 5mm，槽深 2mm。"B2/6" 是指 B 型中心孔，边缘直径 6mm，技术要求是锐边去毛刺。

3. 加工工艺

根据图样分析可制定出加工工艺，见表 6-22。

表 6-22 **普通螺纹轴加工工艺** （单位：mm）

零件名称	材料		毛坯			
普通螺纹轴	45 钢	种类		圆棒料	规格	$\phi35mm \times 95mm$
序号	工序	工步	加工内容			工装
1	下料		$\phi35mm \times 100mm$			
2	车	1	车端面、钻 B2 中心孔、控制总长 90mm			自定心卡盘
3	车	1	车 $\phi32_{-0.05}^{0}mm$ 外圆至要求尺寸			
		2	倒角 C2			
4	车	1	车螺纹大径 $\phi24_{-0.274}^{-0.038}mm$ 至要求尺寸、控制台阶长度 45mm			自定心卡盘一夹一顶装夹工件
		2	车槽 5×2			
		3	倒角 C2			
5	精车	1	车 M24×1.5 螺纹至要求尺寸			
		2	去毛刺			
6	自检		所有的加工内容			
7	交检					

4. 加工步骤

1）低速车削螺纹时，采用弹性刀柄可以吸振并且防止扎刀现象发生，如图 6-63 所示。

2）夹一端毛坯，伸出长度约 60mm，找正并夹紧。

3）用 45° 车刀车端面，钻 B2 中心孔，并车出 $\phi30mm \times 2mm$ 的工艺台阶。

4）调头用 45° 车刀车另一端面，控制 90mm 总长，钻 B2 中心孔。

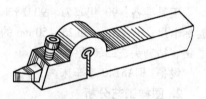

图 6-63 弹性刀杆

5）夹工艺台阶，顶另一端，用 90° 车刀粗车、精车 $\phi32_{-0.05}^{0}mm$ 的外圆至要求尺寸。

6）用 45° 车刀倒角 C2。

7）调头夹 $\phi32mm$ 外圆（工件表面需垫铜片以防已加工表面被夹伤），顶螺纹端，用 90° 车刀粗车、精车至螺纹大径 $\phi24_{-0.274}^{-0.038}mm$，控制台阶长度 45mm。

8）车槽 5mm×2mm 至要求尺寸。

9）用 45° 车刀倒角 C2。

10）用对刀样板安装车刀，要求刀尖角的中心线垂直于工件的回转轴线。

11）按进给箱铭牌表上标注的数据（$P = 1.5\text{mm}$）和指引变换主轴箱、进给箱外手柄位置，选择转速 $n = 100\text{r/min}$。

12）试切螺纹。方法是用螺纹刀尖在大径表面车出一条很浅的螺旋线，停机用游标卡尺或螺距规检测螺距是否正确。

13）用直进法粗车 M24×1.5mm 细牙螺纹，加注高浓度乳化液。

14）粗车后中径留 $0.2 \sim 0.3\text{mm}$ 精车余量。更换精车刀时，应重新对刀。

15）换刀后不急于切削，先在粗车后的螺旋槽中空车进给一个行程，检测对刀是否正确。

16）精车螺纹时，选择 $n = 50\text{r/min}$，切削液继续选用高浓度乳化液。

17）采用直进法多次进刀精车螺纹至要求尺寸，重点控制好中径尺寸 $\phi 23^{-0.038}_{-0.156}\text{mm}$。

5. 注意事项

1）车螺纹前，要调整好床鞍和中、小滑板的松紧程度以及开合螺母的间隙。

2）车螺纹时，记清中滑板的进刀格数，避免多进一圈出现崩刀或扎刀现象。

3）车螺纹过程中不准用手摸或用棉纱擦拭螺纹表面，避免划伤手。

4）中途换刀或刃磨后重新装刀时，必须重新调整刀尖的高低和进行对刀。

5）低速车螺纹时应浇注充分的切削液。

技能训练二　用丝锥加工 M12 内螺纹

加工如图 6-64 所示的螺母。加工数量为 1～2 件，材料为 45 钢，毛坯尺寸为 $\phi 40\text{mm} \times 45\text{mm}$。

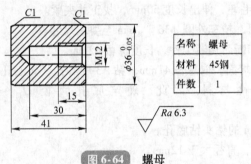

图 6-64　螺母

1. 加工前准备

工具准备：45°车刀，硬质合金切断刀，M12 机用丝锥，攻螺纹工具，游标卡尺，25～50mm 千分尺，钻夹头，A3 中心钻，螺纹塞规。

设备的选择：CA6140 型车床。

2. 图样工艺分析

如图 6-64 所示，图样中的 M12 为粗牙螺纹，螺距 $P = 1.75\text{mm}$。螺纹有效长度为15mm，底孔长度为 30mm，外圆 $\phi 36^{\ 0}_{-0.05}\text{mm}$，两侧倒角均为 $C1$，表面粗糙度值均为 $Ra6.3\mu\text{m}$。

3. 加工工艺

根据图样分析可制定出加工工艺，见表 6-23。

表 6-23　**螺母加工工艺**　　　　　　　　　（单位：mm）

零件名称	材料			毛坯			
螺母	45 钢	种类	圆棒料		规格	$\phi40mm \times 45mm$	
序号	工序	工步	加工内容			设备与工装	
1	下料	1	$\phi40mm \times 45mm$			锯床	
2	车	1	车齐端面，车外圆 $\phi36mm \times 42mm$				
		2	倒角 C1				
		3	切断工件，保留长度 42mm				
3	车	1	车齐端面，控制总长 41mm				
4	钻孔	1	钻中心孔			CA6140 车床	
		2	用 $\phi10.2mm$ 麻花钻钻底孔，长度 30mm			自定心卡盘	
		3	孔口倒角				
5	攻螺纹	1	M12 机用丝锥攻制内螺纹，长度 15mm				
6	车	1	倒角 C1				
7	自检		所有加工尺寸				
8	交检						

4. 加工步骤

1）夹持 $\phi40mm$ 毛坯，伸出长度 50mm，找正并夹紧。

2）车齐端面，粗、精车外圆 $\phi36_{-0.05}^{0}mm$ 至要求尺寸。

3）用硬质合金切断刀切断工件，长度保留 42mm。

4）用 45°车刀车端面，取总长 41mm，钻 A3 中心孔（定心孔）。

5）45 钢为塑性材料，因此，确定底孔直径 $D_孔 \approx D - P = 12mm - 1.75mm = 10.25mm$。

6）选用 $\phi10.2mm$ 的钻头钻底孔。

7）孔口倒角 30°，直径大于 12mm。

8）调整车床，使尾座套筒轴线与主轴轴线重合，偏移量不大于 0.05mm。

9）选择攻螺纹时的切削速度 4m/min，即车床转速 100r/min。

10）安装攻螺纹工具，将丝锥装入攻螺纹工具中。

11）根据内螺纹的有效长度 15mm，在丝锥或攻螺纹工具上做长度标记。

12）移动尾座，使丝锥靠近工件底孔，固定尾座。

13）起动车床，开启冷却泵充分浇注切削液。

14）摇动尾座手轮，使丝锥切削部分进入底孔，攻入几牙后停止摇动手轮，由丝锥带动攻螺纹工具所在的滑动套筒部分进给。

15）攻至需要的深度时，主轴反转，退出丝锥。

5. 注意事项

1）选择丝锥时，要检查丝锥锥齿是否完整，缺齿勿用。

2）装夹丝锥时，要防止丝锥歪斜。

3）攻螺纹时，要充分加注切削液。

4）攻螺纹时，应分多次进给，即丝锥每攻进一段深度后反车（主轴反转）退出丝锥，清理切屑后再继续攻，直至攻好为止。

5）攻不通孔螺纹时，最好选用有过载保护的攻螺纹工具，并在丝锥或工具上作出深度标记，以防丝锥攻至孔底而折断。

6）用一套丝锥攻螺纹时，要按正确的顺序选用丝锥。

7）攻螺纹时，严禁用手或棉纱清理螺孔内的切屑。

*技能训练三　梯形螺纹轴的加工

加工图 6-65 所示的梯形螺纹轴。加工数量为 1~2 件，材料为 45 钢，毛坯尺寸为 $\phi 50mm \times 150mm$。

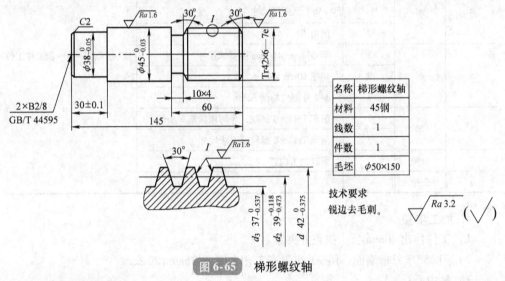

名称	梯形螺纹轴
材料	45钢
线数	1
件数	1
毛坯	$\phi 50 \times 150$

技术要求
锐边去毛刺。

图 6-65　梯形螺纹轴

1. 加工前准备

工具准备：45°车刀、90°车刀、高速钢车槽刀、高速钢梯形外螺纹粗车刀、高速钢梯形外螺纹精车刀、游标卡尺、25~50mm 千分尺、对刀样板、三针（$\phi 3.108$）、中心钻、钻夹头、回转顶尖。

选择设备：CA6140 型车床。

2. 图样工艺分析

如图 6-65 所示，除图样上所标注的表面粗糙度值 $Ra1.6\mu m$ 外，其他加工表面的表面粗糙度值均为 $Ra3.2\mu m$。两端的中心孔均为 B2/8。"7e" 为梯形螺纹中径公差代号。"10×4" 是退刀槽宽 10mm，槽深 4mm。螺纹两端的倒角均为 30°。零件左端倒角为 C2。低速车削梯形螺纹轴可采用左右切削法车 $P = 6mm$ 的梯形螺纹，经计算车此螺纹不会产生乱牙，车削时可选择提开合螺母退刀，也可采用开正反车法退刀。

3. 加工工艺

根据图样分析可制定出加工工艺，见表 6-24。

表6-24　**梯形螺纹轴加工工艺**　　　　　　（单位：mm）

零件名称	材料	毛坯			
梯形螺纹轴	45 钢	种类	圆棒料	规格	φ50mm×150mm
序号	工序	工步	加工内容		工装
1	下料		φ50mm×150mm		
2	车	1	车端面，钻 B2 中心孔		自定心卡盘
3	车	1	调头车端面，钻 B2 中心孔，控制总长 145mm		自定心卡盘一夹一顶装夹工件
		2	倒角 C2		
4	车	1	车 φ38mm、φ45mm 外圆至要求尺寸，长度 30±0.1 至要求尺寸		
		2	倒角 C2		
5	车	1	车 φ42mm×60mm 至要求尺寸		
		2	切槽 10mm×4mm		
		3	φ42 外圆两端倒 30°角		
6	车	1	粗车 Tr42×6 螺纹，牙两侧留精车余量		
		2	精车 Tr42×6 螺纹至要求尺寸		
7	自检		所有加工内容		
8	交检				

4. 加工步骤

1）工件伸出 40mm 长，找正并夹紧。

2）用 45°车刀车端面，用 90°车刀车工艺台阶 φ43mm×20mm。

3）钻中心孔。

4）调头夹毛坯，用 45°车刀车端面，控制总长至图样尺寸 145mm。

5）钻中心孔，夹工艺台阶，用回转顶尖支顶中心孔，采用一夹一顶装夹工件。

6）用 90°车刀粗车、精车 φ45mm、φ38mm 外圆至要求尺寸，保证长度（30±1）mm 至图样要求。

7）用 45°车刀倒角 C2。

8）调头夹 φ38mm 外圆（卡爪与工件已加工表面间需垫薄铜片以防夹伤工件表面），支顶螺纹端中心孔，采用一夹一顶装夹工件。

9）粗车、精车梯形螺纹大径至尺寸 $\phi42^{\ 0}_{-0.375}$mm，长度 60mm。

10）切槽 10mm×4mm 至要求尺寸。

11）车螺纹大径两端 30°倒角。

12）装夹梯形外螺纹车刀，保证车刀刀尖应与工件的回转中心等高，刀尖角的平分线垂直于工件的轴线。

13）采用左右切削法粗车、半精车梯形螺纹，小径精车至要求尺寸，牙型两侧留有 $0.1\sim0.2$mm 的精车余量。注：小滑板每次左右进给时赶刀格数一般小于 1/2 格，精车时一般选择 1/4 格。

14）更换梯形螺纹精车刀，按静态对刀法和动态对刀法对刀。中、小滑板的刻度调整到整数位，以便记忆进刀格数和左右进给量。

15）按调整后对刀刻度值，空车运行一个工作行程以验证对刀是否正确。

16）精车梯形螺纹两侧面，中径 $\phi 39^{-0.118}_{-0.473}$mm 至图样要求尺寸。精车时，两个侧面分别精车，先精车一侧再精车另一侧，左右微量进给格数基本相同。精车时要经常测量中径尺寸，以防尺寸超差。

5. 注意事项

1）调整床鞍及中、小滑板与导轨之间的间隙，以减小窜动量。

2）梯形螺纹精车刀要求两刃平直、锋利且对称，有背前角的螺纹车刀，两切削刃之间的夹角应进行修正，修正方法与三角形螺纹相同。

3）不准在车削时用棉纱擦工件，以免发生安全事故。

4）车螺纹时，为了防止溜板箱手轮转动时不平衡而使床鞍产生窜动，可在手轮上装平衡块，最好采用手轮脱离装置。

5）车螺纹时，尽量选用较小的切削用量，减少工件车削变形，充分加注切削液。

6）一夹一顶装夹工件时，尾座套筒不能伸出太短。

*技能训练四　蜗杆轴的加工

加工如图 6-66 所示的蜗杆轴。加工数量为 $1\sim2$ 件，材料为 40Cr，毛坯种类为热扎圆钢，毛坯尺寸为 $\phi 65$mm $\times 310$mm。

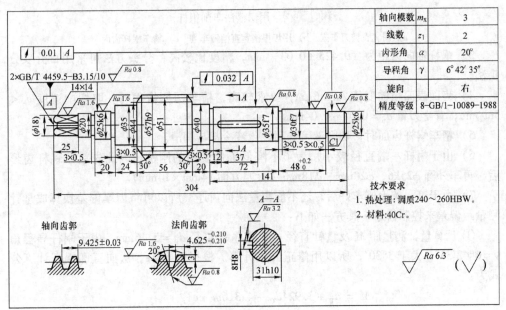

图 6-66　蜗杆轴

1. 工艺准备

（1）分析图样

1）蜗杆类型为法向直廓蜗杆，轴向模数 $m_x = 3$，头数 $z_1 = 2$，蜗杆轴向齿距 $p_x = (9.425 \pm 0.03)$ mm，法向齿厚 $s_n = 4.625^{-0.210}_{-0.265}$ mm，齿面表面粗糙度值为 $Ra1.6\mu m$。

2）蜗杆齿顶圆直径对两端中心孔公共轴线径向圆跳动公差为 0.032mm。

3）外圆 $\phi35f7$、$\phi30f7$、$2 \times \phi25k6$ 轴线对两端中心孔公共轴线的径向圆跳动公差为 0.01mm。

4）主要各级外圆表面粗糙度值为 $Ra0.8\mu m$。

（2）制定加工工艺

1）蜗杆类型为法向直廓蜗杆，车削时，应把车刀左右切削刃组成的平面垂直于齿面装夹，可使用按导程角调节的刀杆使车刀倾斜。

2）车齿槽时，可采用切槽法车削，为了提高切削效率，可先用较宽的直槽车刀车至分度圆直径（图6-67a），再用等于齿根槽宽的直槽刀车至齿根圆直径（图6-67b），最后用精车刀车至图样要求（图6-67c）。

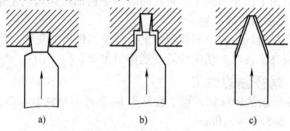

a)　　　　　　　　　　b)　　　　　　　　　　c)

图 6-67 用切槽法车削蜗杆

a）用宽直槽刀车削　b）用齿根槽宽直槽刀车削　c）精车蜗杆齿面

3）蜗杆轴向齿距为（9.425±0.03）mm，精度比较高，分头方法可采用百分表分头法。

4）齿面表面粗糙度值 $Ra1.6\mu m$，要求较高，精车两侧齿面时，取切削速度 $v_c < 5m/min$；背吃刀量 $a_p = 0.02 \sim 0.04mm$。

5）精车蜗杆齿面时，切削液可选用乳化液冷却与润滑。

6）由于蜗杆左端直径较小，为了不降低工件装夹的刚性，因此先粗车蜗杆齿形后，再车外圆 $\phi25k6$、$\phi20mm$、$\phi18mm$（含四方面 14mm × 14mm）。

7）由于第一条齿槽车好后，还不能测量法向齿厚，所以可将齿厚偏差换算成量针测量距偏差来控制齿厚，其方法如下：

① 计算量针测量距 M 及量针直径 d_D。取量针直径 $d_D = 5.46mm$，由于蜗杆导程角 $\gamma = 6°42'35''$，大于 $3°30'$，所以用修正公式计算。根据表6-21，法向直廓蜗杆计算公式为：

$$M = d_1 + 3.924d_D - 4.316m_x \cos\gamma$$
$$= (51 + 3.924 \times 5.46 - 4.316 \times 3 \times \cos6°42'35'')mm$$
$$= 59.565mm$$

② 把齿厚偏差换算成量针测量距偏差，根据公式 $\Delta M = 2.7475\Delta s$

即：上极限偏差 $\Delta M_{上} = 2.7475 \times (-0.21)\text{mm} = -0.577\text{mm}$

下极限偏差 $\Delta M_{下} = 2.7475 \times (-0.265)\text{mm} = -0.728\text{mm}$

量针测量距及其偏差为 $M = 59.565^{-0.577}_{-0.728}\text{mm}$。

8）由于外圆 $\phi35f7$、$\phi30f7$、$2\times\phi25k6$ 及蜗杆齿顶圆直径的表面粗糙度值及精度要求比较高，工艺安排磨削加工。

9）蜗杆轴的加工顺序安排如下：热处理调质→车端面→钻中心孔→一夹一顶装夹粗车各级外圆及蜗杆齿顶圆直径→调头车端面、钻中心孔→车另一端外圆 $\phi35\text{mm}$→粗车蜗杆齿面→车外圆 $\phi20\text{mm}$ 及 $\phi18\text{mm}$→铣键槽及四方面→精车蜗杆齿面→外磨各级外圆及蜗杆齿顶圆直径→清洗、涂油。

2. 工件加工

蜗杆轴的机械加工过程见表6-25。

表6-25 蜗杆轴的机械加工过程表 （单位：mm）

工序号	工种	工序内容	简图
1	热处理	调质 240～260HBW	
2	车	自定心卡盘夹住毛坯外圆，找正 1）车端面，光出即可 2）钻 B 型中心孔 $\phi3.15$	
3	车	一端夹住，一端用回转顶尖支撑 1）车图样上的 $\phi57h9$ 齿顶圆至 $\phi57^{+0.4}_{+0.3}$ 2）车外圆 $\phi40$ 至要求尺寸，长度尺寸 161 3）控制尺寸 20、141，车外圆 $\phi35f7$ 至尺寸 $\phi35^{+0.4}_{+0.3}$ 4）控制尺寸 72，车外圆 $\phi30f7$ 至尺寸 $\phi30^{+0.4}_{+0.3}$ 5）控制尺寸 48，车外圆 $\phi25k7$ 至尺寸 $\phi25^{+0.3}_{+0.2}$ 6）车 3 个槽 3×0.5（已去除外圆留磨余量） 7）倒角 $C1$，倒角 $\phi44\text{mm}\times30°$	

（续）

工序号	工种	工序内容	简图
4	车	调头，一端夹住，一端用中心架支承 1）车端面、控制总长尺寸304 2）钻 B 型中心孔 $\phi3.15$	
5	车	软卡爪夹住 $\phi30f7$ 外圆，一端用回转顶尖顶住 1）控制蜗杆长度尺寸56，车外圆 $\phi35$、$\phi25k6$、$\phi20$、$\phi18$ 至要求尺寸 2）倒角 $\phi44mm \times 30°$，其余倒角 $C1.5$	
6	车	仍按上述装夹方法，用百分表分头法 1）先用 $b=4.5$ 的直槽刀车齿槽至蜗杆分度圆直径 $\phi51$ 2）再用 $b=2.09$ 直槽刀车槽至齿根圆直径 $\phi43.8$（即 $d_f = d_a - 4.4m_x = 57 - 4.4 \times 3 = 43.8$） 3）粗车 $z_1 = 2$ 蜗杆齿面，量针直径 $d_D = 5.46$，量针测量距 $M = 59.565^{+0.8}_{+0.7}$	
7	车	一端夹住，一端用回转顶尖顶住 1）控制尺寸24，车外圆 $\phi25k6$ 至尺寸 $\phi25^{+0.4}_{+0.3}$ 2）控制尺寸20，车外圆 $\phi20$ 至尺寸 $\phi20^{+0.4}_{+0.3}$ 3）车外圆 $\phi18$ 至要求尺寸，控制长度尺寸25 4）车2个槽 3×0.5 至要求尺寸 5）倒角 $C1$	

（续）

工序号	工种	工序内容	简图
8	铣	1）用平口虎钳装夹工件，轴向定位。铣键槽 8H8（$^{+0.022}_{0}$）× 31h10（$^{0}_{-0.10}$）至要求尺寸 2）工件改装于分度头，找正，顶住。铣四方面 14$^{0}_{-0.24}$ × 14$^{0}_{-0.24}$ 至要求尺寸	
9	车	修正两端中心孔，用两顶尖装夹精车 $m_x = 3$，$z_1 = 2$ 螺杆齿面至要求尺寸 量针直径 $d_D = 5.46$，量针测量距 $M = 59.565^{-0.577}_{-0.728}$	20°　$\phi5.46$ $M=59.565^{-0.577}_{-0.728}$ $\sqrt{}$ $Ra\,1.6$
10	钳工	1）修去蜗杆两端不完整牙 2）修去四方面处毛刺	
11	磨	用两顶尖装夹 1）磨蜗杆齿顶圆 $\phi57$h9（$^{0}_{-0.074}$）至要求尺寸 2）磨外圆 $\phi35$f7（$^{-0.025}_{-0.050}$）至要求尺寸 3）磨外圆 $\phi30$f7（$^{-0.020}_{-0.041}$）至要求尺寸 4）磨外圆 $\phi25$k6（$^{+0.015}_{+0.002}$）至要求尺寸 5）磨光滑以上各肩平面，注意控制尺寸 48$^{+0.2}_{0}$	
12	磨	调头，用两顶尖装夹 1）磨外圆 $\phi25$k6（$^{+0.015}_{+0.002}$）至要求尺寸并磨光滑肩平面 2）磨外圆 $\phi20^{-0.05}_{-0.10}$ 至要求尺寸	
13	普	清洗，涂防锈油，入库	

3. 精度检验及误差分析

1）法向齿厚 $4.625_{-0.265}^{-0.210}$ mm 的检验可用齿厚游标卡尺测量。测量时，把齿高游标尺读数调整到齿顶高尺寸（等于模数 $m_x = 3$ mm），将齿厚游标尺法向卡入齿廓，调节微调螺钉，使两卡爪测量面轻轻接触齿面，量得的读数在 4.36 ~ 4.415mm 范围内即合格。

2）齿距偏差（9.425 ± 0.03）mm 的检验可用图 6-68 所示的表座测量。测量时，将 V 形量具骑跨于蜗杆 1 上，使量具上的固定测头 2 接触齿侧的一面，百分表测头接触相邻齿距相对应的另一齿侧面（近分度圆直径处），并调整百分表指针到零位，如此逐牙测量，百分表指针摆动量不大于 ± 0.03 mm 即为符合图样要求。

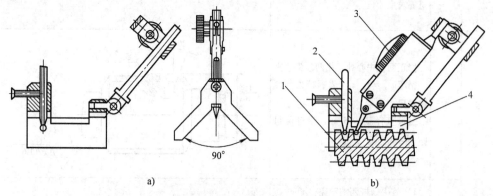

图 6-68　测量轴向齿距偏差

a）测量表座　b）测量轴向齿距偏差

1—蜗杆　2—固定测头　3—百分表　4—V 形量具

3）齿顶圆直径对两端中心孔公共轴线径向圆跳动误差 0.032mm 检验测量时，将工件装夹在车床两顶尖间，用两顶尖模拟公共基准轴线，把百分表装夹在方刀架上，使百分表测头接触齿顶圆直径，同时按导程 $P_z = z_1 \pi m_x$ 将开合螺母闭合，使百分表按螺旋线进给。在工件回转一周过程中，百分表读数最大值与最小值之差即为单个测量截面上的径向圆跳动。按此方法测量若干截面，所测得的径向圆跳动值不得大于 0.032mm。

4）车制蜗杆时的误差分析。

① 轴向齿距不准确。

a. 交换齿轮或手柄位置调整错误。

b. 丝杠窜动。

c. 床鞍移动时，手柄运转不均匀。

d. 车削双头蜗杆时，分头不准确；小滑板移动方向与主轴轴线不平行，使小滑板实际移动距离小于齿距。

② 齿形角不准确。

a. 车刀刀尖角刃磨不正确。

b. 车刀装夹歪斜。

③ 法向齿厚超差。

a. 没有及时测量，或测量不正确。

b. 背吃刀量太大。

c. 用三针测量时，计算错误。

④ 齿面的表面粗糙度值达不到要求。

a. 车刀切削刃刃磨得粗糙。

b. 车刀磨损。

c. 切削用量选择不当。

d. 精车余量太少。

* 技能训练五　双头蜗杆的加工

加工如图 6-69 所示的双头蜗杆。材料为 45 钢，毛坯种类为热轧圆钢，毛坯尺寸为 $\phi 80\text{mm} \times 196\text{mm}$。

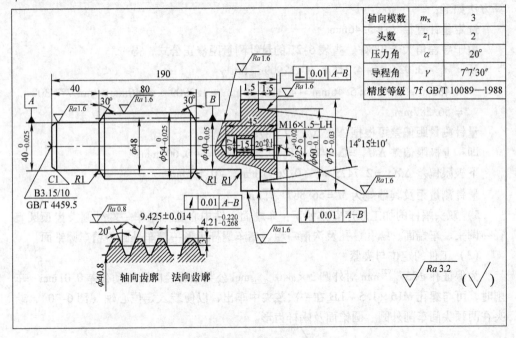

图 6-69　双头蜗杆

1. 工艺准备

（1）分析图样

1）蜗杆类型为轴向直廓蜗杆，轴向模数 $m_x = 3\text{mm}$，头数 $z_1 = 2$，蜗杆的轴向齿距 $p_x = (9.425 \pm 0.014)\text{mm}$，法向齿厚 $s_n = 4.21^{-0.220}_{-0.268}\text{mm}$，齿面表面粗糙度值 $Ra1.6\mu\text{m}$。

2）以 $2 \times \phi 40^{0}_{-0.025}\text{mm}$ 公共轴线为基准。

3）圆锥角 $14°15' \pm 10'$、最大圆锥直径 $\phi 60^{0}_{-0.1}\text{mm}$，圆锥体轴线对两基准外圆公共轴线的径向圆跳动公差为 0.01mm。

4）蜗杆齿顶圆直径、外圆 $\phi 75^{0}_{-0.03}\text{mm}$ 及孔 $\phi 25^{-0.021}_{0}\text{mm}$ 轴线对两基准外圆公共轴

线径向圆跳动公差为 0.01mm。

5）外圆 $\phi75_{-0.03}^{\ 0}\text{mm}$ 右端面对两基准外圆公共轴线的垂直度公差为 0.01mm。

6）各级外圆（包括齿顶圆直径）的表面粗糙度值为 $Ra1.6\mu\text{m}$。

（2）制定加工工艺

1）蜗杆类型为轴向直廓蜗杆，精车时，为了保持齿形正确，应把车刀两侧切削刃组成的平面装在水平位置上，并与蜗杆轴线在同一水平面内。粗车时可按导程角将刀头倾斜，以利于切削。

2）粗车齿槽时，可采用切槽法车削。

3）由于轴向齿距极限偏差较小，车削时，可用钟表式百分表配合小滑板进行分头。

4）控制齿厚尺寸 $4.21_{-0.268}^{-0.220}\text{mm}$，为提高测量精度，可采用三针测量法测量，其计算方法如下：

选定量针直径 $d_D = 5.46\text{mm}$

由于导程角大于 $3°30'$，查表 6-21 的量针测量距修正公式，得

$$M = d_1 + 3.924d_D - 4.316m_x + 1.2909d_D\tan^2\gamma$$

$$= 48\text{mm} + 3.924 \times 5.46\text{mm} - 4.316 \times 3\text{mm} + 1.2909 \times 5.46\text{mm} \times \tan^2 7°7'30''$$

$$= 56.587\text{mm}$$

量针测量距偏差可根据公式 $\Delta M = 2.7475\Delta s$ 计算

即：上极限偏差 $\Delta M_{上} = 2.7475 \times (-0.220)\text{mm} = -0.604\text{mm}$

下极限偏差 $\Delta M_{下} = 2.7475 \times (-0.268)\text{mm} = -0.736\text{mm}$

量针测量距及其偏差为 $M = 56.587_{-0.736}^{-0.604}\text{mm}$

5）双头蜗杆的加工顺序安排如下：车端面、钻中心孔→粗车一端外圆及齿顶圆直径→调头、车端面、螺孔、孔及沟槽→粗、精车蜗杆齿形→精车外圆→精车圆锥面。

（3）工件的定位与夹紧

为保证孔 $\phi25_{0}^{+0.021}\text{mm}$ 对外圆 $2 \times \phi40_{-0.025}^{\ 0}\text{mm}$ 公共轴线径向圆跳动公差 0.01mm，车削时，可与螺孔 $M16 \times 1.5 - LH$ 在一次装夹中车出，以便装入定位心轴（图6-70），装夹在两顶尖间车削外圆、圆锥面及蜗杆齿形。

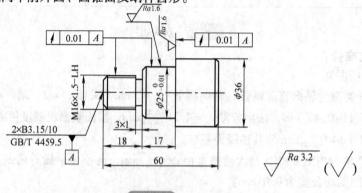

图 6-70　定位心轴

（4）选择刀具

1）选用 M16 × 1.5 – LH 丝锥攻螺纹，丝锥公差代号 H3。

2）蜗杆粗、精车刀。

（5）选择设备　选用 C6140 型卧式车床。

2. 工件加工

双头蜗杆的车削加工步骤见表 6-26。

表 6-26　双头蜗杆的车削加工步骤　　　　　　　　　　（单位：mm）

工序号	工种	工序内容	简图
1	车	自定心卡盘夹住毛坯外圆，找正 1）车端面，表面光滑即可 2）钻 B 型中心孔 $\phi 3.15$	
2	车	一端夹住，一端用回转顶尖支撑 1）车 $\phi 75_{-0.03}^{0}$ 处的齿顶圆至 $\phi 77$ 2）控制长度尺寸 160，粗车 $\phi 54$ 处的蜗杆齿顶圆至尺寸 $\phi 56$ 3）倒角 C1	
3	车	调头，一端夹住 $\phi 56$ 外圆，找正外圆 1）车端面、控制总长尺寸 190 2）控制尺寸 15，车 $\phi 60$ 处圆锥大端直径至 $\phi 62$ 3）倒角	
4	车	仍按上述装夹方法，找正外圆，径向圆跳动 ≤0.03 1）钻孔 $\phi 23$，深度尺寸 18 2）钻孔 $\phi 14$，深度尺寸 45 3）车螺纹 M16 × 1.5 – LH 底孔至 $\phi 14.5$ 4）粗车、精车孔 $\phi 25$，控制深度尺寸 20 5）车内沟槽 $\phi 17 × 10$ 6）攻螺纹 M16 × 1.5 – LH 至要求尺寸 7）孔口倒角 C1	

（续）

工序号	工种	工序内容	简图
5	车	装上定位心轴，装夹于两顶尖间 1）车外圆 $\phi75$ 至要求尺寸 2）车蜗杆齿顶圆直径 $\phi54$ 至要求尺寸 3）控制尺寸 80、40，车 2 个外圆 40 至要求尺寸 4）倒 2 处 30°角 5）倒角 $C2$，其余倒角 $C0.5$	
6	车	装夹于两顶尖间，用百分表配合小滑板进行分头 1）先用 $b=4.5$ 宽直槽刀车齿槽至蜗杆分度圆直径 $\phi48$ 2）再用 $b=2.09$ 宽直槽刀车齿槽至齿根圆直径 $\phi40.8$ 3）粗车、精车 $m_x=3$，$z_1=2$ 的蜗杆齿形至要求尺寸 量针直径 $d_D=5.46$，量针测量距 $M=56.587$	
7	车	调头、装夹于两顶尖间 1）车圆锥面大端直径 $\phi60$，保持长度尺寸 175 2）车圆锥体半角 $\alpha/2=7°7'30''\pm5'$ 3）倒角 圆锥面大端直径处留有 0.2 的等直径，目的是便于测量	
8	普	清洗，涂防锈油，入库	

3. 精度检验及误差分析

1）圆锥大端直径 $\phi60_{-0.1}^{0}$mm 的检验使用分度值为 0.02mm 的齿厚游标卡尺进行测量。测量时，将齿厚游标卡尺的活动量爪和固定量爪的端面与 $\phi75_{-0.03}^{0}$mm 右端面保持正确接触，移动活动量爪，使两爪测量面与锥体大端直径紧密贴合，由水平主尺上读得锥体大端直径。

2）齿顶圆直径 $\phi54_{-0.025}^{0}$mm 的检验用公法线千分尺沿齿顶圆的轴线方向测量三个截

面，对每个截面要在相互垂直的两个部位上各测一次。根据测量结果判断是否在公差范围内。

3）孔径尺寸 $\phi 25^{+0.021}_{0}$ mm 的检验用标准套规调整内径百分表指针到零位，再将内径百分表插入被测孔中，沿被测孔的轴线方向测三个截面，对每个截面要在相互垂直的两个部位上各测一次。若百分表指针在 $0 \sim 0.021$mm 范围内摆动，则说明被测孔合格。

4）法向齿厚 $4.21^{-0.220}_{-0.268}$ mm 的检验用齿厚游标卡尺测量，或把齿厚偏差换算成量针测量距偏差检测。

5）外圆 $\phi 75^{0}_{-0.03}$ mm 右端面对基准圆公共轴线垂直度误差 0.01mm 的检验测量方法如图 6-71 所示。测量前，先将左端 $\phi 40^{0}_{-0.025}$ mm 外圆装夹在自定心卡盘上，夹入的长度约 10mm。装夹时要垫好铜皮，防止损伤工件表面。再将卡盘和双头蜗杆用可调支承（如千斤顶）支撑起来，用铸铁角尺和杠杆百分表将 2 处 $\phi 40^{0}_{-0.025}$ mm 外圆的公共基准轴线（用外圆模拟）调整到与测量平板垂直。然后用杠杆百分表测量整个端平面并记录读数，读数的最大值与最小值之差不大于 0.01mm。

6）齿顶圆直径、$\phi 75^{0}_{-0.03}$ mm 外圆、$\phi 25^{+0.021}_{0}$ mm 内孔、圆锥体轴线对基准圆公共轴线径向圆跳动误差 0.01mm 的检验测量方法如图 6-72 所示，将蜗杆轴支承在精密等高的 V 形架上（基准轴线由 V 形架模拟），用白色润滑脂将钢球附着在双头蜗杆的中心孔内，钢球又与磁性表座吸附的平面接触进行轴向定位。在蜗杆回转一周的过程中，杠杆百分表读数的最大值与最小值之差即为单个测量面上的径向圆跳动。按上述方法在每一处测量时，应任选三个截面，取三截面中测得的径向圆跳动最大值作为该处的径向圆跳动。

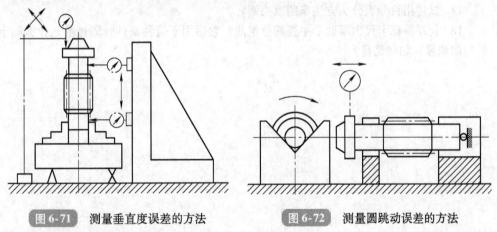

图 6-71　测量垂直度误差的方法　　　图 6-72　测量圆跳动误差的方法

☆ 考核重点解析

1）螺纹（蜗杆）主要参数部分，要熟记常用的计算公式。

2）螺纹升角对前角、两侧后角的影响以及螺纹车刀的背前角对螺纹加工和螺纹牙型的影响。

3）螺纹（蜗杆）主要尺寸的测量重点是单针和三针测量法。

复习思考题

1. 螺纹升角对螺纹车刀的工作角度有何影响？如何改善螺纹车刀的工作条件？

2. 车螺纹时产生乱牙的原因是什么？应如何预防？

3. 螺距不正确的原因有哪些？

4. 牙型不正确是什么原因？

5. 如何选择普通内螺纹车刀？

6. 攻螺纹与套螺纹时螺纹表面粗糙的原因有哪些？

7. 车削梯形螺纹有哪几种方法？车削较大的螺距螺纹应采用哪种方法？

8. 刃磨高速钢梯形螺纹粗车刀时，应按哪些原则刃磨？

9. 用磨有背前角的螺纹车刀车削螺纹时，对螺纹的牙型有什么影响？

10. 低速切削梯形螺纹有哪几种方法？

11. 在刃磨矩形螺纹车刀时，应注意哪几点？

12. 一般在车床上车削的米制蜗杆齿形有哪两种？其齿形在蜗杆各平面内为何形状？

13. 粗车蜗杆时，应如何选择车刀的角度和形状？

14. 精车蜗杆时，对车刀有哪些要求？车削时应注意什么问题？

15. 装夹蜗杆车刀时，有哪些要求？

16. 粗车蜗杆齿形时主要有哪几种方法？各适用于何种情况？

17. 试述用百分表分头方法车削双头蜗杆。

18. 齿厚游标卡尺由哪两个主要部分组成？它适用于何种条件？测量的是什么圆上的何向齿厚？如何测量？

*第7章 偏心工件及曲轴加工

☺理论知识要求
1. 掌握偏心件的定义及其车削方法。
2. 掌握偏心件的测量方法。
3. 掌握曲轴结构及其车削方法。
☺操作技能要求
1. 学会加工偏心轴及偏心套。
2. 学会应用车床加工简单曲轴。

7.1 偏心工件及曲轴加工方法

7.1.1 偏心工件加工方法

在机械传动中，把回转运动变为往复直线运动或把直线运动变为回转运动，一般都是采用偏心轴或曲轴来完成的。例如，车床主轴变速箱中用偏心轴带动的润滑油泵，汽车发动机中的曲轴等。当外圆与外圆或外圆与内孔的轴线不在同一轴线上，平行而不重合（偏离一个距离）的工件，称为偏心工件，如图7-1所示。外圆与外圆偏心的工件称为偏心轴（外圆轴向尺寸较小时也称偏心盘），外圆与内孔偏心的工件称偏心套。两平行轴线间距离称为偏心距 e。

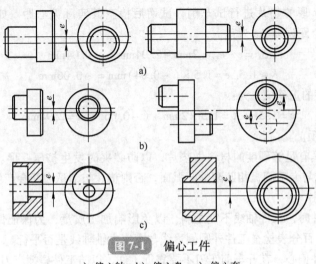

a)

b)

c)

图7-1 偏心工件

a）偏心轴　b）偏心盘　c）偏心套

1. 偏心工件的车削方法

偏心轴、偏心套一般都在车床上加工。它们的加工方法基本相同，主要是在装夹方面所采取的措施不同，即把需要加工的偏心外圆或内孔的轴线找正到与车床主轴轴线重合即可。一般是按照工件的批量、形状、偏心距的大小和精度要求相应地选择各种偏心工件的车削方法。车偏心工件一般有以下几种方法。

（1）用自定心卡盘装夹车偏心工件

1）偏心原理。在自定心卡盘的任意一个卡爪与工件基准外圆柱面（已加工好）的接触部位，垫上一块预先选好厚度的垫片，使工件的轴线相对于车床主轴轴线产生等于工件偏心距 e 的位移，然后夹紧工件即可车削，如图 7-2 所示，垫垫片的卡爪应做好标记。此法适用于偏心距 e 精度一般、长度较短、形状较简单且加工数量较多的偏心工件的车削。

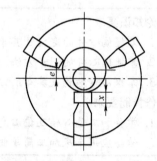

图 7-2　在自定心卡盘上车偏心件

2）垫片厚度的计算。垫片的厚度 x（图 7-2）可按下式计算：

$$x = 1.5e + K \quad K \approx 1.5\Delta e \quad \Delta e = e - e_{测} \tag{7-1}$$

式中　x——垫片厚度（mm）；

　　　e——工件偏心距（mm）；

　　　K——偏心距修正值，其正负值按实测结果确定（mm）；

　　　Δe——试切后，实测偏心距误差（mm）；

　　　$e_{测}$——试切后，实测偏心距（mm）。

例 7-1　车削偏心距 $e = 2$mm 的工件，试用近似公式计算出垫片厚度 x。

解：先不考虑修正值，按近似公式计算垫片厚度：

$$x = 1.5e = 1.5 \times 2\text{mm} = 3\text{mm}$$

先垫入 3mm 厚的垫片进行试车削，试切后检查其实际偏心距。如实测偏心距为 2.04mm，则偏心距误差 Δe 为：

$$\Delta e = e - e_{测} = 2\text{mm} - 2.04\text{mm} = -0.04\text{mm}$$

$$K \approx 1.5\Delta e = 1.5 \times (-0.04)\text{mm} = -0.06\text{mm}$$

则垫片厚度的正确值 x 为：

$$x = 1.5e + K = 1.5 \times 2\text{mm} + (-0.06)\text{mm} = 2.94\text{mm}$$

3）注意事项。

① 应选择具有足够硬度的材料做垫片，以防装夹时发生挤压变形。垫片与卡爪接触的一面应做成与卡爪圆弧相匹配的圆弧面，否则垫片与卡爪之间会产生间隙，造成偏心距误差。

② 装夹工件时，工件轴线不能歪斜，以免影响加工质量，为保证偏心轴两轴线平行，装夹时应用百分表检查工件外圆侧素线与车床主轴轴线是否平行。

③ 由于工件偏心，在开车前车刀不要靠近工件，以防工件碰撞车刀。

④ 车偏心工件时，建议采用高速钢车刀车削。

（2）两顶尖间车削偏心轴 如图 7-3 所示，较长的偏心轴，只要两端能钻中心孔，且有装夹鸡心卡头的位置，都可以用两顶尖装夹进行车削。

1）钻中心孔。

① 将工件毛坯按图样上标注的最大直径保留精加工余量车成外圆，两端面与轴线垂直，表面粗糙度值要小，用千分尺测量其直径尺寸。

② 将涂剂均匀地在工件两端面涂上薄薄一层，干燥后将工件置于平板的 V 形块上，用游标高度尺测量最高点尺寸后，将游标下降至工

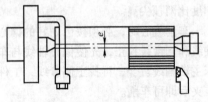

图 7-3 两顶尖间车削偏心轴

件实测直径尺寸的一半，在其中的一个端面上轻轻划出一条水平刻线，如图 7-4a 所示。高度尺游标不动，将工件旋转 180°，再轻轻划出一条水平刻线，检查两条水平刻线，直至重合后，在工件两端面划出水平刻线。

③ 将工件旋转 90°，工件两端面划出基本外圆的中心线，如图 7-4b 所示。

④ 工件不动，将游标高度尺的游标上移一个偏心距尺寸，在轴两端面分别划出偏心距中心线，如图 7-4c 所示。

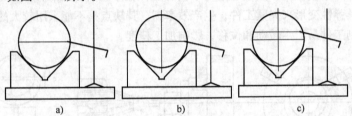

a)   b)   c)

图 7-4 在单动卡盘上车削偏心工件

⑤ 划线时手扶工件，注意不得让工件转（移）动，平台上、高度尺底座应光洁、无毛刺，为防止用力不均或摩擦力过大致使游标颤抖，可在平台上涂一层均匀而薄的机油。

⑥ 偏心距中心线划出后，将工件取下，分别在中心处打上样冲眼，要求位置准确无误，眼坑宜浅、尖、小而圆。

⑦ 在钻床上合理地定位工件，按照工艺要求钻出中心孔。

2）车削。两顶尖间车削偏心轴与车削一般外圆基本相同，不同的是车偏心圆时，加工余量变化较大，且初始阶段为断续切削，会产生较大的冲击力和振动，所以，加工时应选用较小的切削用量，初次进刀一定要远离工件。

加工过程中要注意顶尖与中心孔的松紧程度应适当，经常加注润滑油，以减少彼此磨损。

这种方法的优点是偏心的中心孔已钻好，不需要花费时间去找正偏心，适用于单件、小批量且精度要求不高的偏心轴。当偏心精度要求较高时，中心孔可在坐标镗床上钻出，成批生产时，可在偏心夹具上钻出。

（3）单动卡盘车削偏心工件　如图7-5所示，对于长度较短、外形复杂、加工数量较少且不便于在两顶尖间装夹的偏心工件，可装夹在单动卡盘上车削，装夹刚度比两顶尖高。

车削偏心时，必须按已划好的偏心轴线和侧素线找正，先使偏心轴线与车床主轴轴线重合，再找正侧素线，工件装夹后即可车削。

注意：开始车偏心时，由于两边的切削量相差很多，车刀应先远离工件后

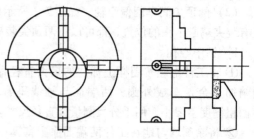

图7-5　在单动卡盘上车削偏心工件

再起动主轴。然后，车刀刀尖从偏心的最外一点逐步切入工件进行车削。这样可有效地防止事故的发生。等工件车圆后切削用量可以适当增加，否则就会损坏车刀或使工件移位。

（4）利用专用夹具车削偏心工件　批量加工偏心距精度要求较高的小型偏心工件，可在自定心卡盘上用偏心夹具车削，如图7-6所示。偏心夹具装夹在自定心卡盘上，夹具中预先加工一个偏心孔，其偏心距等于偏心工件偏心距 e，工件就插在夹具的偏心孔中，依靠夹具弹性变形来夹紧工件，生产效率高。其缺点是不能采用较大的切削深度和进给量，否则工件易产生转动和位移，影响加工精度。

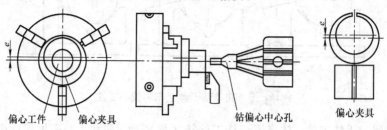

偏心工件　偏心夹具　　　　　　钻偏心中心孔　　　偏心夹具

图7-6　专用夹具车削偏心工件

（5）双重卡盘车偏心工件　车削偏心距不大（$e \leqslant 5\text{mm}$）且精度要求不高、批量较小的偏心工件可在双重卡盘上车削，如图7-7所示。

其方法是将自定心卡盘装夹在单动卡盘上，并移动一个偏心距 e，加工偏心工件时，只需把工件装夹在自定心卡盘上就可以车削。这种方法第一次在单动卡盘上找正比较困难，但是在小批量加工时，则不需找正偏心距，因此适用于加工成批工件。

加工时，由于两只卡盘重叠在一起，刚度不足且离心力较大，切削用量只能选得较低。此外，车削时尽量用后顶尖支顶，工件找正后尚需加平衡铁，以防发生意外事故。

（6）专用偏心夹具加工偏心工件　车削精度较高、批量较大的偏心工件时，可用专用偏心夹具来车削。偏心卡盘实际上就是镗床上的平旋盘（图7-8a）和自定心卡盘的组合（图7-8b），颈部固定在车床主轴的法兰盘上。

工作时，把相应型号的自定心卡盘安装在偏心体上，将平旋盘与自定心卡盘的同轴

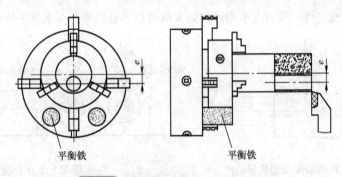

平衡铁　　　　　　　　　　平衡铁

图 7-7 在双重卡盘上车削偏心工件

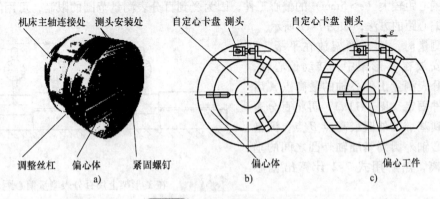

机床主轴连接处　测头安装处　　自定心卡盘　测头　　　　自定心卡盘　测头

调整丝杠　偏心体　紧固螺钉　　　　偏心体　　　　　　偏心工件
a)　　　　　　　　　　　b)　　　　　　　　　c)

图 7-8 偏心卡盘组合示意图

度调整好后固定自定心卡盘，安装两个测头。当测头间隙为零时即偏心距为零。

如图 7-8c 所示，转动调整丝杠，偏心体移动，测头间距逐渐增大，两测头之间的距离可用百分表或量块测量，间距尺寸即是偏心距 e。

偏心距调整好后，用螺栓紧固偏心体，工件装夹在自定心卡盘上，就可以进行车削。

由于偏心卡盘的偏心距可用量块或百分表测得，因此可以获得很高的精度。其次，偏心卡盘调整方便，通用性强，是一种较理想的夹具。

2. 偏心工件的测量

偏心工件的测量，主要是偏心距的测量，车工测量偏心距的方法主要有以下几种。

(1) 在两顶尖间用百分表测量　对于两端有中心孔、偏心距较小（$e \leqslant 5mm$）、不易放在 V 形架上测量的偏心工件，可放在两顶尖间测量偏心距，如图 7-9 所示。

测量时，使百分表的测头接触在偏心部位，用手均匀、缓慢地转动偏心轴，百分表上指示出的最大值与最小值之差的一半等于偏心距。

偏心套的偏心距也可以用类似上述方法来测量，但必须将偏心套套在心轴上，再在两顶尖间测量。

(2) 在 V 形架上用百分表测量　如图 7-10 所示，对于两端无中心孔、偏心距较小（$e \leqslant 5mm$）的偏心工件，可放在 V 形架上转动偏心工件进行测量。转动前找出最高点或最低点，转动工件一周百分表指示出最大值与最小值之差的一半等于偏心距。

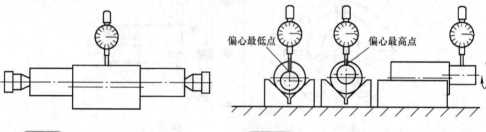

图 7-9　在两顶尖间测量偏心距　　　　图 7-10　在 V 形架上用百分表测量偏心距

偏心距较大（$e>5\text{mm}$）的偏心工件，因为受到百分表测量范围的限制，可用间接测量偏心距的方法，如图 7-11 所示。

测量时，把 V 形架放在平板上，工件安放在 V 形架中，转动偏心轴，用百分表测量出偏心轴的最高点 A 后将工件固定（图 7-11a），再将百分表移动到基准轴外圆最高点 B 点，测量出偏心轴外圆到基准轴外圆之间的垂直距离，然后用式 7-2 计算出偏心距 e：

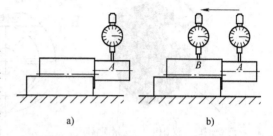

图 7-11　在 V 形架上用百分表测量偏心距

$$e = \frac{D}{2} - \frac{d}{2} - a \tag{7-2}$$

式中　D——基准轴直径（mm）；

　　　d——偏心轴直径（mm）；

　　　a——基准轴外圆到偏心轴外圆之间的垂直距离（mm）。

用上述方法，必须把基准轴直径 D 和偏心轴直径 d 用千分尺测量出准确的实际值，否则计算时会产生误差。

3. 配重

在自定心卡盘或单动卡盘上车削偏心工件，由于受偏心距的影响，首先会造成主轴支承轴承滚珠因受力不均使游隙不断扩大，降低机床的精度，时间久了，车削工件时易产生椭圆。其次，车削偏心工件时产生的离心力较大，工件的形状尺寸和位置公差都会受到不同程度的影响。因此，在车削过程中，特别是大型偏心工件，必须进行平衡，避免单侧离心力的产生。要避免离心力的产生就必须对工件进行旋转平衡（动平衡），在车床上车偏心工件平衡的方法主要有以下两种。

（1）两顶尖车削偏心轴　如图 7-12 所示，两顶尖（或一夹一顶）车削偏心轴类零件时，在其偏心部位加装的平衡装置，如不计算离心力，则需简单地计算偏心部分的重量，以便确定平衡铁的重量。

（2）单动卡盘上车削偏心工件　单动卡盘车削偏心工件时，一般不需尾座后顶尖支撑，此时平衡配重块应在卡盘上安装，如果在工件上安装，受弯曲力矩影响，会使工件产生弯曲变形，从而影响工件的形状尺寸，正确的加装方法如图 7-13 所示。

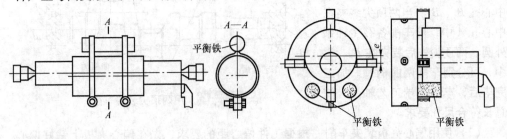

| 图 7-12 | 两顶尖车削偏心工件加装平衡铁 | 图 7-13 | 单动卡盘车削偏心工件加装平衡铁 |

7.1.2　曲轴加工方法

曲轴是一种偏心工件，广泛地应用于压力机、压缩机和内燃机等机械中。根据曲轴曲柄颈（也称连杆轴颈）的多少，曲轴有单拐、两拐、四拐、六拐和八拐等多种结构形式。根据曲柄颈数（拐数）的不同，曲柄颈可以互成 90°、120°、180° 等夹角。简单曲轴包括单拐曲轴和两拐曲轴，两拐以上的曲轴则称为多拐曲轴。

1. 曲轴的结构

如图 7-14 所示，曲轴主要由主轴颈、曲柄颈、曲柄臂以及轴肩等组成。主轴颈轴线与曲柄颈轴线间的距离即为偏心距。

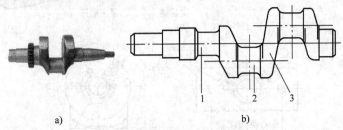

a)　　　　　　　　　　　　　　　b)

图 7-14　曲轴的结构

a）单拐曲轴　b）两拐曲轴

1—主轴颈　2—曲柄颈　3—曲柄臂

2. 曲轴的车削方法

曲轴的毛坯一般由锻造得到，也有采用球墨铸铁铸造而成。车削曲轴的原理与车削偏心轴、偏心套相同，都是在工件的装夹上采取适当的措施，使被加工工件的轴线和车床主轴轴线重合。但由于曲轴结构复杂，不仅细长，又有多个曲轴颈，刚度较低，而且曲柄颈和主轴颈的尺寸精度、形状精度要求较高，彼此间的位置精度要求也很高，因此，曲轴的加工难度较大，工艺过程较复杂。

曲轴可在专用机床上加工，也可以在普通车床上加工。在普通车床上车削曲轴，主要进行主轴颈和曲柄颈的粗加工和半精加工（精加工则通常采用磨削的方法进行）。

（1）用两顶尖装夹车削　在工件主轴颈处预备工艺轴颈，使两端工艺轴颈足够大，能钻出主轴颈中心孔和各曲柄颈中心孔，如图 7-15 所示。曲柄车削前一般在坐标镗床上钻出主轴颈中心孔 A 和曲柄颈中心孔 B_1、B_2。当两顶尖装夹在中心孔 A 中，可车削各级主轴颈外圆。两顶尖先后装夹在 B_1、B_2 中，可分别车削两曲柄颈。加工完毕后，车去两端工艺轴颈，使总长符合尺寸要求。

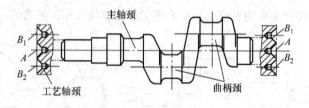

图 7-15　用两顶尖装夹车削

（2）使用偏心夹板装夹车削　根据工件偏心距的要求，先在偏心夹板上钻好偏心中心孔，使用时将偏心夹板用螺栓固定在主轴颈上（夹板内孔与主轴颈采取过渡配合），并用紧定螺钉或定位键防止夹板转动，如图 7-16a、b、c 所示。将工件用两顶尖支顶在相应的偏心中心孔上，便可车削曲柄颈。根据曲轴拐数的不同，偏心夹板的形式不同，如图 7-16d、e、f 所示。若主轴颈外圆上不允许留螺钉沉孔，可留长度余量 3～5mm，精车时切除。

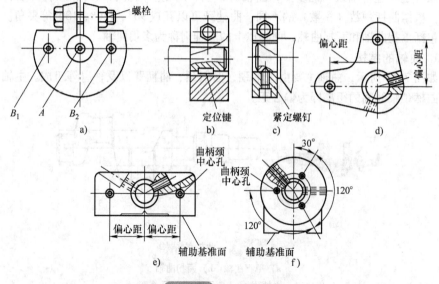

图 7-16　偏心夹板

a）偏心夹板固定在主轴颈上　b）用螺钉定位　c）用定位键定位　d）一般双拐偏心夹板
e）带辅助基准面的双拐偏心夹板　f）带辅助基准面的三拐偏心夹板

3. 车削曲轴注意事项

1）曲轴刚度低，除采用粗车、半精车以减少因加工余量大、断续切削等引起的冲击、振动对曲轴变形的影响外，在车削时为增加曲轴刚度，防止变形，应在曲柄颈对面的空位处用支撑螺钉撑住，如图 7-17 所示。

2）加工曲轴的工艺过程中，通常安排有热处理（调质）工序，经调质后的中心孔，应经仔细修研后，

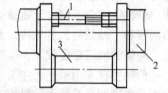

图 7-17　支撑螺钉的使用方法
1—支撑螺钉　2—曲轴　3—曲柄颈

才能进行后续车削工作。

3）车削偏心距较大的曲轴，应进行平衡找正。

4）为提高工艺系统的刚度，宜采用硬质合金固定顶尖。

7.2 偏心工件和曲轴加工技能训练实例

技能训练一 双侧同向偏心轴的加工

加工如图 7-18 所示双侧同向偏心轴，材料为 45 钢，毛坯为 $\phi 45\text{mm} \times 102\text{mm}$ 的棒料。

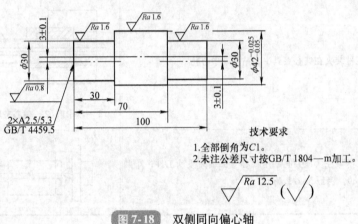

技术要求

1.全部倒角为C1。

2.未注公差尺寸按GB/T 1804—m加工。

图 7-18 双侧同向偏心轴

1. 工艺分析

1）车削轴类工件以中心孔和外圆为定位基准。

2）此工件因两端偏心一致，两端中心孔在圆周角度上应准确一致，因此，用找正十字线钻两端中心孔的方法效率低，偏心距不易保证。本技能训练采用偏心夹具装夹工件，钻两端中心孔。偏心夹具就是一个偏心套，如图 7-19 所示（偏心套自制），将工件伸进偏心夹具中，用螺钉固定，钻两侧中心孔（夹具调头时，工件不能卸下），然后用两顶尖定位车削偏心轴。

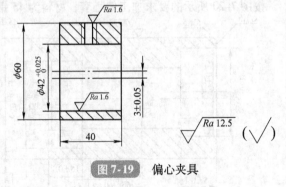

图 7-19 偏心夹具

2. 工具

90°外圆车刀，45°端面车刀，中心钻 A2.5/6.3 及钻夹具，游标卡尺（分度值 0.02mm，量程 0～150mm），千分尺（分度值 0.01mm，量程 25～50mm）。

3. 设备

CA6140 型车床（配自定心卡盘）。

4. 加工步骤（表7-1）

<table>
<tr><td align="center">表7-1</td><td align="center">双侧同向偏心轴加工步骤</td><td align="center">（单位：mm）</td></tr>
</table>

加工步骤	加工简图
第一步：将工件装夹在自定心卡盘上，伸出长度为110 1）车端面 2）车外圆 $\phi42^{-0.025}_{-0.05}$ 3）切断，保持长度为102 4）将工件调头，车端面，保持长度为100	
第二步：将工件装夹在偏心夹具中，钻两端中心孔	1—软卡爪 2—偏心夹具 3—工件
第三步：将工件架在两顶尖间，用鸡心卡头装夹拨动工件；车两侧偏心轴 $\phi30 \times 30$，保证 $Ra \leqslant 1.6\mu m$	

5. 注意事项

车削偏心工件时顶尖受力不均匀，前顶尖容易损坏或移位，因此必须经常检查。

技能训练二 偏心套的加工

按图 7-20 所示的要求加工偏心套，材料为 45 钢，毛坯为 $\phi55mm \times 100mm$ 的棒料。

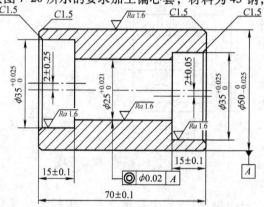

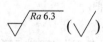

技术要求
1.未注倒角为C0.2。
2.未注公差尺寸按GB/T 1804—m加工。

图 7-20　偏心套

1. 偏心套的划线方法

将工件置于方箱上的 V 形槽内夹紧，如图 7-21 所示，在方箱上划偏心田字框线。将游标高度尺从工件的最高点向下移 $D/2$ 的距离，在两侧端面和外圆划中心线和侧素线，然后根据偏心距划偏心中心线，再根据孔的尺寸划孔的框线（田字线）；划好后，将方箱翻转 90°，再在两端面划中心线，在外圆划侧素线，这时形成了端面的十字线、端面加工框线和外圆侧素线。圆孔的田字检测框线（图 7-22）将孔的上下、左右定位，在找正和加工时具有较准确的参考价值。孔的田字检测框线可有助于中心十字线的找正，将划针指在框上转动工件找正，比用圆线找正更准确。在加工中，框线直接约束孔的位置，使孔的位置准确。划好线后，可以在十字线中心打样冲眼，用圆规划出圆孔线，圆孔线可作为加工时的参考。

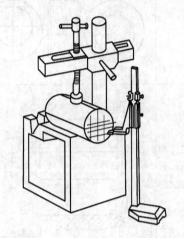

图 7-21　在方箱上划偏心田字检测框线

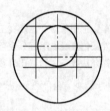

图 7-22　圆孔的田字检测框线

2. 找正技术

偏心套以外圆为定位基准，两侧偏心孔呈 180° 相反偏移，加工时用单动卡盘装夹工件，用划针盘找正中心十字线及两端偏心十字线，找正侧素线，用百分表压外圆找正内孔偏移量，也可用田字检测框线找正和检验尺寸的准确性。

3. 工具

90°外圆车刀，45°端面车刀，90°内孔车刀，内孔精车刀，内孔刀杆及高速钢刀头，游标卡尺（分度值 0.02mm，量程 0 ~ 150mm），千分尺（分度值 0.01mm，量程 25 ~ 50mm），内径百分表（分度值 0.01mm，量程 18 ~ 35mm），磁座百分表，小平台，方箱，游标高度尺，划针盘，铜皮垫。

4. 设备

CA6140 型车床（配单动卡盘）。

5. 加工步骤（表 7-2）

表7-2 **偏心套加工步骤** （单位：mm）

加工步骤	加工简图
第一步：在单动夹盘上装夹工件 1）车削端面 2）车削外径，保证$\phi50_{-0.025}^{0}$，$Ra\leqslant1.6\mu m$ 3）钻孔至$\phi23$后车孔，保证$\phi25_{0}^{+0.021}$，$Ra\leqslant1.6\mu m$ 4）倒两侧外角$C1.5$ 5）切断，保证全长为71 6）将工件调头，车削端面，保证全长为70 ± 0.1	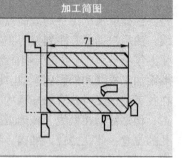
第二步：在平台方箱上用游标高度尺划线 1）在两侧端面划偏心十字线、圆周线及孔田字检测框线 2）在外表面划偏心侧素线	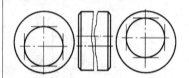
第三步：在车床上用单动卡盘装夹工件后，用划线盘找正工件端面的十字线、外圆侧素线，用百分表可同时校验偏心的准确值，另一侧端面用同样办法找正。加工孔时参考田字检测框线车削和测量 1）车偏心孔$\phi35_{0}^{+0.025}$，$Ra\leqslant1.6\mu m$ 2）倒内角	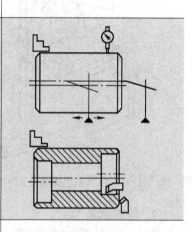
第四步：另一端面用同样的方法车削	

6. 注意事项

1）用百分表在外圆上测偏心距时，表针变动量的最大值和最小值必须在十字线上，因为两端偏心孔偏心方向相反，如果不注意这个问题，两端偏心孔就不会偏移在180°方向上。

2）精车前，要按照端面十字线的方向测量壁厚，确认偏心距正确后再精车。

技能训练三　双拐曲轴的加工

按图7-23所示要求加工双拐曲轴，材料为45钢，毛坯为$\phi52mm\times200mm$的棒料。

1. 工艺分析

1）工件偏心距不大，可采用两顶尖装夹。

2）车削时工件应多次调头，使各中心孔均与后顶尖充分研磨。

3）工件刚度较高，不必采取特殊措施以增加其刚度。

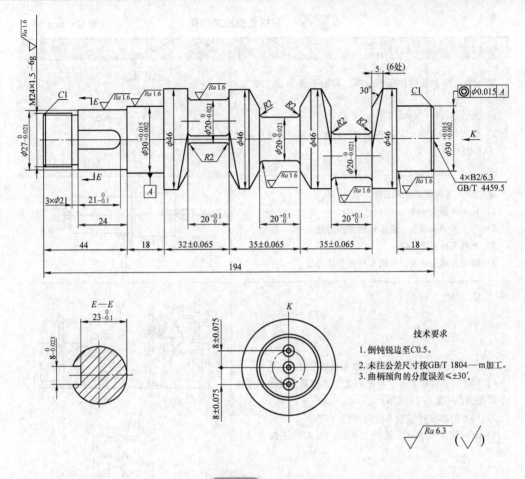

图 7-23　双拐曲轴

2. 工具

　　45°外圆车刀，90°外圆车刀，30°外圆车刀，$R2$mm 的外圆弧车刀，高速钢窄刃外圆精车刀，外圆车槽刀，外螺纹车刀，中心钻 B2/8 及钻夹具，工艺软爪，夹头，划规，划针，样冲，划针盘，方箱，游标高度尺（分度值 0.02mm，量程 0~300mm），游标卡尺（分度值 0.02mm，量程 0~150mm），游标深度尺（分度值 0.02mm，量程 0~200mm），千分尺（分度值 0.01mm，量程 0~25mm），磁座百分表（分度值 0.01mm，量程 0~10mm），钢直尺，顶尖，M24×1.5-6g 的螺纹环规，其他常用工具。

3. 设备

　　CA6140 型车床（配单动卡盘）。

4. 加工步骤（表 7-3）

表 7-3	双拐曲轴加工步骤	（单位：mm）

加工步骤	加工简图
第一步：用卡盘夹住坯料外圆，伸出长度为 20，找正，夹紧 　1）车端面，钻一端中心孔 B2/6.3 　2）将工件调头装夹，总长车至图样要求尺寸，钻另一端中心孔 B2/6.3	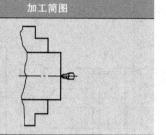
第二步：用两顶尖装夹工件 　1）粗车外圆至 $\phi48$ 　2）将工件调头装夹，粗车外圆至接刀处 　3）半精车外圆至 $\phi47$ 　4）将工件调头装夹，半精车外圆至接刀处	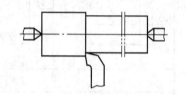
第三步：以 $\phi47$ 的外圆在方箱的 V 形槽中定位 　1）将工件表面涂色，在小平板上用游标高度尺划十字中心线并引至外圆上（右图 a） 　2）将方箱翻转 90° 划另一条十字线（右图 b） 　3）划两端曲柄颈中心孔线（4 处）及其找正圆线（右图 c）	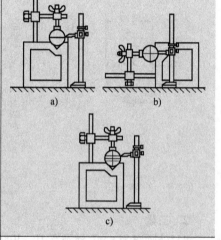 a)　　　　　b) c)
第四步：用单动卡盘装夹工件外圆，伸出长度约为 20，找正曲柄颈中心孔线 　1）钻曲柄颈中心孔 B2/6.3 　2）将工件翻转 180°，找正另一曲柄颈中心孔线，钻另一个曲柄颈中心孔 B2/6.3 　3）将工件调头，重复第四步中 1）、2）的操作，钻另一端面的两个曲柄颈中心孔 B2/6.3	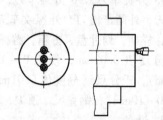
第五步：用两顶尖支撑曲柄颈中心孔（夹头安装在螺纹一端），将图样上 $\phi20_{-0.021}^{0} \times 20_{0}^{+0.1}$ 的曲柄颈粗车至 $\phi22 \times 18$	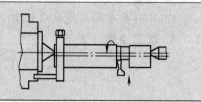

（续）

加工步骤	加工简图
第六步：用两顶尖支撑另外两个曲柄颈中心孔，重复上述第五步的操作	
第七步：用两顶尖支撑主轴颈中心孔 1）将图样上 $\phi20_{-0.021}^{\ 0} \times 20_{\ 0}^{+0.1}$ 的主轴颈粗车至 $\phi22 \times 18$ 2）将图样上 $\phi30_{+0.002}^{+0.015} \times 18$ 的外圆粗车至 $\phi32 \times 17$	
第八步：调头，用两顶尖支撑主轴颈中心孔 1）粗车 M24 × 1.5 螺纹大径、$\phi27_{-0.025}^{\ 0}$ 及 $\phi30_{+0.002}^{+0.015}$ 的外圆，各留余量 2，长度留余量 1 2）精车曲柄臂 $\phi46$ 至图样要求 3）半精车及精车 $\phi27_{-0.025}^{\ 0}$、$\phi30_{+0.002}^{+0.015}$ 的外圆及其长度至图样要求，倒钝锐边至 $C0.5$ 4）半精车及精车主轴颈 $\phi20_{-0.021}^{\ 0} \times 20_{\ 0}^{+0.1}$（注意其轴向位置） 5）车圆角 $R2$、倒角 $5 \times 30°$ 至图样要求，倒钝锐边至 $C0.5$	
第九步：调头，用两顶尖支撑主轴颈中心孔 1）半精车及精车主轴颈 $\phi30_{+0.002}^{+0.015}$ 及其长度至图样要求 2）倒角 $C1$，倒钝锐边至 $C0.5$	
第十步：用两顶尖支撑曲柄颈中心孔（夹头安装在左端） 1）半精车及精车曲柄颈 $\phi20_{-0.021}^{\ 0} \times 20_{\ 0}^{+0.1}$ 至图样要求 2）车圆角 $R2$、倒角 $5 \times 30°$ 至图样要求，倒钝锐边 第十一步：用两顶尖支撑另一曲柄颈中心孔 1）半精车及精车另一曲柄颈 $\phi20_{-0.021}^{\ 0} \times 20_{\ 0}^{+0.1}$ 至图样要求 2）车圆角 $R2$、倒角 $5 \times 30°$ 至图样要求，倒钝锐边	
第十二步：调头，用两顶尖支撑主轴颈中心孔 1）车螺纹大径至图样要求 2）切退刀槽，倒角 $C1$ 3）车螺纹 M24 × 1.5 − 6g 至图样要求	

5. 注意事项

1）划线时应将工件、平板、游标高度尺底面擦干净，以减少划线误差。所划的线条应清晰、准确。

2）粗车各轴颈时，*R*2 的圆角要留有余量。

操作禁忌：在两顶尖间装夹及车削工件时，手臂严禁靠近鸡心卡头，以免夹头钩住衣服后出现险情。

☆考核重点解析

本章考核的重点一是偏心轴、套的加工，二是简单曲轴的加工。前者一般考核用自定心卡盘加垫片装夹偏心轴、套，其难点在于偏心垫片厚度计算。后者主要考核单拐曲轴的加工，难点在于正确地对单拐曲轴进行划线，加工出中心孔。

复习思考题

1. 什么是偏心轴？什么是偏心套？

2. 在车床上车削偏心工件的方法有哪些？

3. 如何找正偏心工件？

4. 用两顶尖装夹车偏心工件的工艺特点有哪些？

5. 车削曲轴的工艺措施有哪些？

6. 曲轴的装夹方法有哪几种？各使用哪种场合？

7. 加工图 7-24 所示的偏心轴。

8. 加工图 7-25 所示的单拐曲轴。

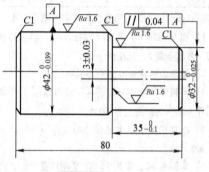

图 7-24 偏心轴

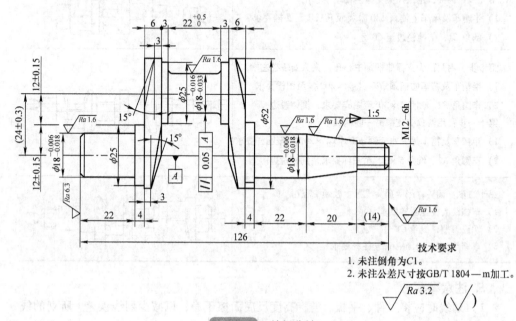

技术要求

1. 未注倒角为C1。

2. 未注公差尺寸按GB/T 1804—m加工。

图 7-25 单拐曲轴

9. 加工图 7-26 所示的三心轴。

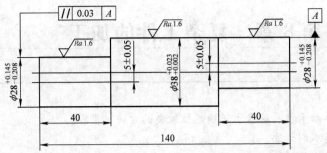

技术要求
1. 未注倒角为C0.5。
2. 未注公差尺寸按GB/T 1804—m加工。

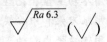

图 7-26　三心轴

*第8章 复杂工件的加工

☺理论知识要求
    1. 掌握工件在单动卡盘、花盘上正确定位装夹的方法、步骤。
    2. 掌握细长轴的车削方法。
    3. 掌握防止和减少薄壁工件变形的方法。
☺操作技能要求
    1. 学会应用单动卡盘、花盘、角铁装夹和加工复杂工件。
    2. 学会应用跟刀架和中心架加工细长轴。
    3. 学会应用弹性胀力心轴车削薄壁套。

在车削中，有时会遇到一些外形较复杂和形状不规则的工件或精度要求高、加工难度大的工件，如图8-1所示。这些外形复杂奇特的工件，通常需要用相应的车床附件或专用车床夹具来加工。当工件数量较少时，一般不需要设计、制造专用夹具，而使用花盘、角铁等车床附件（图8-2）来加工。

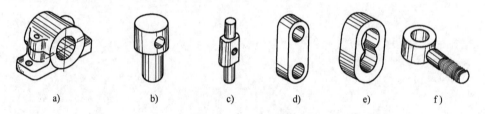

图8-1 常见复杂工件

a）对开轴承座 b）、c）十字工件 d）双孔连杆 e）齿轮泵体 f）环首螺钉

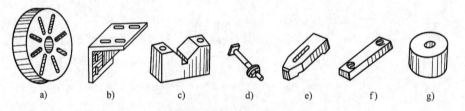

图8-2 常用的车床附件

a）花盘 b）弯板 c）V形架 d）方头螺栓 e）压板 f）平压板 g）平衡铁

本章将对典型的复杂工件和一些形状虽不复杂，但用普通车削方法加工极为困难的工件（如细长轴、薄壁工件）的车削进行介绍。

8.1　在单动卡盘上车削复杂工件

8.1.1　单动卡盘

1. 结构特征

单动卡盘有四个各自独立运动的卡爪 1、2、3 和 4（图 8-3），它们不能像自定心卡盘的卡爪那样同时一起作径向移动。四个卡爪的背面都有半圆弧形螺纹与丝杠啮合，在每个丝杠的顶端都有方孔，用来插卡盘钥匙的方榫，转动卡盘钥匙，便可通过丝杠带动卡爪单独移动，以适应所夹持工件大小的需要。通过四个卡爪的相应配合，可将工件装夹在卡盘中，与自定心卡盘一样，卡盘背面有定位台阶（止口）或螺纹（老式车床用）与车床主轴上的连接盘连接成一体。它的优点是夹紧力较大，装夹精度较高，不受卡爪磨损的影响，因此适用于装夹形状不规则或大型的工件。

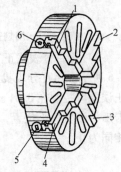

图 8-3　单动卡盘
1～4—卡爪　5、6—带方孔丝杠

2. 装夹与找正

（1）装夹工件的方法　先将卡爪张开，使相对两个爪的距离稍大于工件的直径，然后将工件装上。首先用两个相对的卡爪夹紧，再用另两个相对的卡爪夹紧。卡爪在夹紧工件时，将主轴调至空挡位置，左手握卡盘扳手，右手握住工件，观察工件与卡爪之间的间隙，将上面的卡爪旋进间隙一半的距离，然后用左手将卡爪转过 180°，将相对应的卡爪旋进直至将工件夹紧。四个卡爪的大体位置可根据卡盘端面上多圈的圆弧线来进行调整。

（2）找正工件　单动卡盘的四个卡爪是各自独立运动的。因此在安装工件时，必须将工件的旋转中心找正到与车床主轴旋转中心重合后才可车削。

1）用划针盘找正外圆（图 8-4）。将划针盘放置在床身上，找正时先使划线稍离工件外圆，然后转动卡盘观察工件表面与针尖之间间隙的大小，根据间隙的大小差异来调整相对卡爪的位置，调整量约为间隙差异值的一半。处于间隙小位置的卡爪要向靠近圆心方向调整卡爪（紧卡爪），对间隙大位置的卡爪则向远离圆心方向调整（松卡爪）。经过几次调整，直到工件旋转一周，针尖与工件表面距离均等为止。对较长的工件，应对工件两端外圆都进行找正。

2）找正工件端面。在找正短工件时，除找正外圆外，还必须找正工件的端平面。找正时，把划针尖放在工件端面近边缘处（图 8-5），慢慢转动工件，观察工件端面与针尖之间的间隙的大小。根据间隙大小，用铜锤或木棒轻轻敲击，直到端面各处与针尖距离相等为止。在找正工件时，平面和外圆必须同时兼顾。

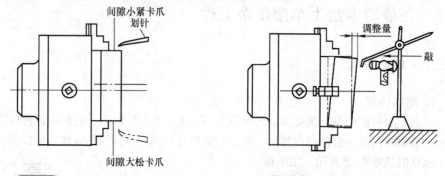

图 8-4　用划针盘找正外圆　　　图 8-5　用划针盘找正端面

3）用百分表找正工件。在找正精度较高的工件时，可用百分表代替划针盘，如图 8-6 所示。用百分表找正工件，径向圆跳动和轴向圆跳动在百分表上就可显示出来，找正误差可控制在 0.01 mm 以内。若百分表读数偏大，说明工件外圆偏向这个方向，应紧卡爪；读数偏小位置，则应松卡爪，直至工件旋转一周，百分表在圆周上各个位置读数相同为止。

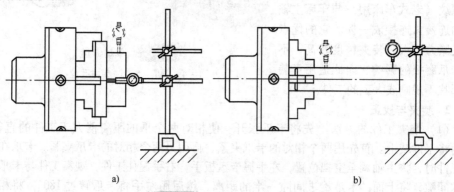

a)　　　　　　　　　　　　　　　b)

图 8-6　用百分表找正工件

a）找正短工件　b）找正长工件

3. 注意事项

1）应根据工件被装夹处的尺寸调整卡爪，使其相对两爪的距离略大于工件直径即可。

2）工件被夹持部分不宜太长，一般以 10～15mm 为宜。

3）为了防止工件表面被夹伤和便于找正工件，装夹位置应垫 0.5mm 以上的铜皮。

4）在装夹大型、不规则工件时，应在工件与导轨面之间垫放防护木板，以防工件掉下，损坏机床表面。

8.1.2　十字轴的车削加工

在单动卡盘上车削复杂零件的关键是找正、安装工件。现以图 8-7 所示十字轴为例，具体说明这类零件的车削方法。

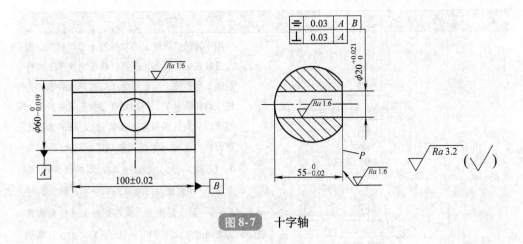

图 8-7 十字轴

1. 图样分析

该零件形状并不复杂，只是在加工位置精度要求较高的 $\phi 20^{+0.021}_{\ 0}$ mm 孔时，在自定心卡盘上很难装夹，因而需用单动卡盘来装夹。该零件的加工步骤为：

1）先用自定心卡盘装夹，车削出 $\phi 60^{\ 0}_{-0.019}$ mm、长 (100 ± 0.02) mm 的圆柱体。

2）在单动卡盘上夹持、找正、夹紧，车削平面 P。

3）加工 $\phi 20^{+0.021}_{\ 0}$ mm 孔。

2. 保证位置精度的方法

由于该零件 $\phi 20^{+0.021}_{\ 0}$ mm 孔的轴线相对 $\phi 60^{\ 0}_{-0.019}$ mm 轴线和轴两端面的中心平面共有两项位置精度要求，必须通过在单动卡盘上仔细地找正才能保证，找正方法见表 8-1。

表 8-1 位置精度保证方法

内容	图 例	说 明
工件的装夹	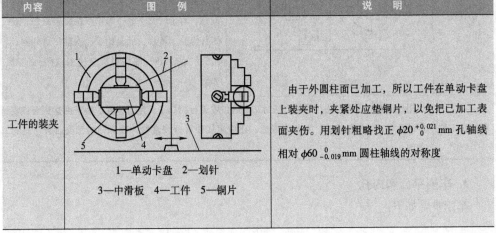　1—单动卡盘　2—划针　3—中滑板　4—工件　5—铜片	由于外圆柱面已加工，所以工件在单动卡盘上装夹时，夹紧处应垫铜片，以免把已加工表面夹伤。用划针粗略找正 $\phi 20^{+0.021}_{\ 0}$ mm 孔轴线相对 $\phi 60^{\ 0}_{-0.019}$ mm 圆柱轴线的对称度

（续）

内容	图 例	说 明
找正轴线的对称度	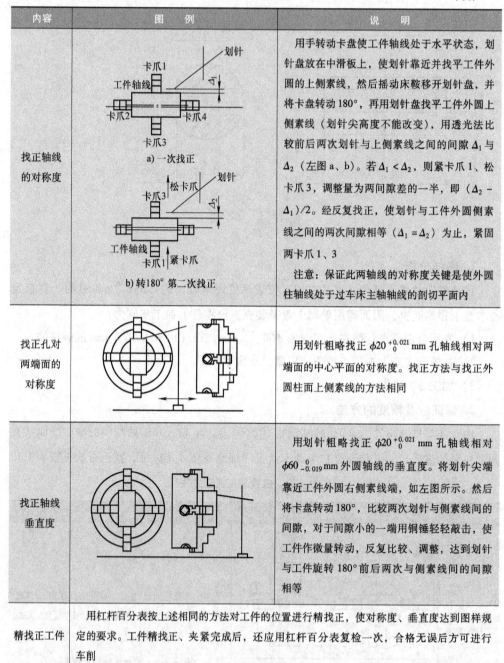	用手转动卡盘使工件轴线处于水平状态，划针盘放在中滑板上，使划针靠近并找平工件外圆的上侧素线，然后摇动床鞍移开划针盘，并将卡盘转动180°，再用划针盘找平工件外圆上侧素线（划针尖高度不能改变），用透光法比较前后两次划针与上侧素线之间的间隙 Δ_1 与 Δ_2（左图 a、b）。若 $\Delta_1 < \Delta_2$，则紧卡爪1、松卡爪3，调整量为两间隙差的一半，即（$\Delta_2 - \Delta_1$）/2。经反复找正，使划针与工件外圆侧素线之间的两次间隙相等（$\Delta_1 = \Delta_2$）为止，紧固两卡爪1、3 注意：保证此两轴线的对称度关键是使外圆柱轴线处于过车床主轴轴线的剖切平面内
找正孔对两端面的对称度		用划针粗略找正 $\phi20^{+0.021}_{0}$ mm 孔轴线相对两端面的中心平面的对称度。找正方法与找正外圆柱面上侧素线的方法相同
找正轴线垂直度		用划针粗略找正 $\phi20^{+0.021}_{0}$ mm 孔轴线相对 $\phi60^{0}_{-0.019}$ mm 外圆轴线的垂直度。将划针尖端靠近工件外圆右侧素线端，如左图所示。然后将卡盘转动180°，比较两次划针与侧素线间的间隙，对间隙小的一端用铜锤轻轻敲击，使工件作微量转动，反复比较、调整，达到划针与工件旋转180°前后两次与侧素线间的间隙相等
精找正工件	用杠杆百分表按上述相同的方法对工件的位置进行精找正，使对称度、垂直度达到图样规定的要求。工件精找正、夹紧完成后，还应用杠杆百分表复检一次，合格无误后方可进行车削	

3. 车削平面和内孔

车削步骤如下：

1）粗车、精车平面 P，保证尺寸 $55_{-0.02}^{0}$mm。

2）钻中心孔 A4/8.5。

3）钻通孔 ϕ18mm。

4）车孔 $\phi20_{0}^{+0.021}$mm 至要求尺寸，表面粗糙度值为 Ra1.6μm。

5）锐边倒棱。

注意：车削平面 p 时，由于断续切削而产生较大的冲击和振动，易使工件发生移动，因此在精车 p 面前应对工件的位置精度进行复检。

4. 位置精度检验

工件加工完毕，应检验其精度，判定是否达到图样要求。这里主要介绍三项位置精度的检验方法。

（1）孔轴线对外圆柱面轴线的垂直度检测 由于孔与平面 p 是在一次装夹中车出，孔轴线与平面 p 是垂直的。孔轴线对外圆柱面轴线的垂直度检测，可以转换成检测平面 p 与外圆柱面的轴线（或侧素线）的平行度（误差不大于 0.03mm）。检测时，可以用千分尺测量 $\phi60_{-0.019}^{0}$mm 外圆柱面两端侧素线至平面 p 的距离（即 $55_{-0.02}^{0}$mm），两端测量值之差应不大于 0.03mm，否则超差。

（2）孔轴线对外圆柱面轴线的对称度检测 用一根测量棒插入工件 $\phi20_{0}^{+0.021}$mm 的孔中，并一起装夹在 V 形架（或 160mm × 160mm 方箱的 V 形槽）上，V 形架（或方箱）及百分表座均放在测量平板上，如图 8-8 所示。用百分表检测工件外圆柱面上侧素线的水平位置，并记下读数值。再将工件绕心轴旋转 180°，使其侧素线成水平位置，记下百分表第二次读数值，百分表两次读数值之差应不大于 0.03mm，否则超差。

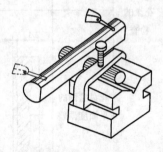

图 8-8 对称度的检验

（3）孔轴线对工件两端中心平面的对称度检测 检测方法与图 8-8 所示的方法类似，只需将轴从图示位置转动 90°，使工件端面处于水平位置，用百分表测量，记下读数值，再将工件转 180°，使另一端面处于水平位置时进行测量，两次测量的读数之差应不大于 0.03mm，否则超差。

8.2 在花盘和角铁上车削复杂工件

8.2.1 在花盘上装夹、车削工件

1. 花盘的安装、检查和修整

花盘的安装、检查和修整见表 8-2。

表 8-2　花盘的安装、检查和修整

内容	图例	说明
花盘及其安装		花盘是材质为铸铁的大圆盘，盘面上有很多长短不同呈辐射状分布的通槽（或 T 形槽），用于安装各种螺栓，以紧固工件。花盘可以直接安装在车床主轴上，其盘面必须与主轴轴线垂直，盘面平整，表面粗糙度值 $Ra1.6\mu m$。花盘的安装与卡盘安装方法类似
花盘的检查 花盘盘面的轴向圆跳动		安装好的花盘，在装夹工件前一般应进行花盘盘面的轴向圆跳动检查：将百分表测头与花盘盘面外缘处接触，用手轻轻转动花盘，观察百分表指针的摆动量，然后将百分表测头移至花盘盘面近中央处（让开盘面上的通槽），转动花盘，观察百分表指针的摆动量，摆动量一般要求在 0.02mm 以内
花盘盘面的平面度误差		平面度误差应小于 0.02mm，且只允许中间凹。检查时，将百分表固定在刀架上，其测头与盘面近外缘处接触，花盘不动，只移动中滑板，使测头从盘面近外缘处移向花盘中心，观察百分表指标的摆动量，其值应小于 0.02mm（只允许内凹）
花盘的修整	如果花盘的上述两项检查不合格，应选用耐磨性较好的 K10 硬质合金车刀将花盘盘面精车一刀，车削时必须固紧床鞍。若精车后仍不符合要求，则应调整车床主轴间隙或修刮中滑板	

2. 工件在花盘上装夹

若被加工工件外形比较复杂且表面的回转轴线与基准面相互垂直，如支撑座、双孔连杆等，可以在花盘上车削。下面以图 8-9 所示的双孔连杆为例，介绍工件在花盘上的装夹方法。

（1）工艺分析　双孔连杆为铸造或锻造毛坯，周边不加工，需要加工的表面为前后两个平面，上下两个内孔。两平面除有尺寸要求外，还有平行度的要求；两内孔除孔径要求精度高外，中心距也有较高的要求，且其轴线还应与两平面垂直。两平面可先经

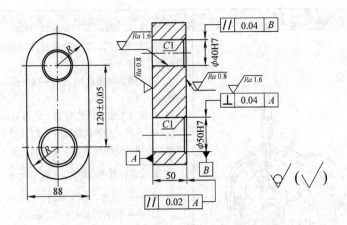

图 8-9　双孔连杆

铣削后，再用平面磨床将两平面精加工至图样要求（保证尺寸精度和平行度）。用花盘装夹车削两孔，保证以下三个方面：两孔径公差等级为 IT7；两孔中心距公差 0.1mm；两孔轴线对基准平面的垂直度公差 0.04。为此，必须保证：花盘本身的形状公差是工件相关公差值的 1/3~1/2；要有一定的测量手段来保证两孔的中心距公差。

（2）双孔连杆在花盘的装夹　具体装夹方法见表 8-3。

表 8-3　双孔连杆在花盘上的装夹方法

内容	图 例	说 明
车削第一个孔	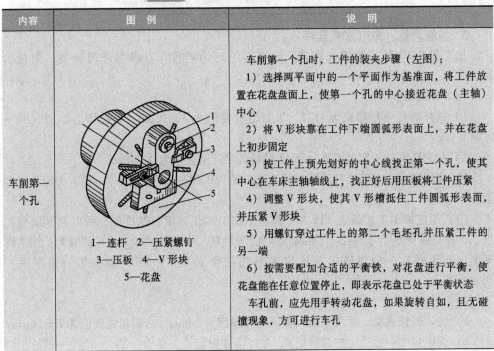 1—连杆　2—压紧螺钉 3—压板　4—V 形块 5—花盘	车削第一个孔时，工件的装夹步骤（左图）： 1）选择两平面中的一个平面作为基准面，将工件放置在花盘盘面上，使第一个孔的中心接近花盘（主轴）中心 2）将 V 形块靠在工件下端圆弧形表面上，并在花盘上初步固定 3）按工件上预先划好的中心线找正第一个孔，使其中心在车床主轴轴线上，找正好后用压板将工件压紧 4）调整 V 形块，使其 V 形槽抵住工件圆弧形表面，并压紧 V 形块 5）用螺钉穿过工件上的第二个毛坯孔并压紧工件的另一端 6）按需要配加合适的平衡铁，对花盘进行平衡，使花盘能在任意位置停止，即表示花盘已处于平衡状态 车孔前，应先用手转动花盘，如果旋转自如，且无碰撞现象，方可进行车孔

（续）

内容	图 例	说 明
车削第二个孔	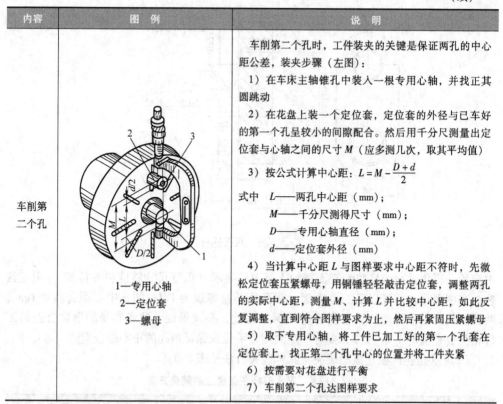 1—专用心轴 2—定位套 3—螺母	车削第二个孔时，工件装夹的关键是保证两孔的中心距公差，装夹步骤（左图）： 1）在车床主轴锥孔中装入一根专用心轴，并找正其圆跳动 2）在花盘上装一个定位套，定位套的外径与已车好的第一个孔呈较小的间隙配合。然后用千分尺测量出定位套与心轴之间的尺寸 M（应多测几次，取其平均值） 3）按公式计算中心距：$L = M - \dfrac{D+d}{2}$ 式中 L——两孔中心距（mm）； M——千分尺测得尺寸（mm）； D——专用心轴直径（mm）； d——定位套外径（mm） 4）当计算中心距 L 与图样要求中心距不符时，先微松定位套压紧螺母，用铜锤轻轻敲击定位套，调整两孔的实际中心距，测量 M、计算 L 并比较中心距，如此反复调整，直到符合图样要求为止，然后再紧固压紧螺母 5）取下专用心轴，将工件已加工好的第一个孔套在定位套上，找正第二个孔中心的位置并将工件夹紧 6）按需要对花盘进行平衡 7）车削第二个孔达图样要求

3. 技能训练：车削双孔连杆

加工图 8-10 所示的双孔连杆。该零件毛坯为铸件，材料为球墨铸铁，数量为 20 件。

（1）图样分析

1）连杆两孔公差等级为 IT17，表面粗糙度值为 $Ra3.2\mu m$，两孔中心距为（80 ± 0.04）mm。

2）$\phi 25H7$ 孔轴线对基准孔 $\phi 35H7$ 轴线的平行度公差为 0.03mm。

3）连杆两端面对基准孔轴线的垂直度公差为 0.05mm，任选其中一面 p 为定位基准面。

（2）拟定加工工艺路线 因为平面 p 是加工两孔的定位基准面，所以两平面应先加工，然后在花盘上车两孔。平面加工以铣削为宜，故该零件加工工艺路线为：加工两平面（铣和磨）→划线确定两孔位置→在花盘上车削 $\phi 35H7$ 基准孔→再车另一孔 $\phi 25H7$。

（3）准备工作

1）铣、精铣或铣、磨两平面，保证工件厚度为 26mm，表面粗糙度值为 $Ra1.6\mu m$。

2）确定其中一面为定位基准面 p，并打印作标记。

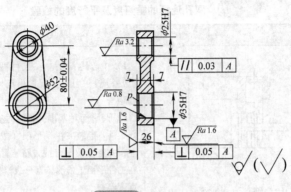

图 8-10 双孔连杆

3）在另一平面上划线，以便车孔时找正。

4）按图 8-11 所示的要求，加工出找正中心距用的定位套。

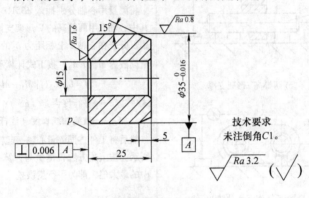

图 8-11 定位套

（4）车内孔的操作步骤

1）清洁花盘盘面和工件表面（工件应无毛刺，锐边应倒棱），将工件装夹在花盘上，根据花盘内孔和工件基准孔的位置，初步找正工件，并用压板初步压紧工件。

2）根据基准孔的划线，用划针盘找正 ϕ35H7 孔位置（其轴线与主轴轴线重合），用压板压紧工件；然后让 V 形铁紧靠工件下端圆弧面，并固定。

3）在花盘上安装平衡铁，使其保持平衡状态；检查花盘与车床有无碰撞现象。

4）粗车、半精车孔 ϕ35H7 至 ϕ34.8$^{+0.05}_{0}$mm，孔口倒角 C1 两处。

5）用浮动铰刀铰孔至 ϕ35H7。

6）卸下工件，装定位套，找正中心距（80 ± 0.04）mm；装夹工件并找正 ϕ25H7 孔位置，夹紧工件。

7）粗车、半精车 ϕ25H7 孔至 ϕ24.8$^{+0.05}_{0}$mm，孔口倒角 C1 两处。

8）用浮动铰刀铰孔至 ϕ25H7。

（5）检验（表 8-4）

表 8-4　双孔连杆的垂直度及平行度的检验

内容	图　例	说　明
垂直度误差检测	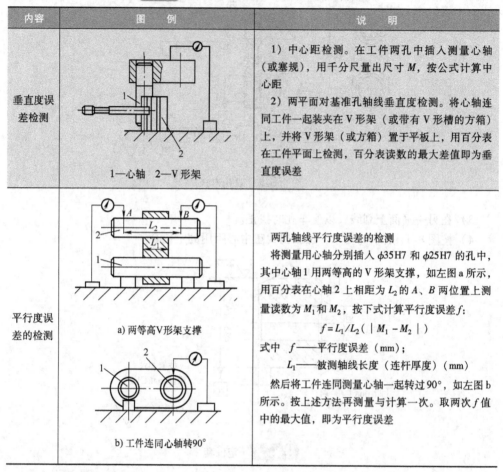1—心轴　2—V 形架	1）中心距检测。在工件两孔中插入测量心轴（或塞规），用千分尺量出尺寸 M，按公式计算中心距 2）两平面对基准孔轴线垂直度检测。将心轴连同工件一起装夹在 V 形架（或带有 V 形槽的方箱）上，并将 V 形架（或方箱）置于平板上，用百分表在工件平面上检测，百分表读数的最大差值即为垂直度误差
平行度误差的检测	a）两等高 V 形架支撑 b）工件连同心轴转 90°	两孔轴线平行度误差的检测 　将测量用心轴分别插入 $\phi35H7$ 和 $\phi25H7$ 的孔中，其中心轴 1 用两等高的 V 形架支撑，如左图 a 所示，用百分表在心轴 2 上相距为 L_2 的 A、B 两位置上测量读数为 M_1 和 M_2，按下式计算平行度误差 f： $$f = L_1/L_2\,(\,|\,M_1 - M_2\,|\,)$$ 式中　f——平行度误差（mm）； 　　　L_1——被测轴线长度（连杆厚度）（mm） 　然后将工件连同测量心轴一起转过 90°，如左图 b 所示。按上述方法再测量与计算一次。取两次 f 值中的最大值，即为平行度误差

（6）注意事项

1）车削内孔前，一定要认真检查花盘上所有压板、螺钉的紧固情况，然后将床鞍移动到被车削工件的位置，用手转动花盘，检查工件、附件是否与小滑板前端及刀架碰撞，以免发生事故。

2）压板螺钉应靠近工件安装，垫块的高度应与工件厚度一致。

3）车削时，主轴转速不宜过高，切削用量不宜选择过大，以免引起车床振动，影响车孔的精度。尤其是转速过高，离心力过大时，容易发生事故。

8.2.2　在角铁上装夹、车削工件

被加工表面的回转轴线与基准面相互垂直的外形较复杂的工件，可装夹在花盘上车削。被加工表面的回转轴线与基准面相互平行的外形较复杂的工件，则需装夹在花盘上的角铁上进行车削。

1. 角铁及其在花盘上的装夹（表 8-5）

表 8-5　　角铁及其在花盘上的装夹

内容	图　例	说　明
角铁的种类与要求	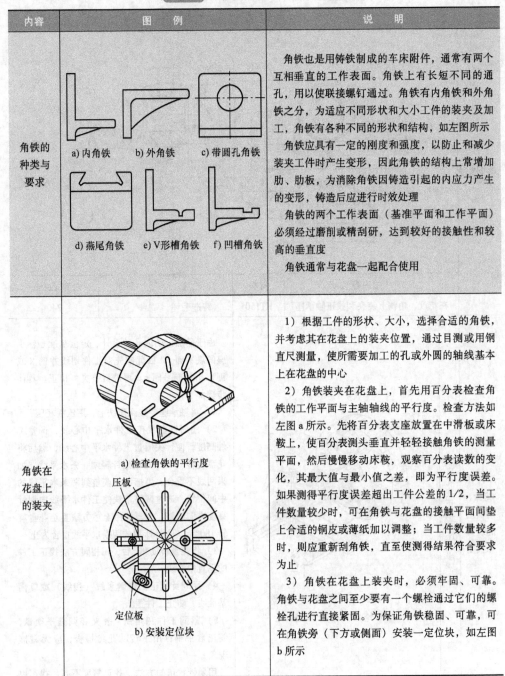 a) 内角铁　　b) 外角铁　　c) 带圆孔角铁 d) 燕尾角铁　　e) V形槽角铁　　f) 凹槽角铁	角铁也是用铸铁制成的车床附件，通常有两个互相垂直的工作表面。角铁上有长短不同的通孔，用以使联接螺钉通过。角铁有内角铁和外角铁之分，为适应不同形状和大小工件的装夹及加工，角铁有各种不同的形状和结构，如左图所示 　角铁应具有一定的刚度和强度，以防止和减少装夹工件时产生变形，因此角铁的结构上常增加肋、肋板，为消除角铁因铸造引起的内应力产生的变形，铸造后应进行时效处理 　角铁的两个工作表面（基准平面和工作平面）必须经过磨削或精刮研，达到较好的接触性和较高的垂直度 　角铁通常与花盘一起配合使用
角铁在花盘上的装夹	a) 检查角铁的平行度 压板 定位板 b) 安装定位块	1）根据工件的形状、大小，选择合适的角铁，并考虑其在花盘上的装夹位置，通过目测或用钢直尺测量，使所需要加工的孔或外圆的轴线基本上在花盘的中心 　2）角铁装夹在花盘上，首先用百分表检查角铁的工作平面与主轴轴线的平行度。检查方法如左图 a 所示。先将百分表支座放置在中滑板或床鞍上，使百分表测头垂直并轻轻接触角铁的测量平面，然后慢慢移动床鞍，观察百分表读数的变化，其最大值与最小值之差，即为平行度误差。如果测得平行度误差超出工件公差的 1/2，当工件数量较少时，可在角铁与花盘的接触平面间垫上合适的铜皮或薄纸加以调整；当工件数量较多时，则应重新刮角铁，直至使测得结果符合要求为止 　3）角铁在花盘上装夹时，必须牢固、可靠。角铁与花盘之间至少要有一个螺栓通过它们的螺栓孔进行直接紧固。为保证角铁稳固、可靠，可在角铁旁（下方或侧面）安装一定位块，如左图 b 所示

2. 在花盘、角铁上装夹和找正轴承座（表8-6）

表8-6　　在花盘、角铁上装夹和找正轴承座

内容	图　例	说　明
零件图样	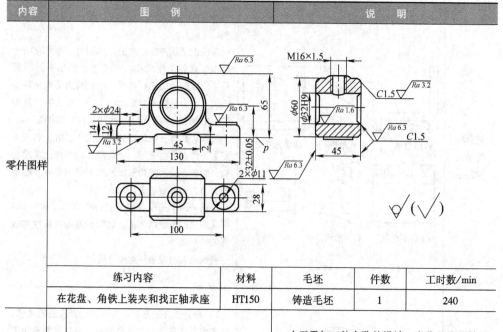	

练习内容	材料	毛坯	件数	工时数/min
在花盘、角铁上装夹和找正轴承座	HT150	铸造毛坯	1	240

| 工件在花盘、角铁上的装夹和找正 | 装夹和找正轴承座的步骤 | 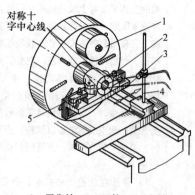　　1—平衡铁　2—工件　3—角铁　4—划针盘　5—压板 | 　　由于需加工的内孔的设计、定位基准是轴承座的底平面 p，因此应先对工件划线并铣（或刨）出基准平面 p。再进行装夹、找正。具体步骤如下：
　　1）将轴承座装夹到角铁上，用压板轻压
　　2）用划针盘找正工件水平中心线，调整工件高度，使针尖通过工件水平中心线，然后将花盘旋转180°，再用划针轻划一条水平线，如果两线不重合，可把针尖调整到两条水平线的中间位置，通过调整角铁使工件水平线向划针高度方向调整。反复使用上述方法直至花盘旋转180°后，划针所划的两条水平线重合为止
　　3）将花盘转动90°后，用相同方法找正工件的垂直中心线
　　4）用划针找正工件侧素线（腰线）或侧面基准线，防止工件歪斜
　　5）紧固工件和角铁，装夹和调整平衡铁，使花盘平衡；用手转动花盘检查，应无碰撞现象
　　用划针找正的方法，找正精度不高，找正也较费时，只适用于单件或少量工件的找正 |

（续）

内容	图 例	说 明
工件在花盘、角铁上的装夹和找正	工件数量较多时装夹和找正轴承座的步骤 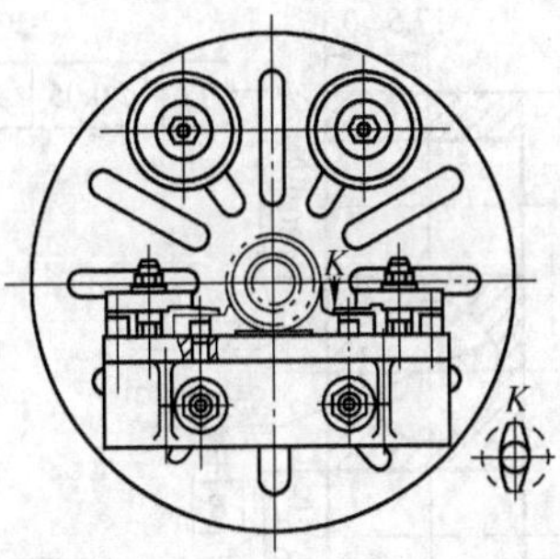	当工件数量较多时，可采用左图所示的方法进行装夹： 　1）工件先划线，铣平底面 　2）用钻模钻、铰轴承座两安装孔 $\phi11H8$，并保证两孔对称于垂直中心线，用作装夹工件时的定位基准 　3）在角铁上根据两安装孔中心距要求，钻孔并压入两只定位销（其中一只为削边销） 　4）工件采用一面两销定位，装夹于角铁上，用压板夹紧 　5）装夹和调整平衡铁，使花盘平衡，转动花盘应无碰撞现象 　安装第一个工件时，仍需通过调整角铁位置来找正水平中心线，以后加工则不需重复；垂直中心线的找正由钻模和角铁定位销保证
轴线高度的测量	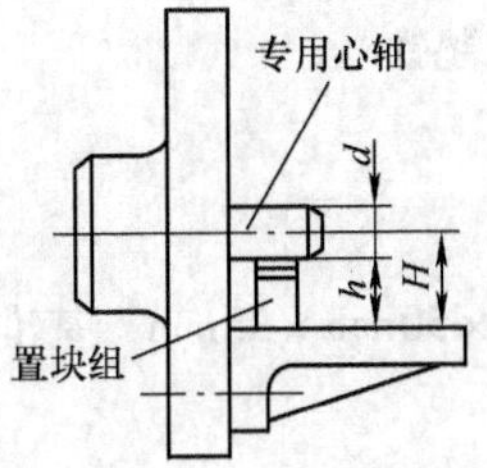 专用心轴 置块组	对于位置精度要求较高的工件，如左图轴承座的中心高为（32±0.05）mm，用划线找正的方法满足不了要求，可改用百分表或量块找正的方法。如左图所示，先在车床主轴锥孔中装入一根预先加工好的专用心轴，再用量块测量心轴和角铁工作平面之间的距离，测量值可按下式计算： $$h = H - d/2$$ 式中　h——量块尺寸（mm）； 　　　H——中心高（mm）； 　　　d——专用心轴的直径尺寸（mm）

3. 技能训练：车削三孔垫铁（图 8-12）

（1）工艺分析

1）工件上待加工的三个孔的公差等级为IT7，轴线平行的两孔有中心距要求，其

误差为 ±0.1mm，两孔轴线平行度要求为 $\phi0.05$mm；基准孔 A 对基准平面的垂直度要求为 0.05mm。

2）第三个孔（基准孔 B）与孔 $\phi30^{+0.021}_{0}$mm 的轴线交错垂直，距离为 30mm，且其轴线与基准平面的平行度要求为 0.05mm，到基准平面的距离误差为 ±0.1mm。

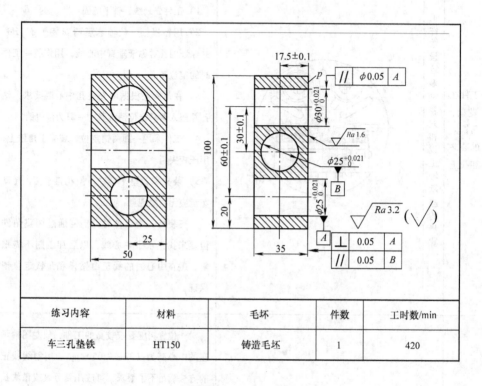

练习内容	材料	毛坯	件数	工时数/min
车三孔垫铁	HT150	铸造毛坯	1	420

图 8-12　三孔垫铁

（2）车孔前的工艺准备内容

1）铣→精铣或铣→磨长方体外形至 100mm×50mm×35mm，基准平面 p 的表面粗糙度值达 Ra1.6μm，并做标记、划线。

2）制作一带锥柄（与主轴锥孔配）直径为 $\phi35^{0}_{-0.05}$mm 的专用心轴和一个外径为 $\phi25^{0}_{-0.013}$mm 的定位套。

（3）技能操作步骤　轴线垂直于基准平面 p 的两平行孔，装夹在花盘上进行车削；轴线平行于基准平面 p 的 $\phi25^{+0.021}_{0}$mm 孔在花盘的角铁上装夹后车削。其技能训练步骤见表 8-7。

表 8-7	三孔垫铁技能训练步骤	

内 容	图 例	说 明
在花盘上装夹、车两轴线平行的孔		1）装花盘，检查并按需修正花盘平面 2）工件基准平面 p 贴在花盘平面上，按划线找正工件的位置，使基准孔 A 轴线与主轴轴线重合，然后夹紧工件 3）装夹平衡铁，对花盘进行平衡 4）钻孔、试切削内孔 5）检测试切削孔轴线至工件侧面的距离 (25 ± 0.1) mm，距离准确后，紧贴工件在花盘上装夹导向定位挡铁，如左图所示 6）精车定位孔 A 至尺寸 $\phi 25^{+0.021}_{0}$ mm 7）松开螺钉、压板，沿导向定位挡铁移动工件，按划线找正使 $\phi 30^{+0.021}_{0}$ mm 孔中心与主轴中心重合，然后夹紧并钻孔，试切削，找正两孔中心距。为保证两孔中心距精度，可使用专用心轴和定位套找正 8）精车 $\phi 30^{+0.021}_{0}$ mm 至要求尺寸
在花盘、角铁上装夹，车第三个孔	$\phi 30^{0}_{-0.013}$ 定位销 专用心轴 $\phi 35^{0}_{-0.05}$ 30 ± 0.1 a）确定定位销的位置 b）找正工件外端平面	1）在花盘上装夹角铁，并找正角铁工作平面与主轴轴线的平行度 2）在主轴锥孔中装入专用心轴，确定定位销在角铁上的位置，如左图 a 所示 3）调整角铁工作平面，使其轻贴专用心轴外圆，并用千分尺测量定位销与测量心轴的中心距是否达到图样要求，如左图 a 所示 4）紧固角铁后卸下专用心轴 5）将工件装夹在角铁上（基准面 p 与角铁工作平面贴合），以定位销定位，并用百分表找正工件外端平面，如左图 b 所示，然后紧固工件；装夹平衡铁，对花盘进行平衡 6）钻孔、车孔至 $\phi 25^{+0.021}_{0}$ mm

注意事项：

1）花盘上的角铁回转半径大、棱角多，容易产生碰撞现象，车削前应认真检查。

2）由于角铁、工件等都是由螺钉紧固，车削中工件容易移位，所以转速不宜过高，以防止在离心力和切削力的作用下，影响工件精度，甚至造成事故。

3）在花盘、角铁上装夹好工件后，必须经过平衡。

4）车孔前，车孔刀应在已有的孔内，从孔的一端移动到另一端，同时用手转动花盘、角铁1~2圈，检查有无碰撞，以免发生危险。

8.3　细长轴的车削

通常将工件长度 L 与直径 d 之比大于25（即长径比 $L/d > 25$）的轴类工件称为细长轴。细长轴虽然外形并不复杂，但由于它本身的刚度差，车削时又受切削力、重力、切削热等因素的影响，容易发生弯曲变形，以及产生振动、锥度、腰鼓形、竹节形等缺陷，难以保证加工精度。长径比越大，加工就越困难。虽然车细长轴的难度较大，但只要抓住中心架和跟刀架的使用、解决工件热变形伸长以及合理选择车刀的几何参数等三个关键技术，问题就迎刃而解了。

8.3.1　使用中心架支承车细长轴

中心架是车床的附件，在车刚度低的细长轴或是不能穿过车床主轴孔的粗长工件以及孔与外圆同轴度要求较高的较长工件时，往往采用中心架来增强刚度、保证同轴度，见表8-8。

表 8-8　使用中心架支承车细长轴

内容	图　例	说　明
中心架的结构	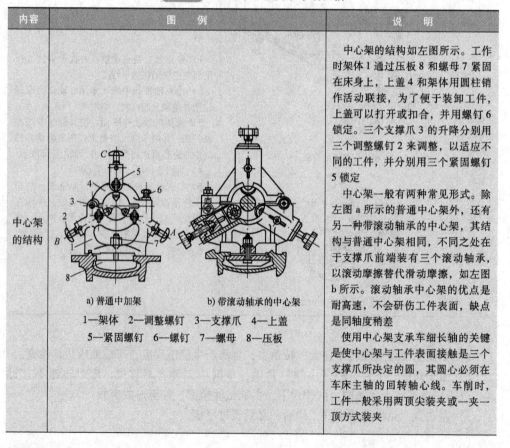 a) 普通中加架　　　b) 带滚动轴承的中心架 1—架体　2—调整螺钉　3—支撑爪　4—上盖 5—紧固螺钉　6—螺钉　7—螺母　8—压板	中心架的结构如左图所示。工作时架体1通过压板8和螺母7紧固在床身上，上盖4和架体用圆柱销作活动联接，为了便于装卸工件，上盖可以打开或扣合，并用螺钉6锁定。三个支撑爪3的升降分别用三个调整螺钉2来调整，以适应不同的工件，并分别用三个紧固螺钉5锁定 中心架一般有两种常见形式。除左图a所示的普通中心架外，还有另一种带滚动轴承的中心架，其结构与普通中心架相同，不同之处在于支撑爪前端装有三个滚动轴承，以滚动摩擦替代滑动摩擦，如左图b所示。滚动轴承中心架的优点是耐高速，不会研伤工件表面，缺点是同轴度稍差 使用中心架支承车细长轴的关键是使中心架与工件表面接触是三个支撑爪所决定的圆，其圆心必须在车床主轴的回转轴心线上。车削时，工件一般采用两顶尖装夹或一夹一顶方式装夹

（续）

内容	图 例	说 明
用两顶尖装夹工件	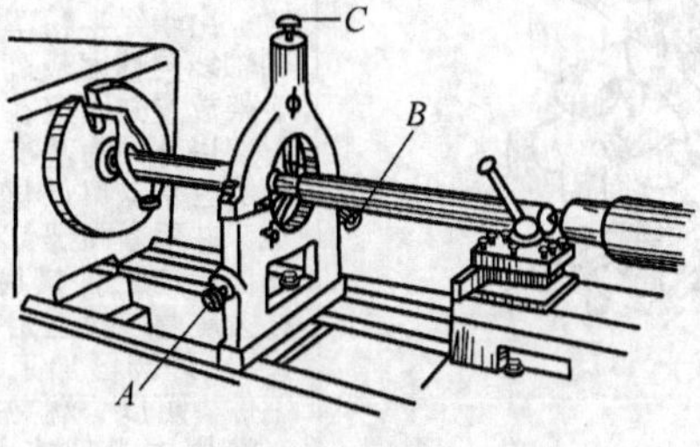 a) 中心架的使用 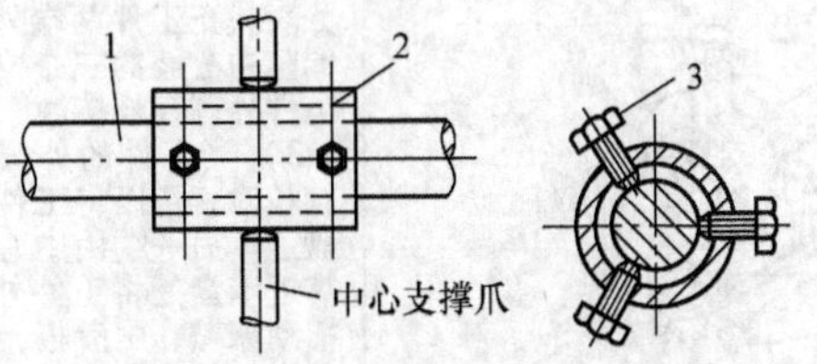 b) 过渡筒套支撑长轴 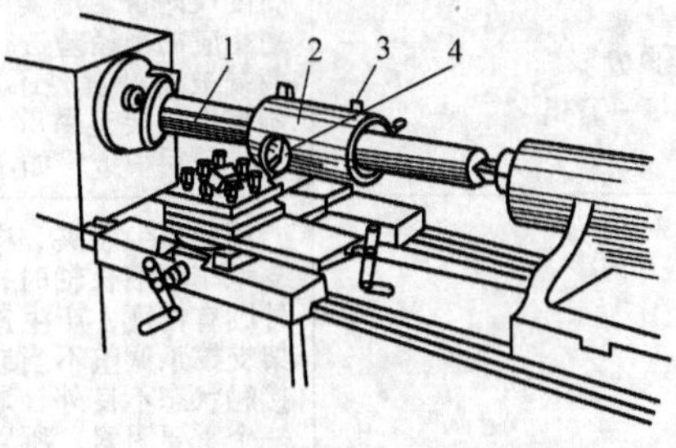 中心支撑爪 c) 过渡套筒的调整 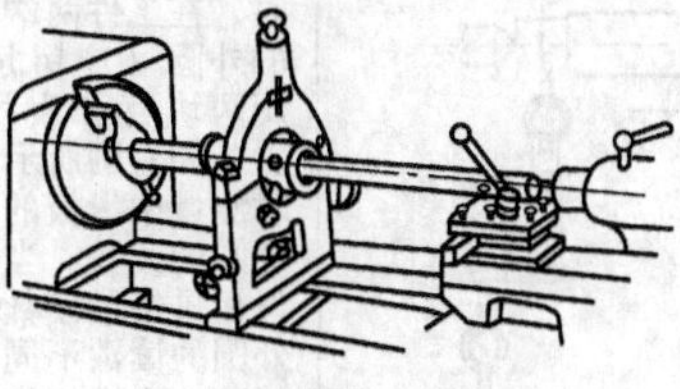 d) 过渡套筒的使用 1—工件 2—过渡套筒 3—调整螺钉 4—百分表	先在工件中部（中心架支承部位）用低速、小进给量的切削方法车出一段沟槽，沟槽直径应略大于该处工件要求的尺寸，沟槽宽度应大于支撑爪，沟槽应有较小的表面粗糙度值（$Ra1.6\mu m$）和较高的形状精度（圆度误差小于 $0.05mm$），然后装上中心架，在开车时按 $A \rightarrow B \rightarrow C$ 的顺序调整中心架的三个支撑爪（左图 a），使它们与沟槽的槽底圆柱表面轻轻接触 车削完一端后，将工件调头装夹，用中心架的三个支撑爪轻轻支承已加工表面，再车另一端至要求尺寸 用中心架支承车细长轴适用于工件加工精度要求不高，可以采用分段车削或调头车削的场合 对于外径不规则的工件（如中心架支承部位有键槽或花键等）或毛坯，可以采用中心架配以过渡套筒来支承工件的方式车削细长轴。过渡套筒如左图 b 所示，其内孔比被加工工件外径大 $20mm$ 左右，外径的圆度误差应在 $0.02mm$ 以内，过渡套筒两端各装有 3~4 个调整螺钉，用于夹持工件和调整工件的中心。使用时，调整这些螺钉，并用百分表找正，使过渡套筒外圆的轴线与主轴轴线重合（左图 c），然后装上中心架，使三个支撑爪与过渡套筒外圆轻轻接触，并能使工件均匀转动，这样即可车削，如左图 d 所示 车完一端后，撤去过渡套筒，调头装夹工件，调整中心架支撑爪与已加工表面接触的压力，然后再车另一端 车削时，支撑爪与工件接触处应经常加润滑油，防止磨损或"咬坏"，并随时掌握支撑爪的摩擦发热情况

（续）

内容	图　例	说　明
用卡盘装夹和中心架支承工件	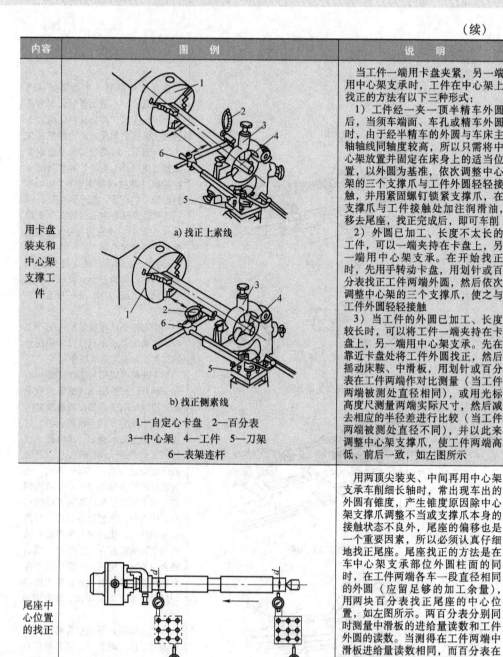 a) 找正上素线 b) 找正侧素线 1—自定心卡盘　2—百分表 3—中心架　4—工件　5—刀架 6—表架连杆	当工件一端用卡盘夹紧，另一端用中心架支承时，工件在中心架上找正的方法有以下三种形式： 1）工件经一夹一顶半精车外圆后，当须车端面、车孔或精车外圆时，由于经半精车的外圆与车床主轴轴线同轴度较高，所以只需将中心架放置并固定在床身上的适当位置，以外圆为基准，依次调整中心架的三个支撑爪与工件外圆轻轻接触，并用紧固螺钉锁紧支撑爪，在支撑爪与工件接触处加注润滑油，移去尾座，找正完成后，即可车削 2）外圆已加工、长度不太长的工件，可以一端夹持在卡盘上，另一端用中心架支承。在开始找正时，先用手转动卡盘，用划针或百分表找正工件两端外圆，然后依次调整中心架的三个支撑爪，使之与工件外圆轻轻接触 3）当工件的外圆已加工、长度较长时，可以将工件一端夹持在卡盘上，另一端用中心架支承。先在靠近卡盘处将工件外圆找正，然后摇动床鞍、中滑板，用划针或百分表在工件两端作对比测量（当工件两端被测处直径相同），或用光标高度尺测量两端实际尺寸，然后减去相应的半径差进行比较（当工件两端被测处直径不同），并以此来调整中心架支撑爪，使工件两端高低、前后一致，如左图所示
尾座中心位置的找正		用两顶尖装夹、中间再用中心架支承车削细长轴时，常出现车出的外圆有锥度，产生锥度原因除中心架支撑爪调整不当或支撑爪本身的接触状态不良外，尾座的偏移也是一个重要因素，所以必须认真仔细地找正尾座。尾座找正的方法是在车中心架支承部位外圆柱面的同时，在工件两端各车一段直径相同的外圆（应留足够的加工余量），用两块百分表找正尾座的中心位置，如左图所示。两百分表分别同时测量中滑板的进给量读数和工件外圆的读数。当测得在工件两端中滑板进给量读数相同，而百分表在外圆的读数不同时，说明尾座中心偏移，应进行找正，直到在工件两端百分表读数相同为止 尾座找正后，如果细长轴车削中仍发现锥度，则先检查是否因车刀严重磨损产生锥度，如果不是，则可判定为中心架支撑爪把工件支承偏移所致，只需调整中心架下面两个支撑爪

8.3.2 用跟刀架支承车细长轴

跟刀架也是车床附件的一种，一般固定在车床床鞍上，车削时跟随在车刀后面移动，承受作用在工件上的切削刀。细长轴刚度差，车削较困难，如采用跟刀架来支承，可以增强其强度和刚度，有效地防止了工件的弯曲变形，保证了加工质量，见表 8-9。

表 8-9 用跟刀架支承车细长轴

内容	图 例	说 明
跟刀架的结构和选用	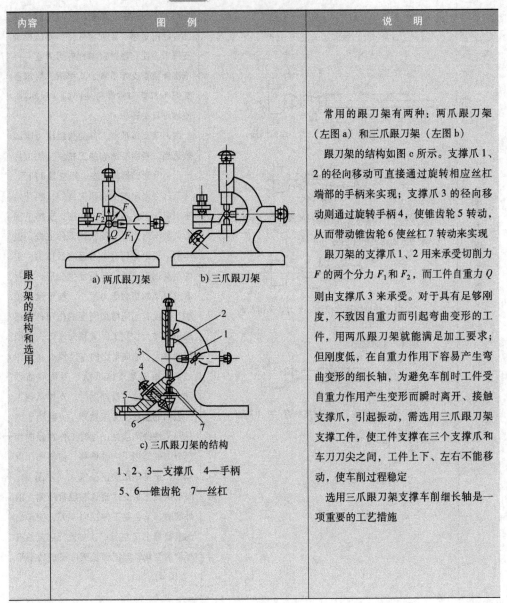 a) 两爪跟刀架　b) 三爪跟刀架 c) 三爪跟刀架的结构 1、2、3—支撑爪　4—手柄 5、6—锥齿轮　7—丝杠	常用的跟刀架有两种：两爪跟刀架（左图 a）和三爪跟刀架（左图 b） 跟刀架的结构如图 c 所示。支撑爪 1、2 的径向移动可直接通过旋转相应丝杠端部的手柄来实现；支撑爪 3 的径向移动则通过旋转手柄 4，使锥齿轮 5 转动，从而带动锥齿轮 6 使丝杠 7 转动来实现 跟刀架的支撑爪 1、2 用来承受切削力 F 的两个分力 F_1 和 F_2，而工件自重力 Q 则由支撑爪 3 来承受。对于具有足够刚度，不致因自重力而引起弯曲变形的工件，用两爪跟刀架就能满足加工要求；但刚度低，在自重力作用下容易产生弯曲变形的细长轴，为避免车削时工件受自重力作用产生变形而瞬时离开、接触支撑爪，引起振动，需选用三爪跟刀架支撑工件，使工件支撑在三个支撑爪和车刀刀尖之间，工件上下、左右不能移动，使车削过程稳定 选用三爪跟刀架支撑车削细长轴是一项重要的工艺措施

（续）

内容	图 例	说 明
跟刀架支撑爪的调整	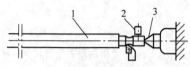 a) 工件轴线被顶向车刀，车出凹面 让刀产生的鼓肚 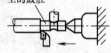 b) 工件轴线被径向切削刀顶离车刀，车出凸面 跟刀架的压力产生凹心 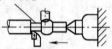 c) 工件轴线再次被顶向车刀，车出凹面 循环产生竹节形 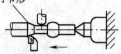 d) 工件轴线再次被顶离车刀，车出凸面	跟刀架支撑爪的调整方法： 1）在工件的已加工表面上，调整支撑爪与车刀的相对支撑位置，一般是使支撑爪位于车刀的后面，两者轴向距离应小于10mm左右 2）应先调整后支撑爪，调整时，应综合运用手感、耳听、目测等方法控制支撑爪，使它轻微接触到外圆为止。再依次调整下支撑爪和上支撑爪，要求各支撑爪都能与轴保持相同的合理间隙，使轴可自由转动 跟刀架支撑爪与工件的接触压力应调整适当，否则会影响加工精度，使工件产生竹节形的形状误差，如左图d所示 工件在尾座端由后顶尖支撑，刚开始车削时，工件不易发生变形，支撑爪压力调整不适当不会反映到工件上去，但车削一段距离后，车刀远离后顶尖，工件刚度逐渐降低，容易发生变形。此时若支撑爪的接触压力过小，甚至没有接触，就没有起到增加刚度的作用；若接触压力过大，使工件被顶向车刀，切削深度增大，造成车出的直径偏小（左图a）。当跟刀架支撑爪随车刀再向前移动，支撑到这一段外圆时，支撑爪与工件表面的接触压力突然减小，甚至支撑爪与工件脱离接触，这时工件在径向切削分力的作用下向外偏移，使切削深度减小，于是车出的直径偏大（左图b）。随后当支撑爪支撑到这一段直径偏大的外圆时，又会将工件顶向车刀，使车出的直径偏小（左图c）。如此周而复始有规律的变化，则把细长工件车成竹节形（左图d）

（续）

内容	图 例	说 明
支撑爪的修正	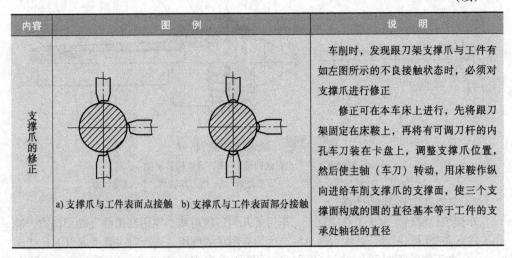 a) 支撑爪与工件表面点接触　　b) 支撑爪与工件表面部分接触	车削时，发现跟刀架支撑爪与工件有如左图所示的不良接触状态时，必须对支撑爪进行修正 修正可在本车床上进行，先将跟刀架固定在床鞍上，再将有可调刀杆的内孔车刀装在卡盘上，调整支撑爪位置，然后使主轴（车刀）转动，用床鞍作纵向进给车削支撑爪的支撑面，使三个支撑面构成的圆的直径基本等于工件的支承处轴径的直径

8.3.3 细长轴的车削方法

车削细长轴的关键，除了重视中心架和跟刀架的使用外，还应避免工件热变形伸长的不利影响和掌握合理选择车刀的几何形状。

1. 工件热变形伸长对车细长轴的影响

车削细长轴时，因工件很长，热扩散性能差，在传导给工件的切削热的作用下，工件受热伸长变形产生相当大的线膨胀。由于车细长轴时，工件一般采用两顶尖装夹或一夹一顶装夹，其轴向位置是固定的，工件的伸长将导致发生弯曲，在工件高速回转时，由工件弯曲而引起的离心力，还将使弯曲进一步加剧，使车削无法进行。工件的伸长还可能造成工件在两顶尖间被卡住的现象。

2. 减少热变形的主要措施

1）细长轴应采取一夹一顶的装夹方式，工件夹持的部分不宜过长，一般在 15mm 左右。最好将钢丝圈垫在卡盘爪的凹槽中（图 8-13a），使其与工件成点接触，工件在卡盘内能自由调节其位置，避免夹紧时产生弯曲力矩，当工件在切削过程中发生热变形伸长时，也不会因卡盘夹死而产生内应力。

2）使用弹性回转顶尖（图 8-13b）来补偿工件的热变形伸长。

3）采用反向进给方法车削。反向进给就是车削时床鞍带动车刀由主轴箱向尾座方向运动。反向进给时工件所受的轴向切削分力使工件受拉（与工件伸长变形方向一致），由于细长轴左端通过钢丝圈固定在卡盘内，右端支承在弹性回转顶尖上，可以自由伸缩，不易产生弯曲变形，而且还能使工件获得较高的加工精度和较小的表面粗糙度值。

4）充分加注切削液可有效地减少工件所吸收的热量，减少工件的热变形伸长量，还可以降低刀尖的温度和延长刀具的使用寿命。因此，车细长轴时，无论是低速切削，还是高速切削，都必须充分加注切削液。

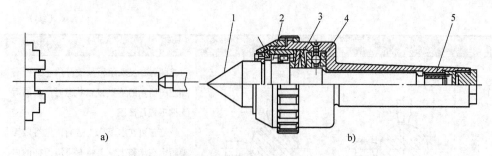

图 8-13 减少热变形的措施

a）钢丝圈垫在卡盘爪的凹槽中 b）弹性回转顶尖

1—顶尖 2—圆柱滚子轴承 3—碟形弹簧 4—推力球轴承 5—滚动轴承

3. 车刀几何形状的选择

车削细长轴时，由于工件刚度低，车刀的几何形状对减小作用在工件上的切削力，减小工件弯曲变形和振动，减少切削热的产生均有明显的作用，选择时主要考虑以下几点：

1）在不影响刀具强度的情况下，应尽量增大车刀的主偏角，以减小径向切削分力，一般取 $\kappa_r = 80° \sim 93°$。

2）取较大的前角，以减小切削力和切削热，一般取 $\gamma_o = 15° \sim 30°$。

3）车刀前面应磨有 $R(1.5 \sim 3)$ mm 的圆弧形断屑槽。

4）选择正刃倾角，使切屑流向待加工表面，一般取 $\lambda_s = +3° \sim +10°$。

5）为减小径向切削分力，应选择较小的刀尖圆弧半径（$r_\varepsilon < 0.3$mm）和小的倒棱宽度，一般取倒棱宽度 $b_{r1} = 0.5f$。

此外，选用热硬性和耐磨性好的刀片材料（如硬质合金等），并提高刀尖的刃磨质量，使切削刃经常保持锋利，表面粗糙度值小于 $Ra0.4\mu m$。

车削细长轴的关键技术措施有：选择合理的几何角度的车刀，采用三爪跟刀架和弹性回旋顶尖支撑，并用反向进给的方法车削，如图 8-14 所示。

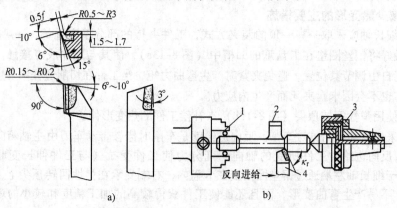

图 8-14 车削细长轴的关键措施

a）90°细长轴车刀 b）用三爪跟刀架和弹性顶尖支承

1—钢丝圈 2—三爪跟刀架 3—弹性回转顶尖 4—几何角度合理的车刀

4. 切削用量的选择

由于车削细长轴时工件刚度差,切削用量应适当减小,切削用量参数的选择见表8-10。

表 8-10　切削用量的选择

加工性质	切削速度 v_c/(m/min)	进给量 f/(mm/r)	背吃刀量 a_p/mm
粗车	50~60	0.3~0.4	1.5~2
精车	60~100	0.08~0.12	0.5~1

5. 技能训练:车细长轴(图8-15)

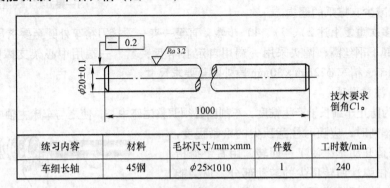

练习内容	材料	毛坯尺寸/mm×mm	件数	工时数/min
车细长轴	45钢	ϕ25×1010	1	240

图 8-15　细长轴

(1)工艺准备

1)校直毛坯,当工件的毛坯存在弯曲时应进行校直,校直坯料不仅可使车削余量均匀,避免或减小加工时的振动,而且还可以减小切削后的表面残余应力,避免产生较大的变形。校直后的毛坯,其直线度误差应小于0.2mm,毛坯校直后还应进行时效处理,以消除内应力。

2)准备三爪跟刀架并作好检查、清洁工作,若支撑爪端面磨损严重或弧面太大,应根据支撑基准面直径来进行修正。

3)刃磨好粗、精车用的细长轴外圆车刀。

(2)加工步骤

1)将毛坯轴穿入车床主轴孔中,右端伸出卡盘约100mm,用自定心卡盘夹紧,然后车端面,钻中心孔,同时粗车一段外圆至ϕ22mm,长30mm,用于后续卡盘夹紧时的定位基准。用同样方法调头装夹,车端面,保证总长1000mm,钻中心孔。

注意:为防止车削时,毛坯在主轴孔中摆动而产生弯曲,可用木楔或棉纱等物将毛坯左端固定在主轴孔中,批量大时可特制一个套筒来固定。当工件很长或直径大于主轴孔径而无法穿入主轴孔时,可利用中心架和过渡套筒,采用一端夹持、一端由中心架支承的装夹方式来车端面和钻中心孔。

2)在ϕ22mm×30mm的外圆柱面上套以截面直径为ϕ5mm的钢丝圈,并用自定心卡盘夹紧,毛坯右端用弹性回转刀尖支撑。在靠近卡盘一端的外圆上,车削跟刀架支撑基准面,其宽度比支撑爪宽度大15~20mm,并在右侧车一圆锥角约为40°的圆锥面,以使接刀车削时切削力逐渐增加,不致因切削力突然变化而造成让刀和工件变形,如图

8-16 所示。

3）装跟刀架，以已车削的支撑面为基准，研磨跟刀架支撑爪的工作表面。研磨时车床主轴转速选 $n = 300 \sim 600 \text{r/min}$，床鞍作纵向往复运动，同时逐步调整支撑爪，待其圆弧基本成形时，再注入机油精研。研磨好支撑基准面后，还应调整支撑爪，使它与支撑基准面轻轻接触。

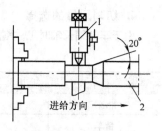

图 8-16　车跟刀架基准
1—跟刀架　2—工件

4）跟刀架支撑爪在车刀后面（左侧）1~3mm 处，采用反向进给法接刀车全长外圆，车削时应充分浇注切削液，以减少支撑爪的磨损。

5）多次重复上述 2）、3）、4）步骤，直至一夹一顶接刀精车外圆至要求尺寸为止。

6）卸下钢丝圈，调头采用一端用自定心卡盘夹紧，一端用中心架支撑的方法装夹，半精车、精车 $\phi 22 \text{mm} \times 30 \text{mm}$ 段外圆至要求尺寸。

（3）注意事项

1）为防止车细长轴产生锥度，车削前必须调整尾座中心，使之与车床主轴中心同轴。

2）车削时，应随时注意顶尖的松紧程度，检查方法是开动车床使工件回转，用右手拇指和食指捏住弹性回转顶尖的转动部分，顶尖能停止回转，松开手指后，顶尖又能继续转动，这说明顶尖的松紧程度适当，如图 8-17 所示。

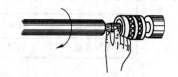

图 8-17　检查回转顶尖松紧的方法

3）粗车时应选择好第一次切削深度，必须保证将工件毛坯一次进刀车圆，以免影响跟刀架的正常工作，使工件的圆度超差。

4）车削过程中，应随时注意支撑爪与工件表面的接触及磨损情况，并随时作出相应的调整。

5）车削过程中，应随时注意工件已加工表面的变化情况，发现出现竹节形、腰鼓形等缺陷时，要及时分析原因，采取回应措施。当缺陷越来越明显时，应立刻停机。

6）车削过程中，应始终充分浇注切削液。

6. 车细长轴易产生的缺陷及预防措施（表 8-11）

表 8-11　车细长轴易产生的缺陷及预防措施

废品种类	产生原因	预防方法
竹节形	1）跟刀架支撑爪与工件的接触压力调整不当 2）没有及时调整切削深度 3）没有调整好车床床鞍、滑板的间隙，因而进给时产生让刀现象	1）正确调整跟刀架的支撑爪，不可支顶得过紧 　采用接刀车削时，必须使车刀刀尖和工件支撑面略微接触，接刀时切削深度应加深 0.01~0.02mm。这样可避免由于工件外圆变大而引起支撑爪的支撑力变得过大 2）粗车时若发现开始出现竹节形，可调整中滑板手柄，相应增加适量的切削深度，以减小工件外径；或稍微调松跟刀架支撑爪，使支撑力适当减小，以防止竹节的继续产生 3）调整好车床床鞍、滑板的相应间隙，以消除进给时的让刀现象

（续）

废品种类	产生原因	预防方法
腰鼓形的形状	1）细长轴刚度低，以及跟刀架支撑爪与工件表面接触不一致（偏高或偏低于工作回转中心），支撑爪磨损而产生间隙 2）当车到工件中间部位时，由于径向切削分力将工件的轴线压向车床回转轴线的外侧，使工件发生弯曲变形，使切削深度逐渐减小，从而形成腰鼓形	1）车削过程中要随时调整跟刀架支撑爪，使支撑爪圆弧面的轴线与主轴回转轴线重合 2）适当增大车刀的主偏角，使车刀锋利，以减少径向切削分力

8.4　薄壁工件的车削

8.4.1　薄壁工件的加工特点

薄壁工件的刚度很差，在夹紧力作用下工件容易产生变形，常态下工件的弹性复原能力将直接影响工件的尺寸精度和形状精度。在车削过程中，可能产生以下现象：

1）工件在夹紧后，因受力的作用，略微变形成弧形三角形，如图 8-18a ~ c 所示。

2）车孔后得到的是一个圆柱孔，如图 8-18d 所示。

3）当取下工件后，由于工件的弹性恢复，外圆恢复成圆柱形，而内孔则变成弧形三边形，如图 8-18e 所示。

4）车削过程中，薄壁工件在切削力（主要是径向切削分力）的作用下，容易产生振动和变形，影响工件的尺寸、形状、位置精度和表面粗糙度值。

5）由于工件较薄，切削热引起工件的热变形较严重，加之加工条件的变化，车削时工件受热变形的规律不易掌握，使工件的尺寸精度很难控制。对于线膨胀系数较大的金属薄壁工件的影响尤为显著。

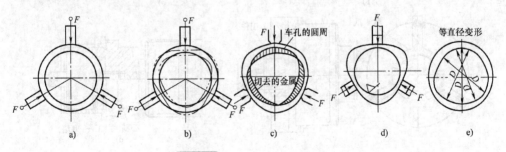

图 8-18　薄壁工件的夹紧变形

a）夹紧前　b）夹紧后　c）车孔时　d）车孔后　e）工件取下后内孔则变成弧形三边形

6）精密的薄壁工件，由于测量时承受不了千分尺或百分表的测量压力而产生变形，可能出现较大的测量误差，甚至因测量不当而造成废品。

8.4.2 防止和减少薄壁工件变形的方法

（1）工件分粗、精车阶段 粗车时，由于切削余量较大，相应的夹紧力也大，产生的切削力和切削热也会较大，因而工件温升加快，变形增大。粗车后工件应有足够的自然冷却时间，不致使精车时热变形加剧。精车时，夹紧力可稍小些，一方面可使夹紧变形小，另一方面精车时还可以消除粗车时因切削力过大而产生的变形。

（2）合理选用刀具的几何参数 精车薄壁工件时，车刀刀柄的刚度要高，车刀的修光刃不能过长（一般取 0.2 ~ 0.3mm），刃口要锋利。

车刀几何参数可参考下列要求：

1）选用较大的主偏角，增大主偏角可减少主切削刃参加切削的长度，并有利于减小径向切削分力。

2）适当增大副偏角，这样可以减少副切削刃与工件之间的摩擦，从而减少切削热，有利于减小工件热变形。

3）让前角适当增大，使车刀锋利，切削轻快，排屑顺畅，尽量减小切削力和切削热。

4）刀尖圆弧半径要小。

（3）增加装夹接触面 增加装夹的接触面积，使工件局部受力改变成均匀受力，让夹紧力均布在工件上，所以工件在夹紧时不易发生变形。常用的方法有：开缝套筒，如图 8-19a 所示；特制的软卡爪，如大面软爪、扇形软爪等，如图 8-19b、c 所示；弹性胀力心轴，如图 8-19d 所示。

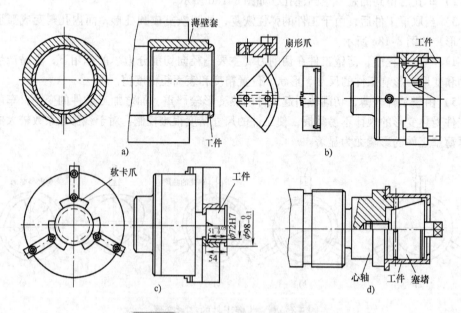

图 8-19 增大装夹接触面减少工件变形
a）开缝套筒 b）大面软爪 c）扇形软爪 d）弹性胀力心轴

（4）采用轴向夹紧夹具 车削薄壁套类工件时，由于薄壁套工件轴向刚度高，不容易产生轴向变形，应尽量不使用径向夹紧，而使用轴向夹紧的方法，如图 8-20 所示。

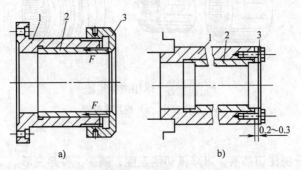

图 8-20 薄壁套的夹紧

a）端螺母轴向压紧 b）端盖轴向压紧

1—夹具体 2—薄壁工件 3—压盖

（5）增加工艺肋 有些薄壁工件，可在其装夹部位增加特制的工艺肋，以增强此处刚度，使夹紧力作用在工艺肋上，以减少工件变形，加工完毕后，再去掉工艺肋，如图 8-21 所示。

（6）采用一次装夹 对于长度和直径均较小的薄壁套工件，在结构尺寸不大的情况下，可采用一次装夹车削的方法，如图 8-22 所示。

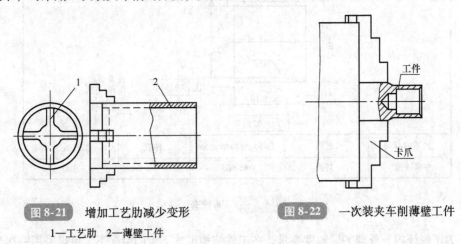

图 8-21 增加工艺肋减少变形

1—工艺肋 2—薄壁工件

图 8-22 一次装夹车削薄壁工件

（7）采用减振措施 首先，调整好车床各部位的间隙，加强工艺系统的刚度；其次，使用吸振材料，如将软橡胶片卷成筒状塞入工件已加工好的内孔中精车外圆（图8-23a），用医用橡胶管均匀缠绕在已加工好的外圆上精加工内孔（图 8-23b）都能获得较好的减振效果。

（8）合理选用切削用量 切削用量中切削深度对切削力的影响最大，切削速度对切削热的影响最为显著，因此，车削薄壁工件时应减少切削深度，增加走刀次数，并适

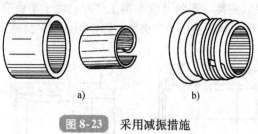

图 8-23　采用减振措施

a）软橡胶片　b）医用橡胶管

当提高进给量。

另外，应充分浇注切削液，以降低切削温度，减少工件热变形。

8.4.3　薄壁工件综合加工技能训练

1. 车薄壁套（图 8-24）

（1）工艺分析　该薄壁套工件的尺寸不大，材料为 45 钢，壁厚 2.5mm，外圆、内孔尺寸的公差等级为 IT7，同轴度公差为 $\phi0.03mm$，内孔的表面粗糙度值为 $Ra1.6\mu m$。

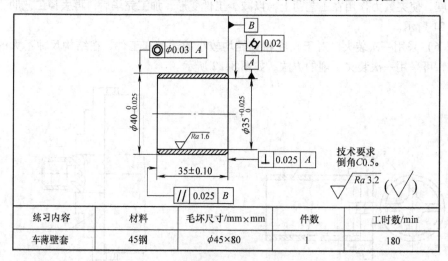

练习内容	材料	毛坯尺寸/mm×mm	件数	工时数/min
车薄壁套	45钢	$\phi45\times80$	1	180

图 8-24　薄壁套

为了保证内、外圆的同轴度要求，在工件结构尺寸不大的情况下，可以采用一次装夹车削的方法。

（2）加工步骤

1）用自定心卡盘夹持棒料，伸出长度 45～50mm，找正并夹紧。

2）车平端面。

3）钻、扩孔至 $\phi30mm$，深 40～45mm。

4）粗车内、外圆，并各留精车余量 0.5mm，内孔深度粗车至 37～38mm 即可。注意粗车时应充分浇注切削液，以降低切削温度。

　　5）半精车内、外圆，并各留精车余量0.2mm。

　　6）精车内、外圆至图样要求，倒角C0.5。

　　7）切断。

　　8）将工件用弹性胀力心轴（或开缝套筒）装夹，车另一端面，保证总长，倒角 C0.5。

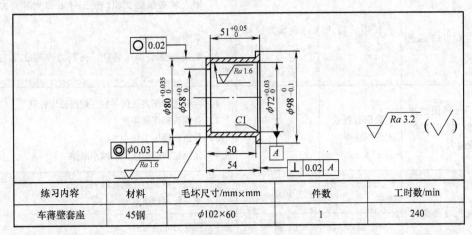

练习内容	材料	毛坯尺寸/mm×mm	件数	工时数/min
车薄壁套座	45钢	$\phi102×60$	1	240

图 8-25　车薄壁套座

2. 车薄壁套座（图 8-25）

　　（1）工艺分析　薄壁套座的轴向尺寸不长，但径向尺寸较大，且有一台阶。内、外圆的公差等级为IT7，表面粗糙度值为 $Ra1.6\mu m$，有较高的同轴度要求，相关表面的形状、位置精度要求也比较高。

　　为保证工件的加工精度，拟采用下述精加工方法：

　　1）用特制的扇形软卡爪夹持外圆，先精车出内孔。

　　2）再以工件的内孔为基准，装在弹性胀力心轴上，精车外圆至图样要求。

　　（2）加工步骤

　　1）用自定心卡盘夹持毛坯外圆长 10mm，找正并夹紧。

　　2）车平端面，钻中心孔，钻通孔，车孔至 $\phi55$mm。

　　3）车外圆至 $\phi85$mm，长度车至近卡爪处。

　　4）调头夹持 $\phi85$mm 外圆，找正并夹紧。

　　5）车端面，保证总长 55mm，车孔至 $\phi70.5$mm，深 51mm。

　　6）夹持内孔，车端面至总长 54.5mm，车外圆 $\phi81.5$mm，长 50mm，车外圆 $\phi99.5$mm，车台阶孔 $\phi58^{+0.1}_{\ 0}$mm 至图样要求。

　　7）工件用特制的扇形软卡爪装夹，先精车端面并保证总长 54mm；其次精车外圆 $\phi98^{\ 0}_{-0.1}$mm 至图样要求；再精车内孔 $\phi72^{+0.03}_{\ 0}$mm，深至 $51^{+0.05}_{\ 0}$mm；最后孔口倒角 C1。

　　8）以 $\phi72^{+0.03}_{\ 0}$mm 内孔及大端面为基准，用弹性胀力心轴装夹，精车外圆

$\phi 80^{+0.035}_{0}$ mm 至图样要求，保证长 50mm。

8.4.4 薄壁工件变形的原因及防止措施（表8-12）

表8-12 薄壁工件变形的原因及防止措施

废品种类	工件缺陷	产生原因	防止措施
几何误差超差	弧形三边或多边形	夹紧力或弹性力	1）增大装夹接触面积，使工件表面受背向力均匀 2）采用轴向夹紧 3）装夹部位增加工艺肋，夹紧力作用在工艺肋上
几何误差超差、表面粗糙度值大	表面有振纹、工件不圆等	切削力	1）合理选择车刀几何参数，切削刃应锋利 2）合理选择切削用量 3）分粗、精加工 4）充分加注切削液，以减小摩擦
尺寸超差	表面热膨胀变形	切削热	1）合理选择车刀几何参数和切削用量 2）充分加注切削液
	表面受压变形	测量压力（薄工件）	1）测量力应适当 2）增加测量接触面积

☆ 考核重点解析

本章考核的重点一是如何应用单动卡盘、花盘、角铁装夹和加工复杂工件，二是如何应用跟刀架和中心架加工细长轴，三是如何防止和减少薄壁工件变形。

复习思考题

1. 在单动卡盘上车削复杂零件的关键技术是什么？

2. 在花盘上装夹工件时，应如何检查花盘？

3. 在花盘和角铁上装夹和加工工件时，应注意哪些事项？

4. 单动卡盘有什么优点？有何不足之处？

5. 用单动卡盘可以装夹、车削哪些类型的工件？

6. 车削薄壁零件时，采用哪些装夹方法？

7. 精车薄壁类工件时，对车刀有什么要求？

8. 车削细长轴时，产生变形和振动的原因有哪些？可采取哪些解决措施？

9. 采用跟刀架车削细长轴时，产生竹节形的原因是什么？应如何使用跟刀架？

10. 影响薄壁类工件加工质量的因素有哪些？

*第9章 大型回转表面的加工

☺**理论知识要求**

　　1. 了解立式车床的结构、用途。

　　2. 掌握在立式车床上装夹工件的方法。

　　3. 掌握在立式车床上加工大型回转表面的方法。

☺**操作技能要求**

　　1. 熟练操作立式车床。

　　2. 学会应用立式车床加工中等复杂工件。

9.1 在立式车床上加工工件

9.1.1 立式车床

　　立式车床属于大型机床设备，用于加工径向尺寸大而轴向尺寸相对较小，形状复杂的大型和重型工件，如各种盘、轮和套类工件的外圆柱面、端面、圆锥面、圆柱孔或圆锥孔等。也可借助附加装置进行车螺纹、车球面、仿形、铣削和磨削等加工。立式车床分单柱式和双柱式两类。前者加工直径一般小于1600mm；后者加工直径通常大于2000mm，最大的立式车床其加工直径超过25000mm。

　　1. 单柱立式车床

　　图9-1所示是单柱立式车床的外形图。工件装在工作台2上，并沿底座1的圆形导轨作回转运动。底座后面固定立柱4，立柱上装有可升降移动的横梁5，以便根据工件的高度调整刀架的位置。垂直刀架3主要用来车削端面和车孔，它有水平进给和沿刀架滑板的垂直进给运动，并可作水平和垂直方向的快速移动。侧刀架6可以作竖直和水平方向的进给以车削外圆和车槽，也可作这两个方向的快速移动。

　　2. 双柱立式车床

　　图9-2所示是双柱立式车床的外形图。它有左右两根立柱4，并与横梁5组成封闭形框架，因此具有较高的刚度。横梁5上有两个垂直刀架3和6，一个主要用来加工孔，一个主要用来加工端面。立刀架同样具有水平进给和沿刀架滑板的垂直进给运动，并可作水平和垂直方向的快速移动。工作台2支承在底座1上，工作台的回转运动是机床的主运动。

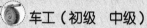

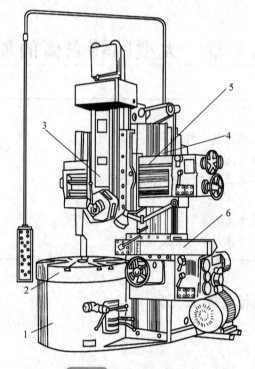

图 9-1　单柱立式车床

1—底座　2—工作台　3—垂直刀架　4—立柱　5—横梁　6—侧刀架

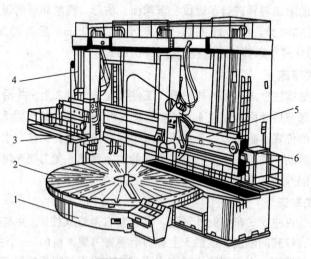

图 9-2　双柱立式车床

1—底座　2—工作台　3、6—垂直刀架　4—立柱　5—横梁

9.1.2　立式车床加工工件的类型

与卧式车床相比，工件在卧式车床上的装夹是立面上的装夹。而立式车床主轴轴线为垂直布局，工作台台面处于水平平面内，因此工件的装夹与找正比较方便。

若车削如图 9-3 所示的块形圆弧面或圆锥面，它们相当于截取环类零件的一小段。无论是圆弧面或圆锥面都有较高的尺寸精度要求，而且宽度（100±0.04）mm 还要求对称于圆弧或圆锥轴线。工件材料为 45 钢，单件或少量生产。

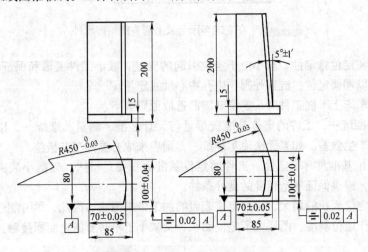

图 9-3　块形圆弧面和圆锥面零件

这类零件的特点是虽然轮廓尺寸较小，但具有较大的圆弧或圆锥尺寸 $R450_{-0.03}^{0}$ mm。像这样的零件在 C650 型卧式车床上，虽然也可以加工，但对零件的定位、装夹、找正和测量远不如在立式车床上加工方便，而且加工质量和生产效率均不及在立式车床上车削。同时卧式车床主轴的前轴承负荷大，磨损快，难以长期保持工作精度。当工件的直径较大时，装夹也不够稳固牢靠。而立式车床由于工件和工作台的重力由床身导轨或推力轴承承受，减轻了主轴及其轴承的载荷，因此立式车床能较长期地保持工作精度。一般加工工件公差等级为 IT7，表面粗糙度值可达 $Ra1.6\mu m$。

在立式车床上能车削下列类型的工件：

1）大直径的盘类、套类和环形工件。

2）块形圆弧面、圆锥面等具有较大的圆弧或圆锥尺寸工件。

3）薄壁工件（包括径向和轴向薄壁工件）。

4）组合件、焊接件以及带有各种复杂型面的工件。

5）在立刀架上装上磨头，可以磨削大型、淬硬的工件，如图 9-4 所示。

9.1.3　在立式车床上车削工件时的定位与装夹方法

1. 工件的定位

在立式车床上对工件的定位，就是确定工件的定位基准面。所选定位基准必须能保

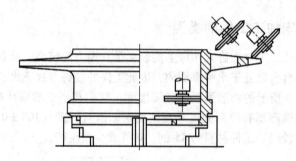

图9-4　在立式车床上装上磨头磨削淬硬件

证定位精度和定位稳定性，减小由于定位引起的误差，减小工件变形和保证操作安全。定位时一般以端面定位，或以外圆、内孔中心轴线定位。

在立式车床上车削工件时，定位基准的选取原则如下。

（1）基准统一　工件的定位基准应尽量与设计基准、测量基准统一，以免由于基准不重合而产生误差。如果无法使基准统一，则应采取必要的工艺措施。

（2）定位基准具有稳定性　工件的定位基准面积要足够大，以减小装夹变形，保证操作安全，提供保证制造精度的良好条件。

但是，定位面积的增大，将给定位表面的加工带来困难，因此，尽可能选择具有空刀槽的表面作定位基准，既增大了定位面积，又减小了不必要的全面积接触，并提高了定位精度。

（3）选择光滑基准面作定位基准　一般在精车时，要求定位基准的表面粗糙度值在 $Ra1.6 \sim 0.8\mu m$，并要求表面形状误差小。

工件在机床回转工作台上定位时还应注意以下两点：

1）应去除工件表面毛刺。

2）工件装上工作台后，应将工件在工作台上来回移动并反复研合，以免灰尘、切屑等夹入其间影响定位精度。

2. 工件的夹紧方法

在立式车床上夹紧工件必须牢固可靠，有足够的夹紧力，但应防止因夹紧力过大或装夹方法不当而使工件变形，影响工件的加工精度。在立式车床上加工工件时常用以下几种夹紧方法。

（1）使用车床工作台的卡盘爪夹紧工件　这种卡盘爪是机床的固定附件，每台机床有四个。卡盘爪的夹紧力大，适用于装夹粗车工件的毛坯。有时也装夹刚性好的精车工件。

（2）用普通压板顶紧工件外圆　这种装夹方法，一般用于车削环类工件端面，多边形工件平面、盘形工件的内外圆和端面。装夹时压板的分布要均匀、对称，装夹高低合适；夹紧力要求在同一平面内。

（3）用普通压板压紧工件端面　这种方法适用于车削环类工件的内外圆，台阶工件和组合件的内外圆和端面，装夹前应具备精加工的定位基准面。装夹时压板的支承面要高出工件被压紧面0.5~1mm；要求压板分布均匀对称、夹紧力大小一致。

（4）用"夹、顶、压"同时夹紧工件　这种方法是采用两个或三个卡盘爪，又用若干普通压板同时夹紧工件。适用于加工大型的无定位基准面的直角躯座（图9-5a），或用于斜角躯座上（图9-5b）。

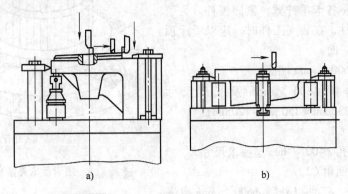

a)　　　　　　　　　　b)

图 9-5　用"夹、顶、压"同时装夹工件

9.1.4　在立式车床上加工大型回转表面的方法

1. 在立式车床上车削套类零件的方法

（1）零件图样分析　图 9-6 所示的套类零件，毛坯为铸件，材料为铸铁，经过退火处理，单件或小批量生产。

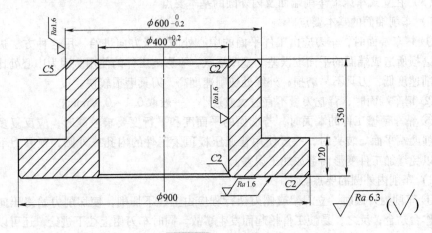

图 9-6　套类零件

该零件的结构、刚度和强度都比较好，精度要求也不高，又因毛坯是铸铁件，其余量较大，因此，使用立式车床上的卡盘爪夹紧并找正后加工。

（2）车削方法

1）用卡盘爪夹紧。夹紧方法如图9-7所示，工件以毛坯底平面为粗基准，在车床工作台面上按毛坯外圆 $\phi900$mm 实测尺寸作出标记，并按标记的位置装上卡盘爪，然后固定卡座并装上工件，用划针找正，并用卡爪丝杠调整卡爪，使工件轴线与工作台轴线基本同轴，将各卡爪拧紧，紧固工件。为了便于找正工件，在装夹工件时，应以千斤顶支撑工件底平面。

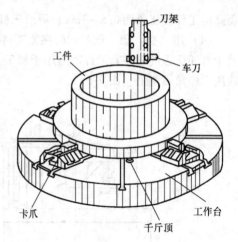

① 车 $\phi600_{-0.2}^{\ 0}$mm 端面。

② 车外圆 $\phi600_{-0.02}^{\ 0}$ mm 及长度尺寸 230mm（即 230mm = 350mm − 120mm）。

③ 倒角 C5。

④ 车内孔 $\phi400_{\ 0}^{+0.2}$mm 至要求尺寸。

⑤ 孔口倒角 C2。

图 9-7 用卡盘爪夹紧套类工件

2）调头。工件以外圆 $\phi600_{-0.2}^{\ 0}$mm 肩平面为基准，装于等高块上，卡盘爪夹住外圆 $\phi600_{-0.2}^{\ 0}$mm（卡盘爪与工件接触面之间垫铜片），用百分表找正 $\phi400_{\ 0}^{+0.2}$mm 内孔，使其轴线与工作台主轴轴线同轴，即可车削下列各面：

① 车端面至尺寸 350mm、120mm。

② 车外圆 $\phi900$mm 至要求尺寸。

③ 倒角 C2。

（3）在立式车床上车削端面及内外圆的基本要点

1）车削端面的基本要点。

① 精车端面时，车刀应由工件平面的中心处向外缘方向进给，用这种方法进给使刀具磨损所造成端面的平面度误差，呈凹形状，不影响工件的使用。因为中心处比外缘处切削速度低，刀具不易磨损；外缘处切削速度高，刀具磨损较快。

② 精车端面时，背吃刀量不宜过大或过小，一般取 0.1~0.15mm。

③ 精车薄壁工件的端面时，若端面的平面度和平行度要求较高时，应反复多次装夹车削两端平面。装夹时，一般使用普通压板顶紧工件的内孔或外圆，顶紧力不宜过大，以免增加工件变形而造成加工误差。

2）车削内外圆的要点。

① 车削内外圆时，立刀架或侧刀架行程应由上往下切削，使切削力始终压向工件与工作台贴合；反之，易使工件抬起而发生事故。同时车刀由上往下进给，还可以减小压板的夹紧力，减小工件的装夹变形。

② 对精度要求较高的内孔及外圆，当车削余量多时，不能一次车削，应先将内外圆加工成具有一定的精车余量，然后再依次精车内孔或外圆，可以保证工件的技术要求。

2. 在立式车床上车削圆锥面方法

（1）零件图样分析 图 9-8 所示的圆锥体零件，材料为 45 钢，热处理硬度为 35～

38HRC。圆锥半角 $\alpha/2 = 3° \pm 1'$，圆锥体轴线对外圆 $\phi 820_{-0.05}^{\ 0}$ mm 轴线的径向圆跳动公差为 0.03mm。工件在热处理前，已先将工件按工艺图（图9-9）车削至要求尺寸。

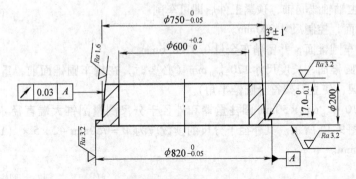

图 9-8　圆锥体零件

（2）圆锥体零件的车削方法

1）用卡盘爪夹紧工件。工件以外圆 $\phi 754$mm 的端面为支承面，置于车床工作台面上，并用支承块或千斤顶支承，找正工件轴线，用卡盘爪夹紧外圆 $\phi 754$mm 后即可车削。

① 车端面。

② 半精车、精车外圆 $\phi 820_{-0.05}^{\ 0}$ mm 至要求尺寸，并与端面垂直度误差不大于 0.02mm。

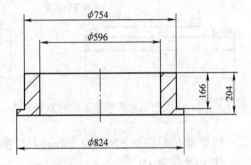

图 9-9　圆锥体零件的工艺图

③ 倒角 $C1$。

④ 精车孔 $\phi 600_{0}^{+0.2}$ mm 至要求尺寸。

⑤ 孔口倒角 $C0.5$。

2）调整立刀架角度车削圆锥面。按图 9-10 所示的方法，用中心距 $L = 200$mm 的正弦规和标准测量块找正垂直刀架。其方法首先根据工件圆锥半角 $\alpha/2 = 3°$ 计算垫入正弦规的量块厚度，即 $h = L\sin (\alpha/2) = 200\text{mm} \times \sin 3° = 10.47$mm。

将 10.47mm 组合量块垫入正弦规，把标准测量块装于正弦规，用百分表找正标准测量块前（后）侧面与机床横梁平行。然后把百分表装夹于立刀架上，使百分表测头接触标准测量块右侧面，找正立刀架行程与标准测量块右侧面平行。

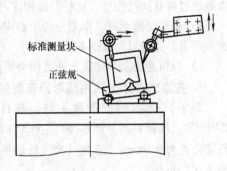

图 9-10　找正立刀架倾斜角度

3）将工件调头并用压板顶紧。装夹方法如图 9-11 所示。工件以外圆 $\phi 820_{-0.05}^{0}$ mm 端面为基准，置于工作台面上，用压板按四等分顶紧外圆，并找正 $\phi 820_{-0.05}^{0}$ mm 外圆轴线与工作台主轴轴线同轴，顶紧工件后即可车削：

① 车端面，控制尺寸 200mm。

② 半精车圆锥面，并留精车余量 0.5~0.6mm。

③ 精车圆锥面，长度尺寸 $170_{-0.01}^{0}$ mm（必要时，在精车圆锥面前，重新按上面方法找正立刀架，使立刀架符合圆锥半角）。

④ 用 $\phi 10_{-0.005}^{0}$ mm × 50mm 圆柱量棒和外径千分尺测量圆锥大端直径 $\phi 750_{-0.05}^{0}$ mm，测量方法如图 9-12 所示。其外径千分尺的读数应为 $M = 750$mm + $2 \times 5 \times$ （$1 + \tan 43.5°$）mm = 769.49mm。

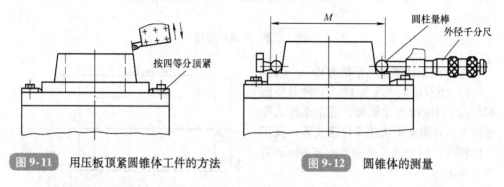

| 图 9-11 | 用压板顶紧圆锥体工件的方法 | 图 9-12 | 圆锥体的测量 |

测量 M 值时应按 $\phi 769.49_{-0.05}^{0}$ mm 尺寸测量。

⑤ 内外倒角 $C0.5$。

（3）在立式车床上车削圆锥面的基本要点

1）在立式车床上能够车削精度要求较高的圆锥半角，主要是依靠正弦规来找正立刀架的角度，通常能保证角度误差在 ±30″~±1′范围内。

2）精度要求较高的圆锥大小端直径，可用圆柱量棒（或钢球）、外径千分尺和量块等经过换算间接测量。这种测量精度可在 ±0.01~±0.05mm 范围内。

3）精车圆锥面时，车刀刀尖中心应与工作台旋转轴线重合，否则所车得的圆锥素线不平直，并造成角度误差。

4）对精度要求高的圆锥面可用磨头磨削。

3. 在立式车床上使用成形刀车削特殊型面方法

图 9-13 所示的特殊面工件，材料为铸铁，毛坯退火处理后的硬度为 170~220HBW。端面 B 对外圆 $\phi 740_{-0.05}^{0}$ mm 轴线垂直度公差为 0.05mm，端面 C 对端面 B 的平行度公差为 0.05mm，三处（$R5 \pm 0.03$）mm 的凸环对外圆 $\phi 740_{-0.05}^{0}$ mm 轴线同轴度公差为 0.03mm。

工件在车削时，应两件对合在一起为一组。在立式车床上精车之前，两端面和尺寸 30mm 已经铣削（或刨削），两端面留精车余量每面 1.5~2mm。工件的车削方法如下。

（1）粗、精车两端面 用压板顶紧装夹工件，装夹方法如图 9-14 所示。装夹时将

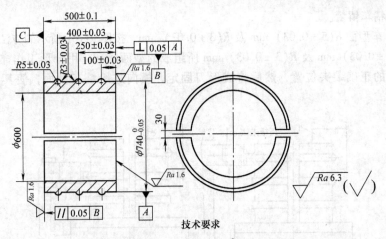

技术要求

1. 三处($R5 \pm 0.03$)mm的凸环对$\phi740_{-0.05}^{0}$轴线同轴度不大于0.03mm。
2. 材料：HT200。

图 9-13　特殊型面工件

工件对合起来装于工作台面上，两个工件均分别用压板按三等分顶紧，并找正工件的中心。

粗、精车两端面至要求尺寸（500 ± 0.1）mm，并保证两端面的平行度误差不大于0.05mm。粗车时，进给量$f = 0.5 \sim 1$mm/r；精车时，$f = 0.2 \sim 0.3$mm/r。车刀的刀片材料为YG8牌号的硬质合金。

（2）车外圆　在两工件中间垫入30mm厚度的工艺垫块，并装于工作台面上，找正工件轴线与工作台主轴轴线使二者同轴，分别将两工件用压板按三等分顶紧工件的上端面，装夹及车削外圆的方法如图9-15所示。

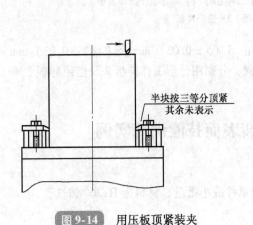

图 9-14　用压板顶紧装夹

图 9-15　装夹及车削外圆的方法

用侧刀架粗车、精车外圆$\phi740_{-0.05}^{0}$mm，并符合图样要求。车削时，可使用整形样板来找正成形刀位置的准确性，并注意留出由$R(5 \pm 0.03)$mm及$R(3 \pm 0.03)$mm组成型面的精车留量。

（3）车型面 $R(5\pm0.03)$ mm 及 $R(3\pm0.03)$ mm　按图 9-16a 所示的方法车削第一个由 $R(5\pm0.03)$ mm 及 $R(3\pm0.03)$ mm 所组成的型面凸环，用分形工作样板 1 来找正成形刀的正确装夹位置，然后将成形刀固定，横向进给精车型面，使其符合图样要求。

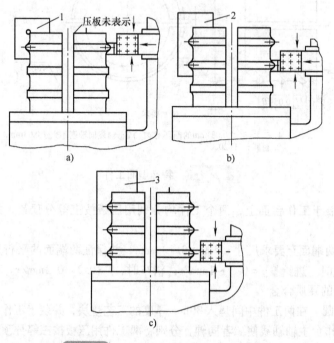

a)　　　　　　　　　　　　　b)

c)

图 9-16　用成形刀车削特殊型面的方法

a）车第一个凸环方法　b）车第二个凸环方法　c）车第三个凸环方法
1、2—分形工作样板　3—整形样板

按上述方法，依次车削第二个、第三个由 $R(5\pm0.03)$ mm 及 $R(3\pm0.03)$ mm 所组成的型面凸环，其成形刀的正确装夹位置，分别用分形工作样板 2 及整形样板 3 来找正，如图 9-16b、c 所示。

9.2　在立式车床上加工大型回转表面技能训练实例

技能训练一　联接盘的加工

加工图 9-17 所示的联接盘，加工数量为单件或小批量，材料为 HT200 铸铁。

1. 分析图样

1）孔 $\phi180^{+0.04}_{0}$ mm 是基准孔。

2）内圆锥角为 60°，即圆锥半角为 30°，圆锥孔大端直径为 $\phi375^{+0.3}_{0}$ mm，长度为 105 mm（即 105 mm = 160 mm − 55 mm）。

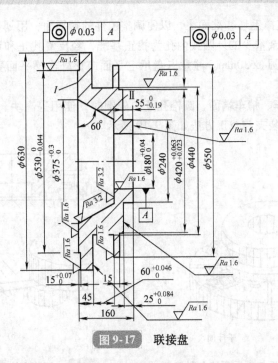

图 9-17　联接盘

3）肩圆 $\phi530_{-0.044}^{\ 0}$ mm $\times 15_{\ 0}^{+0.07}$ mm、$\phi420_{+0.023}^{+0.063}$ mm $\times 15$mm ［即 15mm $= 160$mm $- (45 +$ $60 + 15 + 25)$　mm］轴线对基准孔轴线的同轴度公差为 0.03mm。

4）主要表面粗糙度值 $Ra1.6\mu$m，圆锥孔及其底面的表面粗糙度值 $Ra3.2\mu$m。

2. 制定加工工艺

（1）车削圆锥孔的方法

1）调整垂直刀架，根据工件圆锥半角要求，使垂直刀架的卡座倾斜所要求的圆锥半角。

2）装刀时，车刀刀尖必须对准圆锥轴线，否则使圆锥素线不平直而造成圆锥角误差。

（2）工件应分粗精车　精车时，应适当调整夹紧力，防止工件装夹变形。

（3）联接盘的车削顺序

1）车 $\phi240$mm 端面，粗车各级外圆及内孔，粗车外沟槽。

2）调头，粗车、精车 $\phi530_{-0.044}^{\ 0}$ mm 端面、外圆、圆锥孔及圆柱孔。

3）调头，精车 $\phi240$mm 端面、各级外圆及其沟槽。

3. 工件的定位与夹紧

1）粗车 $\phi240$mm 端面、各级外圆及外沟槽时，用卡盘爪与千斤顶装夹工件。工件以毛坯外圆 $\phi630$mm 及端平面 I 为粗基准，装夹与找正方法如下：

① 测量 $\phi630$mm 外圆毛坯尺寸，并按该尺寸在工作台的同心圆上作出相应的标记，并按标记位置装上卡盘爪，然后紧固卡盘座。调整卡爪，使之与工件实际外径尺寸基本相同。

② 用千斤顶支撑毛坯基准面 I，以便调整工件的端平面，用划针找正端面 I 和内、外圆。一般以毛坯余量少的外圆或内孔为找正基准，经反复找正和调整，达到要求后，用卡爪夹紧工件外圆 $\phi630$mm。注意卡盘爪上平面应比外沟槽平面要低 45mm，如图 9-18 所示。

2）翻面后粗车、精车端面、圆锥孔及内外圆时，使用等高块、卡盘爪装夹，工件以端面 II 为基准，装夹与找正方法如图 9-19 所示。

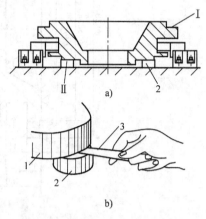

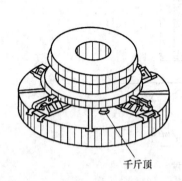

图 9-18　用卡盘爪与千斤顶装夹联接盘

图 9-19　用等高块及卡盘爪装夹联接盘
a）联接盘的装夹　b）用塞尺找正间隙
1—工件　2—等高块　3—塞尺

装夹时，端面 II 用三块等高块支承（图 9-19a），将划针盘装夹在立刀架上，找正孔 $\phi180^{+0.04}_{0}$mm。同时为使端面 II 可靠地接触等高块表面，可用塞尺检验其接触表面（图 9-19b）。若塞尺能塞进，表示有间隙，使用铜棒敲击工件，使其接触无间隙，然后用卡盘爪夹紧沟槽外圆 $\phi440$mm。

3）精车沟槽及各级外圆时，装夹与找正方法为：垫三块等高块，工件以端面 I 为定位基准。将磁性表座吸于立刀架上，用百分表找正内孔 $\phi180^{+0.04}_{0}$mm，使其轴线与工作台主轴轴线的同轴度误差不大于 0.03mm，如图 9-20 所示。

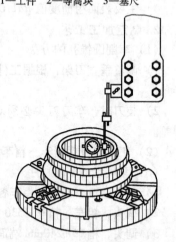

图 9-20　用百分表找正联接盘

4. 选择刀具

车圆锥孔时，可使用刀片材料为 K10 牌号硬质合金 90°车刀。

5. 选择设备

选用 C512 – 1A 型单柱立式车床。

6. 工件加工

联接盘的车削步骤见表 9-1。

表 9-1 联接盘的车削步骤

工序号	工序内容	备注
1	工件以端面 I 为粗基准，置于工作台的千斤顶上，用卡盘爪夹住毛坯外圆 $\phi630$mm，找正 1）车端面，表面光洁即可 2）车外圆 $\phi550$mm 至要求尺寸，长度尺寸 115mm（即 115mm = 160mm −45mm） 3）粗车肩圆 $\phi240$mm 至 $\phi241$mm，长度尺寸 25mm 4）粗车肩圆 $\phi420^{+0.063}_{+0.023}$mm 至 $\phi422$mm，长度尺寸 15mm〔即 15mm = 160mm − （45 + 60 + 15 + 25）mm〕 5）粗车外沟槽 $\phi440$mm × $60^{+0.046}_{0}$mm 至 $\phi441$mm × 57mm	使用千斤顶支撑工件毛坯面目的是减少装夹接触面，便于找正
2	调头，工件以端面 II 为基准，装于工作台的等高块面上，用卡盘爪夹住沟槽外圆，找正 1）粗车端面 I，尺寸 160mm 车至 161.5mm 2）粗车外圆 $\phi630$mm 至 $\phi632$mm 3）粗车肩圆 $\phi530^{0}_{-0.044}$mm × 15mm 至 $\phi532$mm × 15mm 4）按圆锥半角调整垂直刀架，粗车内圆锥，圆锥大端直径 $\phi375^{+0.3}_{0}$mm 车至 $\phi373$mm，长度尺寸 $55^{0}_{-0.19}$mm 至 56mm 适当调整卡盘爪夹紧力，防止工件装夹变形，并应重新找正工件 5）精车端面 I，尺寸 160mm 至 160.5mm 6）精车圆锥孔至大端直径 $\phi375^{+0.3}_{0}$mm，深度尺寸 105mm（即 105mm = 160mm − 55mm），并注意尺寸 $55^{0}_{-0.19}$mm 应留有精车余量 调整垂直刀架位置 7）精车外圆 $\phi630$mm 至要求尺寸 8）精车肩圆 $\phi530^{0}_{-0.044}$mm × $15^{+0.07}_{0}$mm 9）精车内孔 $\phi180^{+0.04}_{0}$mm 至要求尺寸 10）倒钝锐角	
3	工件以端面I为精基准，装于工作台的等高块面上，用卡盘爪夹住外圆 $\phi630$mm，将磁性表座吸于五角形刀架上，找正内孔 $180^{+0.04}_{0}$mm 轴线与工作台主轴轴线同轴度误差不大于 0.03mm 1）精车端面 II，控制尺寸 160mm 及 $55^{0}_{-0.19}$mm 2）精车外沟槽至尺寸 $\phi440$mm × $60^{+0.046}_{0}$mm，注意尺寸 45mm 3）控制尺寸 15mm，精车肩圆 $\phi420^{+0.063}_{+0.023}$mm 至要求尺寸 4）精车肩圆 $\phi240$mm × $25^{+0.084}_{0}$mm 至要求尺寸 5）倒钝锐角	

7. 精度检验及误差分析

1）尺寸 $60^{+0.046}_{0}$mm 的检验。测量时，用 $\phi60H8$ 套式塞规或用组合量块组成尺寸 60mm、60.046mm 为"通""止"端检验。

2）内孔 $\phi180^{+0.04}_{0}$mm 的检验。用内径千分尺测量，测量时，将内径千分尺在孔中摆动，使测头与孔有轻微接触感觉。在直径方向找出最大，在轴向找出最小位置，这两个重合尺寸，即为孔径尺寸。按上述方法测量若干截面，内径千分尺读数应符合孔径尺寸。

3）圆锥半角 30° 的检验。使用游标万能角度尺测量，测量方法如图 9-21 所示。游标万能角度尺实测读数应为 120°。

4）圆锥孔大端直径 $375^{+0.3}_{0}$mm 的检验。测量方法如图 9-22 所示，把工件安放到测量平板上的等高块上，其中一等高块置于端面 I 与孔之间。将直径 $\phi10$mm 的钢球按图示方法安放，用外径千分尺测量钢球最高点 A 和外圆 $\phi530^{0}_{-0.044}$mm 上的 B 点之间的距离，便可得实际测量读数 M，M 值可按下式计算：

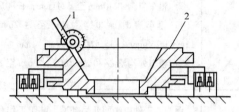

图 9-21 用游标万能角度尺测量圆锥半角
1—游标万能角度尺 2—工件

$$M = \frac{d-D}{2} + \frac{d_1}{2}\left(\cot\frac{90°-\alpha/2}{2}+1\right)$$

式中 M——测量读数的名义尺寸（mm）；

d——基准外圆实际尺寸（mm）；

D——圆锥孔大端直径名义尺寸（mm）；

d_1——钢球直径（mm）；

$\alpha/2$——圆锥半角（°）。

若基准圆直径实际尺寸为 $\phi529.98$mm，则

$$M = (529.98-375)\text{mm}/2 + 10\text{mm}/2 \times \{\cot[(90°-30°)/2]+1\}$$

$$= 91.15\text{mm}$$

即外径千分尺读数在 91.15～91.30mm 内为合格。

5）外圆 $\phi530^{0}_{-0.044}$mm、$\phi420^{+0.063}_{+0.023}$mm 轴线对孔 $\phi180^{+0.04}_{0}$mm 轴线的同轴度误差 0.03mm 的检验。使用径向变动测量装置，测量方法如图 9-23 所示。测量时，把工件置于固定及可调支承上，调整内孔 $\phi180^{+0.04}_{0}$mm 轴线使其与测量装置同轴，并使端面 I 垂直于回转轴线。在同一张记录纸上记录基准孔和被测外圆的轮廓。由轮廓图形用最小区域法求各自的圆心，取两圆心距离的两倍值作为该工件的同轴度误差。

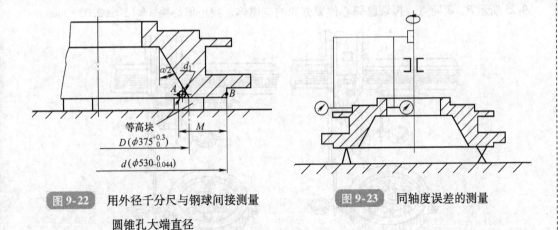

图 9-22　用外径千分尺与钢球间接测量

圆锥孔大端直径

图 9-23　同轴度误差的测量

技能训练二　孔板偏心轮的加工

如图 9-24 所示的孔板偏心轮，加工数量为单件，毛坯为铸件，材料为 HT200 铸铁。

1. 分析图样

1) 内孔 $\phi 100^{+0.035}_{0}$ mm 为基准孔。

2) 外圆 $\phi 1000^{0}_{-0.09}$ mm 轴线对基准孔轴线的偏心距为 (50 ± 0.05) mm。

3) 端平面Ⅲ对基准孔轴线的垂直度公差为 0.05mm。

4) 主要加工表面粗糙度值为 $Ra1.6\mu m$，各倒角面的表面粗糙度值为 $Ra12.5\mu m$，其余表面为毛坯面。

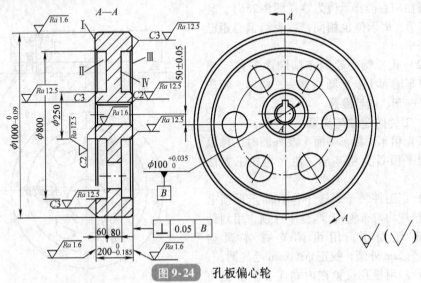

图 9-24　孔板偏心轮

2. 制定加工工艺

(1) 偏心距 $e = (50 \pm 0.05)$ mm 的找正

1) 用可调支撑体调整与偏心位置方向垂直的 $\phi 1000^{0}_{-0.09}$ mm 外圆两点，使之对称，如图

9-25 所示 B、B' 两点；再调整偏心位置方向的支撑体，找正偏心距 $e = (50 \pm 0.05)$ mm。

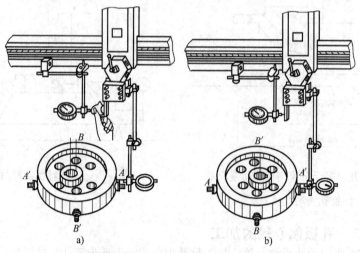

a)   b)

图9-25 在立式车床上找正偏心距

2）由于普通百分表的最大量程只有 10mm，所以在横梁上设置一磁性表座和百分表，在五角刀架上装夹一个经过找正的平垫铁，另用标准的 100mm 测量块，控制五角形刀架移动 100mm 的距离，如图 9-25a 所示。

3）找正偏心距时，点动回转工作台，观察五角形刀架上的另一只找正百分表。若工件在 A 点时百分表示值为零，则在工件转动 180° 后，只要五角形刀架移动 100mm，百分表在 A' 点同样示值为零（图 9-25b），且另两点 B、B' 示值也相同，就表示偏心距已找正完毕。

（2）孔板偏心轮的车削顺序安排 粗车、精车端面 Ⅰ 及外圆→调头，粗车、精车端面 Ⅲ→车、铰基准孔。

3. 工件的定位与夹紧

（1）粗车、精车端面 Ⅰ 及外圆时工件以毛坯端平面 Ⅲ 为粗基准，装夹与找正方法如下：

1）把工件装于回转工作台的千斤顶上（千斤顶应均匀布置），调整千斤顶，用划针找正毛坯面 Ⅱ；用可调支撑体调整 $\phi1000_{-0.09}^{0}$mm 外圆，找正 $\phi800$mm 毛坯圆。

2）利用板孔位置在内端面 Ⅱ 上装三块压板，并在内端面 Ⅳ 对应位置，用可调整垫块与内端面 Ⅳ 接触，使其接触面无间隙。工件压紧后，拆除支撑体，如图 9-26 所示。

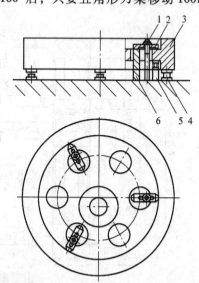

图9-26 用千斤顶与压板装夹板孔偏心轮
1—螺杆、螺母 2—压板 3—工件
4—千斤顶 5—可调整垫块 6—垫块

（2）粗车、精车端面Ⅲ及偏心孔　工件以端平面Ⅰ为精基准，装于三块等高块上，用百分表找正外圆 $\phi 1000\,_{-0.09}^{\ \ 0}$ mm，用压板压紧工件，装夹方法如图 9-27 所示。

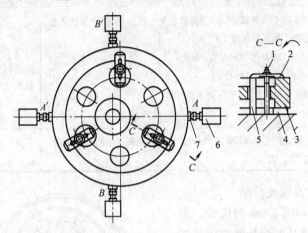

图 9-27　用等高块与压板装夹板孔偏心轮

1—螺杆、螺母　2—压板　3—工件　4—千斤顶　5—垫片　6—可调支撑体　7—铜片

4. 选择刀具

选择刀片材料为 K10 牌号的硬质合金 45°车刀车削端面与外圆。

5. 选择设备

选择 C512-1A 型单柱立式车床。

6. 工件加工

板孔偏心轮车削步骤见表 9-2。

表 9-2　板孔偏心轮车削步骤

工序号	工序内容	备注
1	工件以毛坯面Ⅲ为粗基准，装于千斤顶上，找正毛坯面Ⅱ及 $\phi 800$mm 毛坯圆，用压板固定 1）粗车外圆 $\phi 1000\,_{-0.09}^{\ \ 0}$ mm，留精车余量 2mm 2）粗车端面Ⅰ，尺寸 60~60.5mm。适当调整压板的压紧力 3）精车端面，保证尺寸 60mm 4）精车外圆 $\phi 1000\,_{-0.09}^{\ \ 0}$ mm 至要求尺寸 5）倒角 C3	
2	翻面，工件以端面Ⅰ为精基准，装于等高块上，用百分表找正外圆 $\phi 1000\,_{-0.09}^{\ \ 0}$ mm 轴线与回转工作台轴线同轴，用压板压紧 1）粗车、精车端面Ⅲ至尺寸 $200\,_{-0.185}^{\ \ 0}$ mm 2）倒角 C3	

（续）

工序号	工序内容	备注
3	工件以端面 I 为精基准，装于等高块上，按图 9-24 所示的方法找正偏心距，用压板压紧工件 1）粗车孔 $\phi100^{+0.035}_{0}$ mm 至 $\phi98$mm 2）重复检查，找正偏心距 车基准孔 $\phi100^{+0.035}_{0}$ mm 至要求尺寸 3）倒角 $C3$、$C2$	该工序找正偏心距的方法是达到偏心距要求的关键技术
4	翻面，找正偏心孔 $\phi100^{+0.035}_{0}$ mm，定位与装夹方法同工序 3 内、外圆倒角 $C3$、$C2$	

7. 精度检验及误差分析

1）外圆 $\phi1000^{\ 0}_{-0.09}$ mm 的检验。用一级外径千分尺沿外圆的轴线方向测三个截面，对每个截面要在相互垂直的两个部位上各测一次，则外径千分尺读数应符合外径尺寸要求。

注意用大直径千分尺测量时，应将其水平放置，若一个人拿不稳时，可两人配合测量，如图 9-28 所示。这样测量的值接近工件真值，否则会产生较大的测量误差。

2）偏心距 $e = (50 \pm 0.05)$ mm 的检验。由于工件大、质量大，无法装夹在 V 形架上测量。所以应改变测量方法，将工件置于测量平板上，使端平面紧靠两块直角铁（为保证安全，工件可用行车牵吊），测量方法如图 9-29 所示。在工件偏心孔内插入一空心测量棒，用百分表找出偏心孔最低点，调整百分表指针零位。将工件转动 180°，在磁性表座底部垫一块 100mm 量块，找出偏心孔最高点，若百分表指针在 −0.05～+0.05mm 间摆动，说明偏心距误差在公差范围内。

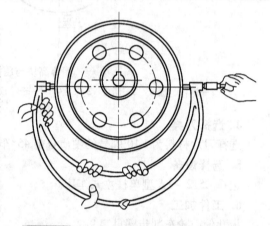

图 9-28　大直径千分尺的测量工件的方法

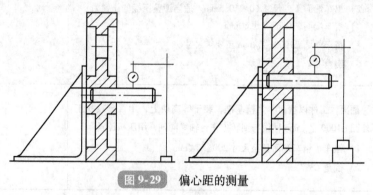

图 9-29　偏心距的测量

3）端平面对孔 $\phi100^{+0.035}_{0}$ mm 轴线垂直度误差 0.05mm 的检验。将工件置于测量平板上的固定支承及可调支承上，测量方法如图 9-30 所示。调整 $\phi100^{+0.035}_{0}$ mm 轴线与平板测量面垂直，用百分表测量整个端平面并记录读数，取最大读数差即为工件端平面对孔 $\phi100^{+0.035}_{0}$ mm 轴线的垂直度误差。

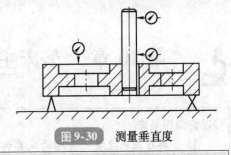

图 9-30 测量垂直度

☆考核重点解析

由于受设备的影响，本章考核的知识点较少，主要偏重于理论知识的考核，考核内容一是立式车床加工内容，二是工件如何在立式车床上进行装夹和定位。

复习思考题

1. 试述立式车床的用途。
2. 加工形状复杂的大型和重型工件时，立式车床与卧式车床相比，立式车床加工有什么优点？
3. 在立式车床上能加工哪些类型的工件？
4. 在立式车床上车削时，工件定位基准应按哪些原则选取？
5. 在立式车床上车削时，工件的夹紧方法主要有哪几种？
6. 在立式车床上车削精度要求较高的圆锥面时，应如何调整立刀架？
7. 分析图样，叙述加工图 9-31 所示的带轮的操作步骤。

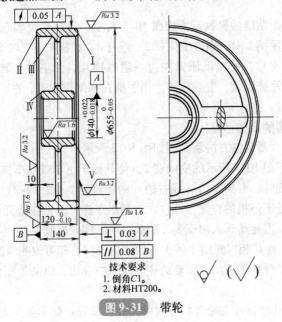

技术要求
1. 倒角C1。
2. 材料HT200。

图 9-31 带轮

第 10 章　车床主要部件结构及其调整

☺**理论知识要求**

1. 了解车床的主要部件结构及其调整方法。
2. 掌握检测车床主要部件精度的方法。
3. 了解车床精度对加工质量的影响及解决办法。

☺**操作技能要求**

1. 学会调整车床的主要部件，提高车床加工精度。
2. 学会检测车床主要部件的精度。
3. 学会分析零件加工精度产生误差的原因，并掌握解决方法。

10.1　摩擦离合器的结构及其调整

1. 摩擦离合器的结构

CA6140 型卧式车床主轴箱的开停和换向装置采用机械双向多片摩擦离合器。摩擦离合器的调整是直接关系车床有效负荷能力的一个重要方面，摩擦离合器必须调整得能传递额定的功率，过松时摩擦片容易打滑、发热、起动不灵，传动功率不够，过紧则操纵时较费力。

摩擦离合器、制动器的操纵装置如图 10-1 所示，通过它可实现摩擦离合器的压紧和松开。向上提起手柄 1 时，通过变向杠 2、连杆 3、杠杆 4 使立轴 5 和扇形齿轮 6 顺时转动，传动齿条 7 右移，便可以压紧左边一组摩擦片，使主轴正转。向下扳动手柄 1 时，右边一组摩擦片被压紧，主轴反转。当手柄在中间位置时，左、右两组摩擦片都松开，主轴停止转动。

2. 摩擦离合器的调整步骤

多片式摩擦离合器调整方法示意图如图 10-2 所示。

1）提起或落下图 10-1 所示的变向杠 2，使其处于正车或反车位置。

2）手动卡盘旋转，看到左边（或右边）的弹簧销 1（图 10-2）即可。

3）让变向杠处于停机的位置，即左、右两组摩擦片都处在松开状态。

4）将弹簧销 1 用旋具压入加压套 2 的缺口中，同时拨动左边（或右边）的加压套转过 1~2 个缺口，使其相对螺圈 3 做少量的轴向位移，即可改变摩擦片间的间隙。

5）调整后应使弹簧销 1 从加压套的任一缺口中弹出，以防加压套在旋转中松脱。

3. 注意事项

离合器的内、外摩擦片在松开状态时的间隙要适当。如间隙太大，压紧时摩擦片间

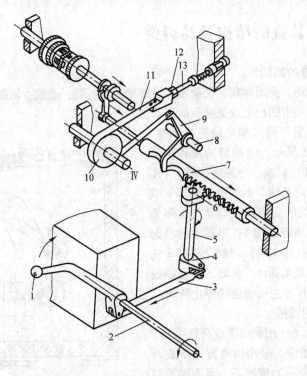

图 10-1 摩擦离合器、制动器的操纵装置

1—手柄 2—变向杠 3—连杆 4—杠杆 5—立轴 6—扇形齿轮 7—传动齿条
8—轴 9—制动杠杆 10—制动轮 11—制动带 12—调整螺母 13—螺钉

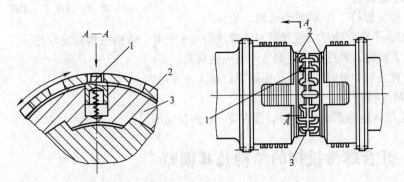

图 10-2 多片式摩擦离合器调整方法示意图

1—弹簧销 2—加压套 3—螺圈

有打滑现象，不能传递足够的转矩，工作时易产生闷车现象，并易使摩擦片磨损；如间隙太小，开车时费力，易损坏操纵机构的零件，严重时可导致摩擦片被烧坏，所以必须注意将间隙调整适当。

10.2 制动装置的结构及其调整

1. 制动装置的结构

由于机床起动、关闭频繁，制动带容易磨损甚至折裂，造成主轴制动不灵。在维修时，需要调整制动带的松紧或更换新的制动带。

制动带的松紧可通过制动器进行调整，制动器如图 10-3 所示。制动器的动作由操纵装置（图 10-1）操纵。当制动杠杆 3（图10-3）的下端与齿条轴 1 上的圆弧凹部 a 或 c 接触时，主轴处于正转或反转状态，制动带 5 被放松；移动齿条轴 1，当其上的凸起部分 b 对准制动杠杆 3 时，使制动杠杆 3 绕轴 2 摆动而拉紧制动带 5，此时，离合器处于松开状态，轴Ⅳ和主轴便迅速停止转动。

2. 制动器的调整

1）松开螺母 6（用呆扳手或活扳手）。

2）调整制动带 5 时用内六方扳手旋转螺钉 7。在调整合适的情况下，当主轴旋转时，制动带能完全松开，而在离合器松开时，主轴能迅速停转。

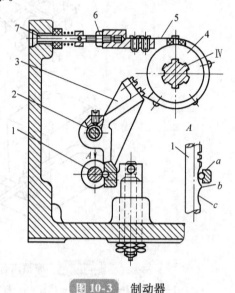

图 10-3　制动器

1—齿条轴　2—轴　3—制动杠杆　4—制动轮
5—制动带　6—螺母　7—螺钉

3. 注意事项

1）旋转螺钉 7 拉紧制动带时，应同时检查在操纵手柄扳到开机位置时制动带是否完全松开，否则应稍微放开些。

2）调整时，要注意防止钢带产生歪曲现象。

3）更换制动带时，应防止固定螺钉掉入主轴箱内。

4. 精度检验

当主轴转速为 300r/min 时，能在 2~3r 内制动即可。

10.3 开合螺母机构的结构及其调整

在车削螺纹时，若发现螺距误差超差时，要对开合螺母机构进行调整。

1. 开合螺母机构的结构

开合螺母机构如图 10-4 所示，图 10-4a 中的上、下两个半螺母 1 和 2 装在溜板箱后壁的燕尾形导轨中，可上、下移动。在上、下半螺母的背后各装有一个圆柱销 3，其伸出端分别嵌在槽盘 4 的两条曲线槽中。扳动手柄 6，经轴 7 使槽盘逆时针转动时，曲线槽迫使两圆柱销 3 互相靠近，带动上、下半螺母合拢，与丝杠啮合，刀架便可左、右移动。槽盘顺时针转动时，曲线槽通过圆柱销使两个半螺母分开，刀架便停止运动。

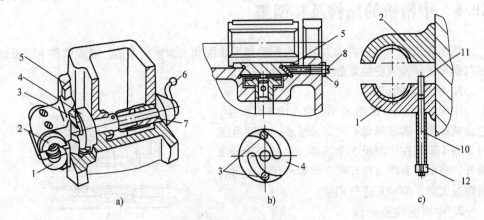

图 **10-4** 开合螺母机构

1、2—半螺母 3—圆柱销 4—槽盘 5—楔铁 6—手柄

7—轴 8、10—螺钉 9、12—螺母 11—直销

2. 开合螺母调整步骤

1）开合螺母跟燕尾形导轨配合的松紧程度可用螺钉 8 顶紧或放松楔铁 5 进行调整，调整后用螺母 9 锁紧，如图 10-4b 所示。

2）开合螺母与丝杠配合间隙的调整是用螺钉 10 的升降，即直销 11 伸出的长短来完成的，调整后用螺母 12 锁紧，如图 10-4c 所示。

10.4 床鞍间隙的调整

床鞍移动的平稳性决定着工件的加工质量，应认真调整达到规定指标。

1. 床鞍的结构

CA6140 型车床床鞍的结构如图 10-5 所示，它可沿床身的导轨做纵向直线运动。床鞍的下导轨面与床身导轨面经过良好配制并装有前后压板，使其与床身做滑动配合。

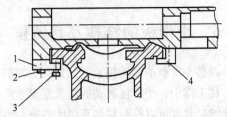

图 **10-5** CA6140 型车床床鞍的结构

1—后压板 2—紧固螺钉 3—调节螺钉 4—前压板

2. 床鞍的调整步骤

1）前压板有两块，通过修配使其与床鞍的下导轨面保持有 0.02mm 的间隙。

2）通过调整后压板上的调节螺钉，使压板镶条与床身导轨保持适当间隙，以用手能平稳摇动床鞍为宜，调整后可用螺母锁紧。

10.5 中滑板的结构及其调整

当出现操纵手柄空程太大时，会影响加工精度和表面粗糙度值，需要调整中滑板丝杠与螺母的间隙或更换新的丝杠和螺母。

1. 中滑板的结构

中滑板丝杠与螺母的结构如图 10-6 所示。它由前螺母 1 和后螺母 6 两部分组成，分别由螺钉 2 和 4 紧固在中滑板 5 的底部，中间有楔块 8 隔开。当由于磨损而使丝杠 7 与螺母牙侧之间的间隙过大时，应对其进行调整。

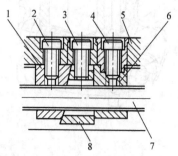

图 10-6 中滑板丝杠与螺母的结构
1—前螺母 2、3、4—螺钉 5—中滑板
6—后螺母 7—丝杠 8—楔块

2. 中滑板调整步骤

（1）中滑板丝杠与螺母间隙的调整

1）将前螺母 1 上的紧固螺钉 2 拧松，但不要卸下来。

2）拧紧螺钉 3，把楔块 8 向上拉，依靠斜铁作用将前螺母 1 向左边推移，减小了丝杠与螺母牙侧之间的间隙。

3）调整后，用手摇动中滑板丝杠手柄，要求摇动灵活，反转时的空行程在 1/20r 以内。

4）调整好后应把螺钉 2 拧紧。

（2）楔铁的调整 为了调整导轨磨损后的间隙，可用导轨间带斜度的楔铁来调整。

1）松开后面的顶紧螺栓，调整前面的限位螺栓。

2）同时在全部行程上应使手柄摇动灵活、无明显的阻滞现象。

3）调整合适后紧固后面的顶紧螺栓。

10.6 小滑板的结构及其调整

调整小滑板的移动松紧度和其与主轴的平行度，这对加工质量有一定的影响。

在工作中，小滑板移动的直线度误差影响切削圆锥素线的直线度误差。调整小滑板楔铁的松紧度可以控制移动直线度误差。小滑板移动时与主轴轴线的平行度误差影响多头螺纹的分线精度。

1. 小滑板调整步骤

（1）调整小滑板楔铁的松紧度

1）松开后面的顶紧螺栓，调整前面的限位螺栓。

2）同时在全部行程上应使手柄摇动灵活、无明显阻滞现象。

3）调整合适后紧固后面的顶紧螺栓。

（2）调整小滑板移动时与主轴轴线的平行度

1）利用已车好的棒料外径（其锥度应在 0.02mm/100mm 以内），校直小滑板导轨在有效行程内对床身导轨的平行度误差，小滑板导轨的校直方法如图 10-7 所示。

2）将百分表表架安装在刀架上，使百分表测头在水平方向与工件外圆接触。

3）手摇小滑板误差应不超过 0.02mm/100mm。

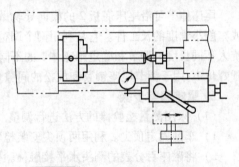

4）若有偏差，应松开转盘的前、后螺钉进行微调，直至符合要求为止。

图 10-7　小滑板导轨的校直方法

5）紧固转盘的前、后螺钉。

2. 注意事项

1）利用小滑板车削（尤其是粗加工）圆锥工件时，应将小滑板调整得略松些，以提高工作效率。

2）车削螺纹时，应将小滑板调整得略紧些，以提高加工稳定性并消除小滑板丝杠与螺母的间隙。

10.7　尾座与主轴同轴度的调整

尾座与主轴同轴度误差的大小直接影响加工质量。

1. 尾座的结构

图 10-8 所示为 CA6140 型车床尾座结构示意图。尾座体 1 安装在尾座底板 2 上，整个尾座可用手沿床身导轨纵向推动。在螺杆 3 上有锁紧螺母 7，拉紧压板 4，使尾座固定在床身导轨上的任一位置，用以承受较大的轴向作用力。也可拉动快速锁紧手柄 11，提起锁紧拉杆 6，拉杆将锁紧杠杆 5 锁紧，利用杠杆原理顶紧压板 4，使尾座固定。

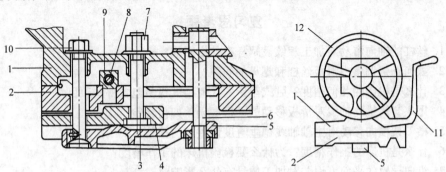

图 10-8　CA6140 型车床尾座结构示意图

1—尾座体　2—尾座底板　3—螺杆　4—压板　5—锁紧杠杆　6—锁紧拉杆　7—锁紧螺母
8—调整螺钉　9—调偏螺母　10—圆螺母　11—快速锁紧手柄　12—手轮

尾座体 1 可沿尾座底板 2 的横向导轨做横向移动，以便调整主轴轴线的同轴度误差或车削小锥度的长工件。它是利用两个调整螺钉 8 对装配在尾座底板 2 上的调偏螺母 9 旋入不同长度来调节和确定尾座体 1 的不同位置的，其最大横向行程的调整量为 15mm。圆螺母 10 用于调节尾座锁紧和放松的间隙量。

2. 尾座调整步骤

（1）采用测量检验棒的方法进行调整

1）车削固定顶尖。利用两顶尖安装检验棒。

2）将磁座百分表的测头水平接触检验棒的圆柱表面。

3）移动床鞍，观察百分表表针的变化，判断尾座偏移情况。

4）根据变化情况调整尾座横向偏移螺栓 2，直至达到技术要求为止。

（2）采用车削的方法进行调整

1）车削固定顶尖（60°）。

2）采用两顶尖的方法车削长轴（200～300mm）。

3）用千分尺测量工件两端直径，调整尾座的横向偏移量。如工件右端直径大、左端直径小，尾座应向操作者方向移动；如工件右端直径小、左端直径大，尾座的移动方向则相反。

3. 注意事项

检验棒或工件两端的中心孔要保持清洁并防止被碰伤。

☆考核重点解析

本章主要涉及车床主要部件的调整。在零件加工过程中，车床主要部件的精度直接影响零件加工精度。作为中级工，能熟悉车床主要部件结构并正确对其进行保养调整，对顺利进行车削加工、提高车床的使用寿命十分重要。在鉴定考核中，常出现本章相关知识点。

复习思考题

1. 丝杠的轴向窜动对加工螺纹及蜗杆有什么影响？
2. 如何正确调整中滑板丝杠和螺母的间隙？
3. 什么是机床的几何精度？卧式车床的几何精度检验包含哪些项目？
4. 尾座套筒锥孔轴线对滑板移动的平行度误差如何检验？
5. 横刀架横向移动对主轴轴线德垂直度误差如何检验？
6. 什么是机床的工作精度？为什么要检验机床的工作精度？
7. 纵向导轨的平面度误差对加工质量有什么影响？
8. 主轴轴肩支承面的圆跳动误差对加工质量有什么影响？
9. 主轴和尾座两顶尖的等高度误差对加工质量有什么影响？
10. 试述开车时主轴不起动，切削时主轴转速自动降低或自动停机的故障产生原因。

参 考 文 献

[1] 王公安. 车工工艺学 [M]. 4 版. 北京：中国劳动社会保障出版社，2005.

[2] 彭德荫，等. 车工工艺学与技能训练 [M]. 北京：中国劳动社会保障出版社，2001.

[3] 吴国华. 车工实用技术 [M]. 沈阳：辽宁科学技术出版社，2003.

[4] 金福昌. 车工（初级）[M]. 北京：机械工业出版社，2007.

[5] 金福昌. 车工（中级）[M]. 北京：机械工业出版社，2007.

[6] 金福昌. 车工（初级）[M]. 2 版. 北京：机械工业出版社，2012.

[7] 金福昌. 车工（中级）[M]. 2 版. 北京：机械工业出版社，2012.

[8] 机械工业职业技能鉴定指导中心. 初级车工技术 [M]. 北京：机械工业出版社，2003.

[9] 机械工业职业技能鉴定指导中心. 中级车工技术 [M]. 北京：机械工业出版社，2003.

[10] 陈宏钧. 车工实用技术 [M]. 北京：机械工业出版社，2002.

[11] 崔兆华，王希海. 车工操作技能实训图解（初、中级）[M]. 济南：山东科学技术出版社，2008.

[12] 杜俊伟. 车工工艺学（上、下册）[M]. 北京：机械工业出版社，2008.

[13] 张应龙. 车工（中级）[M]. 北京：化学工业出版社，2011.